高职高专建筑工程专业工学结合规划教材

U0647908

建设工程招投标与合同管理

（第二版）

主　编　刘晓勤　董　平

副主编　张俊强　胡意志

ZHEJIANG UNIVERSITY PRESS
浙江大学出版社

内容提要

本书根据最新的建设工程法律法规,结合建设工程管理实际,以建设工程招投标工作过程为主线来系统阐述建设工程招投标及施工合同管理的主要内容,包括建设工程招标,建设工程投标,建设工程开标、评标、定标,建设工程合同订立,建设工程施工合同履行,建设工程合同的变更和解除,建设工程施工索赔,建设施工工程合同的终止和收尾,共8个模块的内容。本书每一个模块都给出了能力目标和知识目标,以一个实际工程来作为贯穿招标、投标、评标部分的背景资料;模块下的每一个项目均以一个具体的任务来作为问题提出,并对完成该任务作了提示与分析来引出知识链接部分内容。每一个项目后均附有供学生扩展知识、巩固知识的实训题。同时配有强化理论部分内容的复习思考题。书中添加了很多紧扣核心内容的典型工程案例,增加了本书的可读性和实用性。

通过本书的学习,读者可以掌握建设工程招投标、合同与索赔的基本理论和操作技能,能够完成特定工程的招投标文件的编制、合同的签订,并培养初步的工程谈判、案例分析和工程索赔能力。

本书为高职高专建筑工程技术专业教材,也可供土建类其他专业选择使用,同时可作为成人教育、相关职业岗位培训教材以及工程技术人员的参考或自学用书。

图书在版编目(CIP)数据

建设工程招投标与合同管理 / 刘晓勤,董平主编
. —2版. —杭州:浙江大学出版社,2022.2
ISBN 978-7-308-22351-5

Ⅰ.①建… Ⅱ.①刘… ②董… Ⅲ.①建筑工程—招标 ②建筑工程—投标 ③建筑工程—经济合同—管理
Ⅳ.①TU723

中国版本图书馆 CIP 数据核字(2022)第 029058 号

建设工程招投标与合同管理(第二版)

主　　编	刘晓勤　董　平
副主编	张俊强　胡意志

责任编辑	王元新
责任校对	徐　霞
封面设计	周　灵
出版发行	浙江大学出版社
	(杭州市天目山路 148 号　邮政编码 310007)
	(网址:http://www.zjupress.com)
排　　版	杭州青翃图文设计有限公司
印　　刷	杭州高腾印务有限公司
开　　本	787mm×1092mm　1/16
印　　张	18.75
字　　数	468 千
版 印 次	2022 年 2 月第 2 版　2022 年 2 月第 1 次印刷
书　　号	ISBN 978-7-308-22351-5
定　　价	58.00 元

版权所有　翻印必究　印装差错　负责调换

浙江大学出版社市场运营中心联系方式:0571-88925591;http://zjdxcbs.tmall.com

PREFACE

　　高职高专教育是高等教育的重要组成部分,是为了培养适应于生产、建设、管理和服务第一线需要的高等技术应用型人才。高职高专教材要体现高职高专教育的特色,本教材正是依据高等职业院校建筑工程类专业职业资格标准、《建设工程工程量清单计价规范》(GB 50500—2018)、《中华人民共和国标准施工招标文件》(2017 年版)、《中华人民共和国建筑法》、《中华人民共和国民法典》、《建设工程施工合同(示范文本)》等与工程建设相关的法律、法规、规范,结合工程实际编制而成。

　　本书布局新颖,构思合理,内容的展开均基于建筑工程招投标与合同管理实际工作过程,以工作任务提出问题的方式来引出链接的知识点,模块项目的选取完全基于建筑工程管理活动中各岗位的核心职业能力。每一个项目知识点均由实际工作中的典型工程任务引出,内容和排序完全遵循招标投标工作过程。模块及项目后附有典型案例赏析和贯穿教学全过程的大型职业技能训练题,为实现基于工作过程的工学结合提供了有利的条件。同时为深入贯彻落实习近平总书记关于教育的重要论述和全国教育大会精神,贯彻落实中共中央办公厅、国务院办公厅《关于深化新时代学校思想政治理论课改革创新的若干意见》,本书将思政内容以"互联网＋"的方式融入专业课程中,并形成了网上在线学习资源库。方便授课教师和学生采用线上、线下结合的方式开展学习。

　　本书后附有贯彻本书招投标部分内容的实际工程招标、投标文件核心内容摘要,以及评标常用表格,为学生和教师完成综合实训以及今后的学习和工作提供了极大的便利。

　　本书可供高职高专院校、成人高校、继续教育学院和民办高校土建类各专业群使用,也可作为相关人员培训学习的教材或参考书。

　　本书由湖州职业技术学院教授刘晓勤、浙江水利水电专科学校教授级高级工程师董平担任主编,台州职业技术学院张俊强、湖州职业技术学院胡意志担任副主编,全书由刘晓勤统稿。参与本书编写的人员分工为:模块一、模块二、模块六、附录一由刘晓勤编写;模块三、附录二由董平编写;模块五由刘惠茹(新疆建设职业技术学院副教授)编写;模块四、模块八由张俊强编写;模块七由胡意志编写。

本书每个项目的任务和原始资料均由湖州招投标中心汪洪生副站长和湖州大东吴集团有限公司总经济师施佰英提供并完成,品茗电子评标软件给予技术支持,在此一并表示感谢。

本书在编写过程中参考了不少文献资料,在此谨向原著作者们致以诚挚的谢意。

限于编者水平,书中难免存在不妥之处,希望读者同行批评指正。

刘晓勤

2021 年 10 月

目　录

CONTENTS

模块一
建设工程招标

能力目标

1. 能够根据工程概况依据《中华人民共和国标准施工招标文件》编制实际工程招标文件
2. 能够编制招标公告
3. 能够编制资格预审文件

知识目标

1. 了解建设工程招标投标的有关定义和基本知识
2. 掌握招标方式及其适用范围,掌握编制施工招标文件的核心内容
3. 熟悉招投标全过程的主要工作和流程

背景资料

1. 浙江省××市××中路地段商务大楼工程经××市发展和改革委员会批准(批准文号:×计投资〔2015〕30号)现已列入基本建设计划。由××市城市建设发展总公司作为该工程建设项目的业主通过公开招标择优选定施工单位。

2. 工程描述:总建筑面积约5961m²,其中地上建筑面积的4949m²,地下建筑面积的1011m²。

3. 资格预审合格单位,可以从下列地址获得更详细的资料(或查阅有关文件):

××市城市建设发展总公司(××市××路135号)　　　　联系电话:3012007

4. 投标文件递交的截止日期为2021年1月25日9时整。投标文件采用密封形式派专人直接送至××市招标投标中心。

5. 注意事项:

(1)参加投标的单位在购买招标文件时,应出示单位介绍信和本人身份证。《招标文件》售价1000元,售后不退。图纸押金2000元,请妥善保管使用,待中标公示结束后凭收据及完整的施工图退还公司工程部。

(2)招标文件及施工图发售时间为2020年12月28日至2021年1月4日,每天上午8:00—11:00,下午2:00—5:00,超过期限不再发售。发售地点:××工程咨询有限公司。

工作任务

根据背景资料所述工程,进行招标准备工作,并完成工程招标所需各类文件的编写。

任务说明

招标文件是工程项目施工招标过程中最重要、最基本的技术文件,编制施工招标相关文件是学生学习本门课程需要掌握的基本技能之一。国家对施工招标文件的内容、格式均有特殊规定,通过本项目实训活动,进一步提高学生对招标文件内容与格式的基本认识,提高学生编制招标文件的能力。学生通过实训基本能获得作为招标人正确编制招标公告、资格预审文件、招标文件的能力;同时提高识读施工图的能力。

项目一 项目报建

问题提出

大学期间,当你打算购买一台电脑时,你会如何来操作这件事?从你向父母谈起到成功购买电脑,一般经过了哪些过程?一个建设单位打算新建一个建筑物,请你设想应该经过哪些程序。

提示与分析

注意浙江省××市××中路地段商务大楼工程的背景资料说明,要经××市发展和改革委员会批准。我国的单位性质分为事业单位、国有企业单位和私营企业单位等,每个单位的每项工作都有特定的管理部门,各部门分工明确,各司其职。就像父母是你的监护人,你做的很多事情都必须经过他们的许可。

知识链接

一、项目报建要求

1.建设项目选址意见书(规划局窗口)

(1)申请表1份。

(2)组织机构代码证原件并提供复印件1份。

(3)建设项目有效批准文件1份。

(4)意向性选址位置的1:1000或1:500、1:2000城市统一坐标系统现势地形图3份(电子文档)。

(5)环评报告1份。

(6)其他有关材料。

2.核准(计委窗口)

(1)申请报告一式5份,并附磁盘电子文档。

（2）规划选址意见书。

（3）环保部门出具的环境影响评价文件的审批意见。

（4）国土部门出具的项目用地预审意见。

（5）法律法规或规章应当提交的其他文件（房地产开发项目还需提供房屋开发计划、开发资质证明）。

3.土地预审报告

（1）申请预审报告。

（2）建设项目可行性研究报告及项目建议书批复。

（3）建设项目用地预审申请表（国土窗口提供）。

（4）建设项目用地城市（村镇）规划选址意见书。

（5）建设项目用地规划总平面布置图（建设局或规划局盖章）。

（6）建设项目分幅现状图、土地利用总体规划图中的位置（A4纸彩图，用地单位和土地所盖章）。

（7）土地勘测定界成果报告书。

（8）如果是挂牌的项目，提交挂牌成交确认书及出让合同。

以上所有材料均一式2份。

4.委托环评单位对建设工程进行环评

委托环评中介对该地段进行环境影响评价。

5.环境影响评价审批（环保局窗口）

环境影响评价文件附件齐全。资料包括：

（1）项目可行性研究报告。

（2）企业名称预先核准通知书（备案）（复印件）或营业执照复印件。

（3）规划部门选址意见或土地部门认可工业用地的证明材料。

（4）环评文件规定的其他附件。

6.房地产开发企业资质

（1）申请房地产开发企业资质的书面报告。

（2）房地产开发企业资质申请表。

（3）企业营业执照及其复印件。

（4）企业章程。

（5）验资证明。

（6）企业注册地址证明。

（7）企业法人代表的身份证明和个人简历。

（8）部门以上负责人的身份证明和个人简历。

（9）部门以上负责人的任职文件。

（10）专业技术人员的资格证书和劳动合同。

（11）拟开发项目意向协议书、土地出让合同、建设项目申报批复。

（12）公司管理制度和部门职责。

(13)公司年度审计报告、"两书一册"使用情况、商品房持证预销售情况及其他依法经营情况(年检提供)。

(14)其他材料。

7.《建设用地规划许可证》(规划局窗口)

(1)申请表1份。

(2)出示组织机构代码原件并提供复印件1份。

(3)建设项目有效批准文件1份。

(4)1∶1000或1∶500、1∶2000城市统一坐标系统现势地形图3份(电子文档)。

(5)出示建设项目选址意见书及附图原件,提供复印件各1份。

(6)批准的总平面规划方案1份。

(7)拟用地范围内国有土地使用权属单位的用地协议:

①申请改变建设用地性质、改变设计规划要求,须出示土地原权属证明及附图原件,提供复印件各1份。

②拟招、拍、挂的土地,须出示确认书及国有土地出让合同原件,并提供复印件1份。

③因历史原因需补办用地手续及法院要求协助执行等,须提供有关证明材料。

(8)工业项目拟用地,须提供环保部门批准的建设项目环评意见。

(9)其他材料。

8.《建设用地批准书》(国土局窗口)

(1)建设用地申请表。

(2)建设项目用地预审意见。

(3)可行性研究报告批复。

(4)计委项目立项(备案、核准)文件。

(5)建设用地规划许可证及规划红线图。

(6)单位营业执照及组织代码证。

(7)单位法人证明及其身份证复印件。

(8)建设项目平面布置图。

(9)征地批文。

(10)土地勘测定界报告。

(11)国有土地使用权出让合同。

(12)土地估价报告。

(13)农民补偿凭证。

9.人防工程(人防办窗口)

(1)项目建议书。

(2)可行性研究报告。

(3)初步设计和施工图文书。

(4)资金筹措情况。

10.施工图审查备案(中介机构办事,建设局窗口受理)

(1)申请报告。

（2）设计文件 1 份。

（3）结构计算书 1 份。

（4）项目批文。

（5）用地规划许可证。

（6）规划意见书。

11.绿色图章

（1）申请表。

（2）建设项目规划总平面图。

（3）建设项目配套绿化总平面图以及说明（2 份）。

12.抗震设防审批（地震局窗口）

提供填写的建设工程抗震设防要求申请表,提供地震安全性工作报告。

13.《建设工程规划许可证》（规划局窗口）

（1）计委项目备案（核准）文件。

（2）组织机构代码证。

（3）建设项目环评报告。

（4）《建设工程规划许可证》申请表。

（5）规划设计条件及红线图。

（6）《建设工程抗震设防要求申请表》。

（7）经批准的单体方案和总平面规划。

（8）土地使用证。

（9）建筑施工图（电子文档）。

（10）绿色图章。

（11）用地规划许可证复印件。

14.直接发包单位资质、招标申请书和招标文件（中介机构办理,建设局窗口受理）

（1）申请报告。

（2）建设项目批准文件。

（3）建设用地文件。

（4）规划许可证。

（5）施工图设计文件审批批准书。

（6）有关规费凭证。

二、项目报建手续

项目报建的手续及需携带的资料如图 1.1 所示。

```
                      ┌─────────────────┐
                      │   建设单位       │
                      └────────┬────────┘
                               ↓
          ┌────────────────────────────────────────┐
          │  携带建设项目立项文件和建设单位资金证明原件及其  │
          │            复印件                         │
          └────────────────────┬───────────────────┘
                               ↓
          ┌────────────────────────────────────────┐
          │  核实后复印件存档，原件返回建设单位，领取《工程  │
          │    建设项目报建表》（一式两份）               │
          └────────────────────┬───────────────────┘
                               ↓
          ┌────────────────────────────────────────┐
          │  建设单位填写《工程建设项目报建表》（一式       │
          │    两份）并签字盖章                         │
          └────────────────────┬───────────────────┘
                               ↓
          ┌────────────────────────────────────────┐
          │  核准后办理工程建设项目报建手续              │
          └────────────────────┬───────────────────┘
                               ↓
                  ┌───────────────────────┐
                  │   相关材料归档          │
                  └───────────────────────┘
```

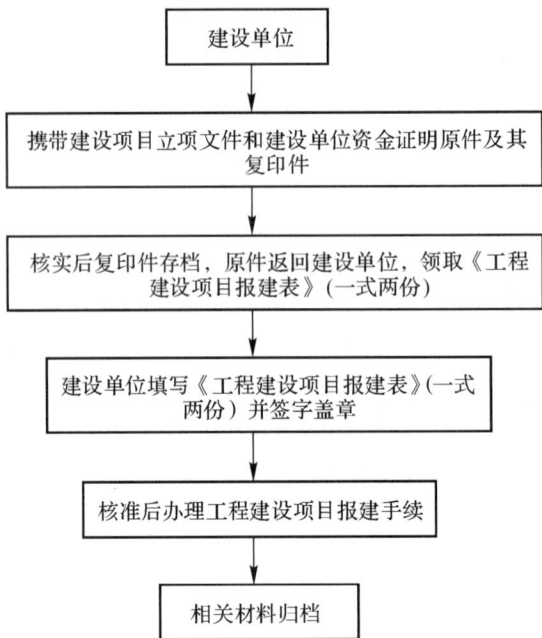

图 1.1　办理项目报建手续工作流程

知识实训

1. 根据××市××中路地段商务大楼工程情况，讨论并列出该项目报建需要经过哪些部门审批。

2. 对教师提供的建设项目报建各类表格进行填写练习。

项目二　工程承发包

问题提出

某单位打算建一栋楼，这个单位就是业主，想承接这个工程的单位就叫承包商。如果你现在的角色是业主或承包商，你会在什么地方和对方谈判？你希望对方具备什么条件？你打算采用什么方式和对方交易？

提示与分析

建设工程交易具有牵涉的资金量巨大、工程工期相对较长、建筑产品无法移动等特点，一旦工程开始施工才发现问题，往往已造成较大的损失，返还、折价补偿等往往于事无补。通过本项目的学习，我们能够知道在我国法律保护下的安全交易场所及功能，知道什么样的承发包人是合格的，与之合作风险最小，针对具体的工程运用什么样的承包方式最合适。

知识链接

一、建设工程市场

(一)建设工程市场的概念

1.建设工程市场的含义

建设工程市场简称建设市场或建筑市场,是进行建筑商品和相关要素交换的市场。

建设工程市场有广义的市场和狭义的市场之分。狭义的建设工程市场一般是指有形建设工程市场,有固定的交易场所。广义的建设工程市场包括有形市场和无形市场,它是工程建设生产和交易关系的总和。

由于建筑产品具有生产周期长、价值量大、生产过程的不同阶段对承包的能力和特点要求不同等特点,决定了建设工程市场交易贯穿于建筑产品生产的整个过程。从工程建设的决策、设计、施工,一直到工程竣工、保修期结束,发包方与承包商、分包商进行的各种交易以及相关的商品混凝土供应、构配件生产、建筑机械租赁等活动,都是在建设工程市场中进行的。生产活动和交易活动交织在一起,使得建设工程市场在许多方面不同于其他产品市场。

建设工程市场的主要竞争机制是招标投标,法律法规和监管体系保证市场秩序,保护市场主体的合法权益。建设工程市场是消费品市场的一部分,如住宅建筑等,也是生产要素市场的一部分,如工业厂房、港口、道路、水库等。

2.建设工程市场分类

建设工程市场按交易对象,可分为建筑商品市场、资金市场、劳动力市场、建筑材料市场、租赁市场、技术市场和服务市场等;按市场覆盖范围,可分为国际市场和国内市场;按有无固定交易场所,可分为有形市场和无形市场;按固定资产投资主体,可分为国家投资形成的建设工程市场,企事业单位自有资金投资形成的建设工程市场,私人住房投资形成的市场和外商投资形成的建设工程市场等;按建筑商品的性质,可分为工业建设工程市场、民用建设工程市场、公用建设工程市场、市政工程市场、道路桥梁市场、装饰装修市场和设备安装市场等。

3.建设工程市场的特征

由于建设工程市场的主要商品——建筑商品是一种特殊的商品,建设工程市场具有不同于其他产业市场的特征。

(1)建设工程市场交换关系复杂。

(2)建设工程市场的范围广,变化大。

(3)建筑产品生产和交易的统一性。

(4)建筑产品交易的长期性和阶段性。

(5)建设工程市场交易的特殊性。

(6)建筑产品的社会性。

(7)建设工程市场与房地产市场的交融性。

(二)建设工程市场的主体与客体

建设工程市场的主体是指参与建设生产交易过程的各方,主要有业主(建设单位或发包人)、承包商和工程咨询服务机构等。市场客体是指一定量的可供交换的商品和服务,它包

括有形的物质产品和无形的服务。

1.业主

业主是指既有某项工程建设需求，又具有该项工程的建设资金和各种准建证件，在建设工程市场中发包工程项目建设任务，并最终得到建筑产品达到其投资目的的政府部门、企事业单位和个人。

2.承包商

承包商是指有一定生产能力、技术装备、流动资金，具有承包工程建设任务的营业资格，在建设工程市场中能够按照业主方的要求，提供不同形态的建筑产品，并获得工程价款的建筑施工企业。

3.工程咨询服务机构

工程咨询服务机构是指具有一定注册资金和相应的专业服务能力，持有从事相关业务的资质证书和营业执照，能对工程建设提供估算测量、管理咨询、建设监理等智力型服务或代理，并取得服务费用的企业和其他为工程建设服务的专业中介组织。

中介组织包括建筑业协会及其下属的专业分会；各种专业事务所、评估机构、公证机构、合同纠纷的调解仲裁机构等；建设工程交易中心、监理公司等；建筑产品质量检测、鉴定机构——ISO 9000 认证机构等；基金会、保险机构等；招标代理。

4.建设工程市场客体

建设工程市场的客体一般称作建筑产品，它包括有形的建筑产品——建筑物，无形的产品——各种服务。客体凝聚着承包商的劳动，业主以投入资金的方式取得它的使用价值。

(三)建设工程市场资质管理

建筑活动的专业性及技术性都很强，而且建设工程投资大、周期长，一旦发生问题将给社会和人民的生命财产安全造成极大损失。因此，为保证建设工程的质量和安全，对从事建设活动的单位和专业技术人员必须实行从业资格管理，即资质管理制度。建设工程市场中的资质管理包括两类：一类是对从业企业的资质管理；另一类是对专业人士的资格管理。

1.从业企业资质管理

我国《建筑法》规定，对从事建筑活动的施工企业、勘察设计单位、工程咨询机构(含监理单位)实行资质管理。

(1)工程勘察设计企业资质管理

我国建设工程勘察设计资质分为工程勘察资质和工程设计资质。建设工程勘察、设计企业应当按照其拥有的注册资本、专业技术人员、技术装备和业绩等条件申请资质，经审查合格，取得建设工程勘察、设计资质证书后，方可在资质等级许可的范围内从事建设工程勘察设计活动。我国勘察设计企业的业务范围参见表 1.1 的有关规定。国务院建设行政主管部门及各地建设行政主管部门负责工程勘察、设计企业资质的审批、晋升和处罚。

表 1.1　我国勘察设计企业的业务范围

企业类别	资质分类	等级	承担业务范围
勘察企业	综合资质	甲级	承担工程勘察业务的范围和地区不受限制
	专业资质（分专业设立）	甲级	承担本专业工程勘察业务的范围和地区不受限制
		乙级	可承担本专业工程勘察中、小型工程项目，承担工程勘察业务的地区不受限制
		丙级	可承担本专业工程勘察小型工程项目，承担工程勘察业务限定在省、自治区、直辖市所辖行政区范围内
	劳务资质	不分级	承担岩石工程治理、工程钻探、凿井等工程勘察劳务工作，承担工程勘察劳务工作的地区不受限制
设计企业	综合资质	不分级	承担工程设计业务的范围和地区不受限制
	行业资质（分行业设立）	甲级	承担相应行业建设项目的工程设计的范围和地区不受限制
		乙级	承担相应行业的中、小型建设项目的工程设计任务，地区不受限制
		丙级	承担相应行业的小型建设项目的工程设计任务，地区限定在省、自治区、直辖市所辖行政区范围内
	专项资质（分专业设立）	甲级	承担大、中、小型专项工程设计的项目，地区不受限制
		乙级	承担中、小型专项工程设计的项目，地区不受限制

（2）建筑业企业（承包商）资质管理

建筑业企业（承包商）是指从事土木工程、建筑工程、线路管道及设备安装工程、装修工程等的新建、扩建和改建活动的企业。我国建筑业企业承包工程范围见表1.2。工程施工总承包企业资质等级分为特、一、二、三级；施工专业承包企业资质等级分为一、二、三级；劳务分包企业资质等级分为一、二级。这三类企业的资质等级标准，由建设部统一组织制定和发布。工程施工总承包企业和施工专业承包企业的资质实行分级审批。特级和一级资质由建设部审批；二级及以下资质由企业注册所在地省、自治区、直辖市人民政府建设主管部门审批；劳务分包系列企业资质由企业所在地省、自治区、直辖市人民政府建设主管部门审批。经审查合格的企业，由资质管理部门颁发相应等级的建筑业企业（施工企业）资质证书。建筑业企业资质证书由国务院建设行政主管部门统一印制，分为正本（1本）和副本（若干本），正本和副本具有同等法律效力。任何单位和个人不得涂改、伪造、出借、转让资质证书，复印的资质证书无效。

表 1.2　建筑业企业承包工程范围

企业类别	等级	承包工程范围
建筑业企业 施工总承包企业（按工程性质分为房屋、公路、铁路、港口、水利、电力、矿山、冶金、化工石油、市政公用、通信、机电等12类）	特级	（以房屋建筑工程为例）可承担各类房屋建筑工程的施工
	一级	（以房屋建筑工程为例）可承担单项建安合同额不超过企业注册资本金5倍的下列房屋建筑工程的施工：①40层及以下、各类跨度的房屋建筑工程；②高度240米及以下的构筑物；③建筑面积20万平方米及以下的住宅小区或建筑群体
	二级	（以房屋建筑工程为例）可承担单项建安合同额不超过企业注册资本金5倍的下列房屋建筑工程的施工：①28层及以下、单距跨度36米以下的房屋建筑工程；②高度120米及以下的构筑物；③建筑面积12万平方米及以下的住宅小区或建筑群体
	三级	（以房屋建筑工程为例）可承担单项建安合同额不超过企业注册资本金5倍的下列房屋建筑工程的施工：①14层及以下、单距跨度24米以下的房屋建筑工程；②高度70米及以下的构筑物；③建筑面积6万平方米及以下的住宅小区或建筑群体
专业承包企业（根据工程性质和技术特点分为60类）	一级	（以土石方工程为例）可承担各类土石方工程的施工
	二级	（以土石方工程为例）可承担单项合同额不超过企业注册资本金5倍且60万立方米及以下的石方工程的施工
	三级	（以土石方工程为例）可承担单项合同额不超过企业注册资本金5倍且15万立方米及以下的石方工程的施工
劳务分包企业（按技术特点分为13类）	一级	（以木工作业为例）企业具有相关专业技术员或本专业高级工以上的技术负责人，可承担各类工程木工作业分包业务，但单项合同额不超过企业注册资本金的5倍，企业近3年最高年完成劳务分包合同额100万元以上
	二级	（以木工作业为例）企业具有本专业高级工以上的技术负责人，可承担各类工程木工作业分包业务，但单项合同额不超过企业注册资本金的5倍

（3）工程咨询单位资质管理

我国对工程咨询单位也实行资质管理。目前，已有明确资质等级评定条件的有工程监理、招标代理和工程造价等咨询机构。

工程监理企业资质按照等级划分为综合资质、专业资质和事务所资质。其中，专业资质按照工程性质和技术特点划分为14个工程类别，综合资质、事务所资质不设类别。专业资质分为甲级和乙级，其中，房屋建筑、水利水电、公路和市政公用专业资质可设立丙级。工程咨询单位资质管理情况如表1.3所示。

工程咨询单位的资质评定条件包括注册资金、专业技术人员和业绩三方面的内容，不同资质等级的标准均有具体规定。

表 1.3　工程咨询单位资质管理

企业类别	资质分类	等级	承担业务范围
工程监理	综合资质		承担所有专业工程类别建设工程项目的工程监理业务
	专业资质	甲级	可以监理相应专业类别的所有工程
		乙级	只能监理相应专业类别的二、三级工程
		丙级	只能监理相应专业类别的三级工程
	事务所资质		承担三级建设工程项目的监理业务,但国家规定必须实行监理的工程除外
工程招标代理机构		甲级	承担工程的范围和地区不受限制
		乙级	只能承担工程投资额(不含征地费、大市政配套费与拆迁补偿费)3000万元以下的工程招标代理业务,地区不受限制
工程造价咨询机构		甲级	承担工程的范围和地区不受限制
		乙级	在本省、自治区、直辖市所辖行政区域范围内承接中、小型建设项目的工程造价咨询业务

2.专业人士资格管理

在建设工程市场中,把具有从事工程咨询资格的专业工程师称为专业人士。

专业人士在建设工程市场管理中起着非常重要的作用。由于他们的工作水平对工程项目建设成败具有重要的影响,因此对专业人士的资格条件要求很高。从某种意义上说,政府对建设工程市场的管理,一方面要靠完善的建筑法规,另一方面要依靠专业人士。

我国专业人士制度是近几年才从发达国家引入的。目前,已经确定的专业人士种类有建筑工程师、结构工程师、监理工程师、造价工程师、注册建造师和岩土工程师等。由全国资格考试委员会负责组织专业人士的考试。

目前我国专业人士制度尚处在起步阶段,但随着建设工程市场的进一步完善,对其管理会进一步规范化和制度化。

二、工程招投标代理机构

(一)建设工程招标代理概念

招标代理机构,是指在工程项目招标投标活动中,受招标人委托,代为从事招标组织活动的中介机构。

《招标投标法》第十二条第一款规定:"招标人有权自行选择招标代理机构,委托其办理招标事宜。"当招标单位缺乏与招标工程相适应的经济、技术管理人员,没有编制招标文件和组织评标的能力时,依据我国《招标投标法》的规定,应认真挑选、慎重委托具有相应资质的中介服务机构代理招标。

根据我国《招标投标法》的规定,招标代理机构必须是法人或依法成立的独立核算的经济组织,并且应当具备下列条件:

(1)有从事招标代理业务的营业场所和相应资金。

(2)有能够编制招标文件和组织评标的相应专业力量。

(3)有可以作为评标委员会成员人选的技术、经济等方面的专家库。

(4)有健全的组织机构和内部管理的规章制度。

(二)招标代理的法律行为

招标代理在法律上属于委托代理,招标代理机构的行为必须在代理委托的授权范围内开展,超出委托授权范围的代理行为属无权代理。建设工程招标代理行为的法律效果归属于被代理人,被代理人对超出授权范围的代理行为有拒绝权和追索权。

(三)招标代理机构的权利

1.依照规定收取招标代理费

招标代理作为一项经营活动,招标代理机构是通过与招标人订立委托合同取得授权的,委托合同中应当明确代理费的数额和支付办法。可以说这是招标代理机构最主要的一项权利。

2.有权要求招标人对代理工作提供协助

由于招标代理机构是为招标人完成招标工作,离开招标人的配合,在很多情况下代理工作将无法开展。招标人应当提供与工程招标代理有关的文件、资料,对代理工作提供必要的协助,并对提供文件、资料的真实性、合法性负责。

3.对潜在投标人进行资格审查

招标代理机构可以根据招标项目本身的要求,在招标公告或者投标邀请书中,要求潜在投标人提供有关的证明文件和业绩情况,并对潜在投标人进行资格审查;国家对投标人的资格条件有规定的,应依照其规定。

招标代理机构不应同时接受同一招标工程的投标代理或投标咨询业务;招标代理机构与被代理工程的投标人不得有隶属关系或者其他利害关系。

(四)招标代理机构的义务

(1)遵守我国法律、法规、规章和现行方针、政策的义务。

(2)拟订招标方案,编制和出售招标文件、资格预审文件;审查投标人资格;编制标底;组织投标人踏勘现场;组织开标、评标,协助招标人定标;草拟合同。

(3)接受招投标管理机构的监督管理和招标行业协会的指导。

(4)招标人委托的其他事项。

三、建设工程交易中心

(一)建设工程交易中心的性质

建设工程交易中心是依据国家法律法规成立,为建设工程交易活动提供相关服务,依法自主经营、独立核算、自负盈亏,具有法人资格的服务性经济实体。

建设工程交易中心是一种有形的建设工程市场。

(二)建设工程交易中心应具备的功能

1.场所服务功能

建设工程交易中心的场所服务功能包括:为工程发包承包交易的各方主体提供招标公告发布、投标报名、开标及评标的场地服务以及评标专家抽取服务,为交易各方主体办理有关手续提供便利的配套服务;为政府有关部门和相关机构派驻交易中心的窗口提供办公场地和必要的办公条件服务,实现交易"一站式"管理和服务功能。

2.信息服务功能

交易中心配备有电子墙、计算机网络工作站,收集、存储和发布各类工程信息、法律法规、造价信息、价格信息和专业人士信息等。

3.集中办公功能

建设行政主管部门的各职能机构进驻建设工程交易中心,为建设项目进入有形建筑市场提供项目报建、招标投标交易和有关批准手续办理服务,进行集中办公和实施统一管理监督。由于其具有集中办公功能,因此建设工程交易中心只能集中设立,每个城市原则上只能设立一个,特大城市可以根据需要设立区域性分中心,在业务上受中心领导。

4.咨询服务功能

提供技术、经济、法律等方面的咨询服务。

(三)建设工程交易中心的管理

建设工程交易中心要逐步建成包括建设项目工程报建、招标投标、承包商、中介机构、材料设备价格和有关法律法规等的信息中心。

各级建设工程招标投标监督管理机构负责建设工程交易中心的具体管理工作。

新建、扩建和改建的限额以上建设工程,包括各类房屋建筑、土木工程、设备安装、管道线路铺设、装饰装修和水利、交通、电力等专业工程的施工、监理、中介服务、材料设备采购,都必须在有形建设市场进行交易。凡应进入建设工程交易中心而在场外交易的,建设行政主管部门不得为其办理有关工程建设手续。

(四)建设工程交易中心运作的一般程序

建设工程交易中心运作的一般程序如图1.2所示。

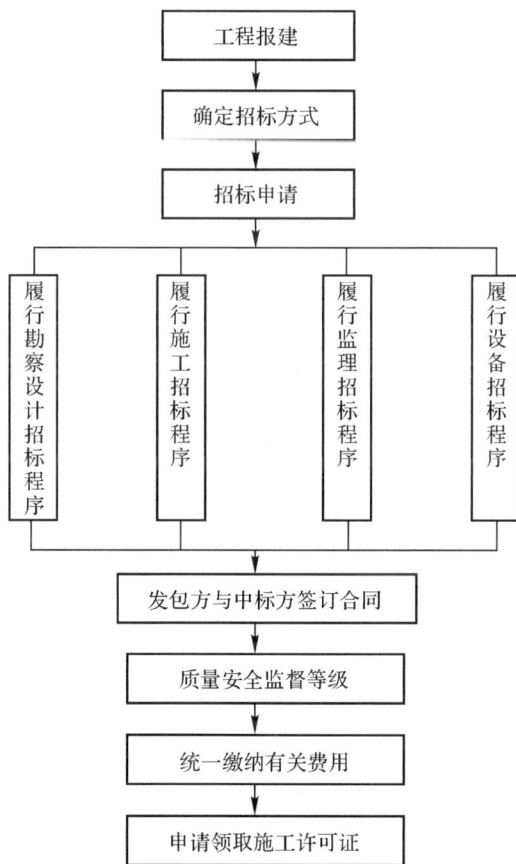

图1.2 建设工程交易中心运作程序

1.建设工程项目报建

在建设工程项目的立项批准文件或投资计划下达后,建设单位根据《工程建设项目报建管理办法》规定的要求进行报建。报建内容主要包括工程名称、建设地点、投资规模、资金来源、当年投资额、工程规模、工程筹建情况和计划开竣工日期等。

2.确定招标方式

招标人填写"建设工程招标申请表",并经上级主管部门批准后,连同"工程建设项目报建审查登记表"报招标管理机构审批。招标管理机构依据《招标投标法》和有关规定确认招标方式。

3.履行招标投标程序

招标人依据《招标投标法》和有关规定,履行建设项目包括建设项目的勘察、设计、施工、监理以及与工程建设有关的设备材料采购等招标投标程序。

4.签订合同

自发出中标通知书之日起 30 天内,发包单位与中标单位签订承包合同。

5.按规定进行质量、安全监督登记。

6.统一缴纳有关工程前期费用。

7.领取建设工程施工许可证

根据《建设工程施工许可管理办法》的规定,申请领取施工许可证需要满足下列条件。

(1)已经办理该建筑工程用地批准手续。

(2)在城市规划区的建筑工程,已经取得建设工程规划许可证。

(3)施工场地已经基本具备施工条件,需要拆迁的,其拆迁进度符合施工要求。

(4)已经确定施工企业。按照规定应该招标的工程没有招标,应该公开招标的工程没有公开招标,或者肢解发包工程,以及将工程发包给不具备相应资质条件的,所确定的施工企业无效。

(5)有满足施工需要的施工图纸及技术资料,施工图设计文件已按规定进行了审查。

(6)有保证工程质量和安全的具体措施。施工企业编制的施工组织设计中有根据建筑工程特点制定的相应质量、安全技术措施,专业性较强的工程项目编制了专项质量、安全施工组织设计,并按照规定办理了工程质量、安全监督手续。

(7)按照规定应该委托监理的工程已委托监理。

(8)建设资金已经落实。建设工期不足一年的,到位资金原则上不得少于工程合同价的50%,建设工期超过一年的,到位资金原则上不得少于工程合同价的30%。建设单位应当提供银行出具的到位资金证明,有条件的可以实行银行付款保函或者其他第三方担保。

(9)法律、行政法规规定的其他条件。

建设行政主管部门应当自收到申请之日起 15 日内,对符合条件的申请颁发施工许可证。

四、建设工程招标投标行政监管机构

建设工程招标投标涉及国家利益、社会公共利益和公众安全,因而必须对其实行强有力的政府监管。建设工程招标投标活动及其当事人应当接受依法实施的监督管理。

（一）建设工程招标投标监管体制

建设工程招标投标涉及各行各业的很多部门，如果都各自为政，必然会导致建设市场混乱无序，无从管理。为了维护建筑市场的统一性、竞争的有序性和开放性，国家明确指定了一个统一归口的建设行政主管部门，即住房与城乡建设部，它是全国最高招标投标管理机构，在建设部的统一监管下，实行省、市、县三级建设行政主管部门对所辖行政区内的建设工程招标投标分级管理。各级建设行政主管部门作为本行政区域内建设工程招标投标工作的统一归口监督管理部门，其主要职责有以下几点。

（1）从指导全社会的建筑活动、规范整个建筑市场、发展建筑产业的高度研究制定有关建设工程招标投标的发展战略、规划、行业规范和相关方针政策、行为规则、标准和监管措施，组织宣传、贯彻有关建设工程招标投标的法律、法规、规章，进行执法、检查和监督。

（2）指导、检查和协调本行政区域内建设工程的招标投标活动，总结和交流经验，提供高效率的规范化服务。

（3）负责对当事人的招标投标资质、中介服务机构的招标投标中介服务资质和有关专业技术人员的执业资格的监督，开展招标投标管理人员的岗位培训。

（4）会同有关专业主管部门及其直属单位办理有关专业工程招标投标事宜。

（5）调解建设工程招标投标纠纷，查处建设工程招标投标违法、违规行为，否决违反招标投标规定的定标结果。

（二）建设工程招标投标分级管理

建设工程招标投标分级管理，是指省、市、县三级建设行政主管部门依照各自的权限，对本行政区域内的建设工程招标投标分别实行管理，即分级属地管理。这是建设工程招标投标管理体制内部关系中的核心问题。实行这种建设行政主管部门系统内的分级属地管理，是现行建设工程项目投资管理体制的要求，也是进一步提高招标工作效率和质量的重要措施，有利于更好地实现建设行政主管部门对本行政区域建设工程招标投标工作的统一监管。

（三）建设工程招标投标监管机关

建设工程招标投标监管机关，是指经政府或政府主管部门批准设立的隶属于同级建设行政主管部门的省、市、县（市）建设工程招标投标办公室。

1.建设工程招标投标监管机关的性质

各级建设工程招标投标监管机关从机构设置、人员编制来看，其性质通常都是代表政府行使行政监管职能的事业单位。建设行政主管部门与建设工程招标投标监管机关之间是领导与被领导的关系。省、市、县（市）招标投标监管机关的上级与下级之间有业务上的指导和监督关系。这里必须强调的是，建设工程招标投标监管机关必须与建设工程交易中心和建设工程招标代理机构实行机构分设，职能分离。

2.建设工程招标投标监管机关的职权

建设工程招标投标监管机关的职权主要包括以下几点。

（1）办理建设工程项目报建登记。

（2）审查发放招标组织资质证书、招标代理人及标底编制单位的资质证书。

（3）接受招标人申报的招标申请书，对招标工程应当具备的招标条件、招标人的招标资质或招标代理人的招标代理资质、采用的招标方式进行审查认定。

（4）接受招标人申报的招标文件，对招标文件进行审查认定，对招标人要求变更后发出的招标文件进行审批。

（5）对投标人的投标资质进行复查。

（6）对标底进行审定，可以直接审定，也可以将标底委托建设银行以及其他有能力的单位审核后再审定。

（7）对评标定标办法进行审查认定，对招标投标活动进行全过程监督，对开标、评标、定标活动进行现场监督。

（8）核发或者与招标人联合发出中标通知书。

（9）审查合同草案，监督承发包合同的签订和履行。

（10）调解招标人和投标人在招标投标活动中或履行合同过程中发生的纠纷。

（11）查处建设工程招标投标方面的违法行为，依法受委托实施相应的行政处罚。

建设工程招标投标监管机关的职权，概括起来可分为两个方面。一方面是承担具体负责建设工程招标投标管理工作的职责。也就是说，建设行政主管部门作为本行政区域内建设工程招标投标工作统一归口管理部门的职责，具体是由招标投标监管机关来全面承担的。这时，招标投标监管机关行使职权是在建设行政主管部门的名义下进行的。另一方面，是在招标投标管理活动中享有独立的以自己的名义行使的管理职权。

课堂讨论

1. 比较招投标代理机构、建设工程交易中心、建设工程招标投标行政监管三个机构，指出每个机构功能上的区别，相互之间的关联性。

2. 用上述三个机构来形象地比喻学生、家长、学校之间的关系，应有怎样的一种关联性。

五、建设工程承发包

建设工程承发包是一种商业交易行为，是指交易的一方负责为交易的另一方完成某项工作或供应一批货物，并按一定的价格取得相应报酬的一种交易。

发包人是指具有工程发包主体资格和支付工程价款能力的当事人以及取得该当事人资格的合法继承人。发包人有时称发包单位、建设单位或业主、项目法人。接受任务并负责按时完成而取得报酬的一方称为承包人。承发包双方在平等互利的基础上通过签订工程合同或协议，明确发包人和承包人之间的经济上的权利与义务等关系，保证工程任务在合同造价内按期按质按量地全面完成，具有法律效力，是一种经营方式。

（一）建设工程承发包的内容

工程项目承发包的内容，就是整个建设过程各个阶段的全部工作，可以分为工程项目的项目建议书的编写、可行性研究、勘察设计、材料及设备的采购供应、建筑安装工程施工、生产准备以及竣工验收和工程监理等阶段的工作（见表1.4）。对一个承包单位来说，承包内容可以是建设过程的全部工作，也可以是某一阶段的全部或一部分工作。

表 1.4 建设工程承发包过程

名　称	定　义	内　容	完成人
项目建议书的编写	建设单位向国家有关主管部门提出要求建设某一项目的建设性文件	项目的性质、用途、基本内容、建设规模及项目的必要性和可行性分析等	建设单位、工程咨询机构
可行性研究	研究工程建设项目的技术先进性、经济合理性和建设可能性的科学方法	对拟建项目的市场需求、资源条件、原料、燃料、动力供应条件、厂址方案、拟建规模、生产方法、设备选型、环境保护和资金筹措等,从技术和经济两方面进行详尽的调查研究,分析计算和方案比较,并对建成后可能取得的技术效果和经济效益进行预测,为投资决策提供可靠的依据	工程咨询机构
勘察设计	工程勘察:指工程测量、水文地质勘察和工程地质勘察 工程设计:从技术上和经济上对拟建工程进行全面规划的工作	查明工程项目建设地点的地形地貌、地层土壤岩性、地质构造、水文条件等自然地质条件,作出鉴定和综合评价,为建设项目的选址、工程设计和施工提供科学的依据 包括初步设计、技术设计和施工图设计	勘察设计部门
材料及设备的采购供应		以公开招标、询价报价、直接采购等决定材料的供应方式。以委托承包、设备包干、招标投标等决定设备供应方式	材料、设备供应商
建筑安装工程施工	使设计图纸付诸实施的关键性阶段	施工现场的准备工作,永久性工程的建筑施工、设备安装及工业管道安装等	承包单位
生产准备	准备合格的生产技术工人和配套的管理人员	组织生产职工培训	总承包单位或被委托的培训机构
竣工验收和工程监理	专门从事工程监理的机构,其服务对象是建设单位	接受建设主管部门委托或建设单位委托,对建设项目的可行性研究、勘察设计、设备及材料采购供应、工程施工、生产准备直至竣工投产,实行全过程监督管理或阶段监督管理	受业主委托的监理公司

(二)建设工程承发包的方式

工程承发包方式,是指发包人与承包人双方之间的经济关系形式。从承发包的范围、承包人所处的地位、合同计价方式、获得任务的途径等不同的角度,可以对工程承发包方式进行不同的分类。

工程承发包方式是多种多样的,其分类如图1.3所示。

1.按承包范围划分

(1)建设全过程承包。建设全过程承包又叫统包、一揽子承包、交钥匙合同。它是指发

```
                              ┌→│ 建设全过程承包 │⇒ ┌→│   包工包料   │
            ┌→│ 按承包范围划分 │⇒ ├→│   阶段承包   │⇒ ├→│  包工部分包料 │
            │                  └→│ 专项(业)承包 │⇒ └→│  包工不包料  │
            │
            │                    ┌→│   计划分配   │
            │  ┌──────────┐     ├→│   投标竞争   │
            ├→│ 按获得承包任 │⇒  ├→│   委托承包   │
            │  │ 务途径划分 │     └→│   指令承包   │
  ┌────┐    │  └──────────┘
  │工程│    │                    ┌→│  固定总价合同 │     ┌→│ 分部分项工程单价 │
  │承  │    │                    ├→│  计量估价合同 │     ├→│   最终产品单价  │
  │发  │    │                    ├→│   单价合同   │     ├→│ 总价投标,单价结算 │
  │包  │⇒  ├→│ 按合同类型和 │⇒  ├→│按投资总额或承包工│     ├→│ 成本加固定费用合同 │
  │分  │    │  │ 计价方法划分 │     │ │量计取酬金的合同 │     ├→│ 成本加定比费用合同 │
  │类  │    │                    └→│  成本加酬金合同 │     ├→│  成本加奖金合同  │
  └────┘    │                                            ├→│成本加固定最大酬金合同│
            │                    ┌→│    总承包   │     ├→│成本加保证最大酬金合同│
            │                    ├→│    分承包   │     ├→│ 成本补偿加费用合同 │
            └→│ 按承包人所处 │⇒  ├→│    独立承包  │     └→│ 工时及材料补偿合同 │
               │ 地位划分   │     ├→│    联合承包  │
                              └→│    平行承包  │
```

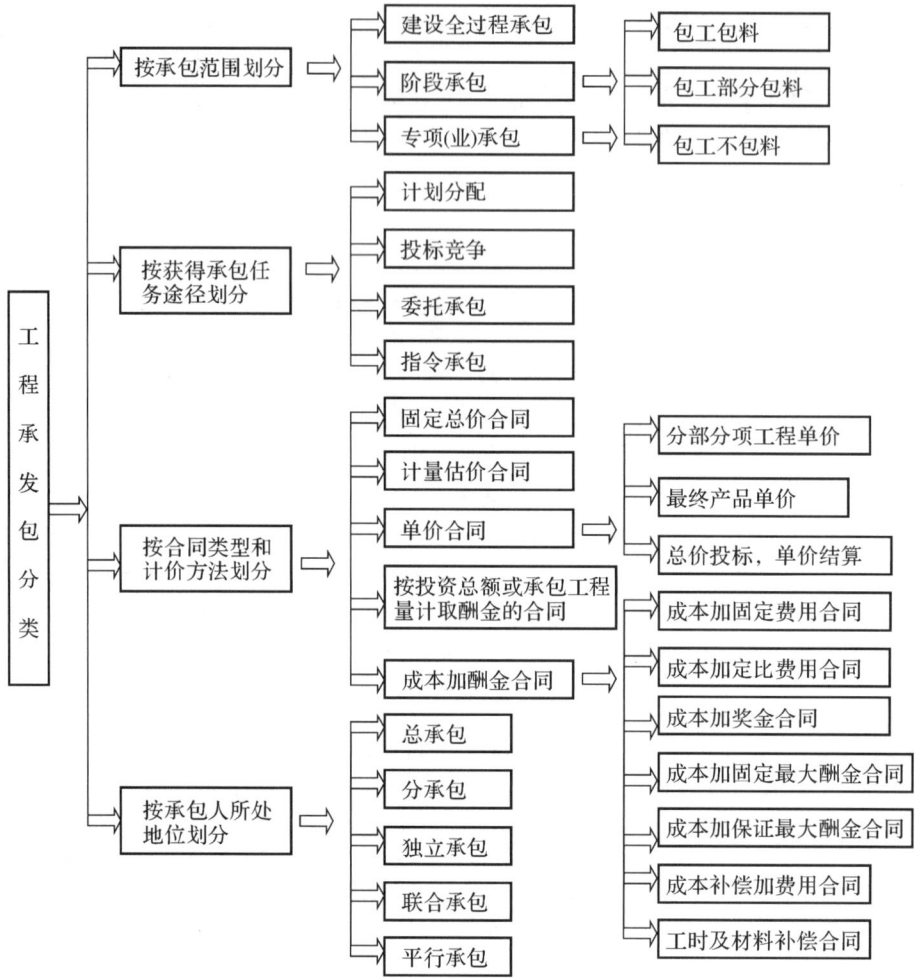

图 1.3 建设工程承发包方式

包人一般只要提出使用要求、竣工期限或对其他重大决策性问题做出决定,承包人就可对项目建议书的编写、可行性研究、勘察设计、材料设备采购、建筑安装工程施工、职工培训、竣工验收,直到投产使用和建设后评估等全过程实行全面总承包,并负责对各项分包任务和必要时被吸收参与工程建设有关工作的发包人的部分力量进行统一组织、协调和管理。

建设全过程承发包主要适用于大中型建设项目。大中型建设项目由于工程规模大、技术复杂,要求工程承包公司必须具有雄厚的技术经济实力和丰富的组织管理经验,通常由实力雄厚的工程总承包公司(集团)承担。这种承包方式的优点是:由专职的工程承包公司承包,可以充分利用其丰富的经验,还可进一步积累建设经验,节约投资,缩短建设工期并保证建设项目的质量,提高投资效益。

(2)阶段承发包。它是指发包人、承包人就建设过程中某一阶段或某些阶段的工作(如勘察、设计或施工、材料设备供应等)进行发包承包。例如由设计机构承担勘察设计,由施工企业承担工业与民用建筑施工,由设备安装公司承担设备安装任务。

(3)专项(业)承发包。它是指发包人、承包人就某建设阶段中的一个或几个专门项目进行承包。它主要适用于可行性研究阶段的辅助研究项目;勘察设计阶段的工程工作、地质勘察、供水水源勘察、基础或结构工程设计、工艺设计,供电系统、空调系统及防灾系统的设计;施工阶段的深基础施工、金属结构制作和安装、通风设备和电梯安装等建设准备阶段的设备选购和生产技术人员培训等专门项目。由于专门项目专业性强,常常是由有关专业分包人承包,所以,专项承发包也称作专业承发包。

2.按合同类型和计价方法划分

(1)固定总价合同。总价合同是指根据合同规定的工程施工内容和有关条件,业主应付给承包商的款额是一个规定的金额,即明确的总价。总价合同也称作总价包干合同,即根据施工招标时的要求和条件,当施工内容和有关条件不发生变化时,业主付给承包商的价款总额就不发生变化。

总价合同又分固定总价合同和变动总价合同两种。

固定总价合同适用范围:

①工程量小、工期短,估计在施工过程中环境因素变化小,工程条件稳定并合理。

②工程设计详细,图纸完整、清楚,工程任务和范围明确。

③工程结构和技术简单,风险小。

④投标期相对宽裕,承包商可以有充足的时间详细考察现场、复核工程量、分析招标文件、拟订施工计划。

这类合同中承包商承担了全部的工作量和价格风险。除了设计有重大变更,一般不允许调整合同价格。在现代工程中,特别是在合资项目中,业主喜欢采用这种合同形式,因为工程中双方结算方式较为简单,比较省事。在合同的执行中,承包商的索赔机会较少。但这种合同承包商承担了全部风险,报价中不可预见的风险费用较高。因此,承包商的报价必须考虑施工期间物价变化以及工程量变化带来的影响。

(2)计量计价合同。它是指以工程量清单和单价表为计算承包价依据的承包方式。一般是由建设单位委托设计单位提出工程量清单,由承包商填报单价,再算出总造价,据以承包工程。单价表是采用单价合同承包方式时投标单位的报价文件和招标单位的评价依据,通常由招标单位开列分部分项工程名称(例如土方工程、石方工程、混凝土工程等),交投标单位填列表单价,作为标书的重要组成部分。也可先由招标单位提出单价,投标单位分别表示同意或另行提出自己的单价。

(3)单价合同。它是指承包商按工程量报价单内分项工作内容填报单价,以实际完成工程量乘以所报单价确定结算价款的合同。承包商所填报的单价应为计及各种摊销费用后的综合单价,而非直接费单价。

单价合同大多用于工期长、技术复杂、实施过程中各种不可预见因素较多的大型土建工程,以及业主为了缩短工程建设周期,初步设计完成后就进行施工招标的工程。单价合同的工程量清单内所开列的工程量为估计工程量,而非准确工程量。

这类合同中承包商承担的主要为工期延误及物价上涨导致的投资风险。

(4)成本加酬金合同。它又称成本补偿合同,是指按工程实际发生的成本结算外,发包人另加上商定好的一笔酬金(总管理费和利润)支付给承包人的一种承发包方式。工程实际发生的成本,主要包括人工费、材料费、施工机械使用费、其他直接费和现场经费以及各项独立费等。表1.5列出了成本加酬金的七种合同形式。

表 1.5 成本加酬金合同的形式

成本加酬金合同	特 点
成本加固定费用合同	根据这种合同,招标单位对投标人支付的人工、材料、设备台班费等直接成本全部予以补偿,同时还增加一笔管理费。所谓固定费用,是指杂项费用与利润相加的和,这笔费用总额是固定的,只有当工程范围发生变更而超出招标文件的规定时才允许变动。这种超出规定的范围是指在成本、工时、工期或其他可测项目方面的变更招标文件规定数量的上下10%
成本加定比费用合同	工程总造价 C 随工程成本 C_d 增大而相应增大,不能有效地鼓励承包商降低成本、缩短工期。工程成本实报实销,但酬金是事先商量好的以工程成本为计算基础的一个百分比
成本加奖金合同	奖金是根据报价书的成本概算指标制定的,概算指标可以是总工程量的工时数的形式,也可以是人工和材料成本的货币形式,在合同中,概算指标被规定了一个底点和一个顶点,投标人在概算指标的顶点下完成工程时就可以得到奖金,奖金的数额按照低于指标顶点的情况而定;而如果投标人在工时或工料成本上超过指标顶点时,他就应该对超出部分支付罚款,直到总费用降低到概算指标的顶点为止
成本加固定最大酬金合同	根据这一合同,投标人得到的支付有三方面:包括人工、材料、机械台班费以及管理费在内的全部成本,占人工成本一定百分比的增加费,以及酬金。在这种形式的合同中通常有三笔成本总额:报价指标成本、最高成本总额和最低成本总额。投标人在完成工程所花费的工程成本总额没有超过最低成本总额时,招标单位要支付其所花费的全部成本费用、杂项费用,并支付其应得酬金;当花费的工程成本总额在最低成本总额和报价指标成本之间时,招标人只支付工程成本和杂项费用;当工程成本总额在报价指标成本与最高成本总额之间时,则只支付全部成本;当工程成本在超过最高成本总额时,招标单位将不予支付超出部分
成本加保证最大酬金合同	在这种合同下,招标单位补偿投标人所花费的人工、材料、机械台班费等成本,另加付人工及利润的涨价部分,这一部分的总额可以一直达到为完成招标书中规定的规范和范围而给的保证最大酬金额度为止。这种合同形式,一般用于设计达到一定的深度,从而可以明确规定工作范围的工程项目招标中
成本补偿加费用合同	在这种合同下,招标单位向投标人支付全部直接成本并支付一笔费用,这笔费用是对承包商所支付的全部间接成本、管理费用、杂项及利润的补偿
工时及材料补偿合同	在工时及材料补偿合同下,工作人员在工作中所完成的工时用一个综合的工时费率来计算,并据此予以支付。这个综合的费率,包括基本工资、保险、纳税、工具、监督管理、现场及办公室的各项开支以及利润等。材料费用的补偿以承包商实际支付的材料费为准

按投资总额或承包工程量计取酬金的合同主要适用于可行性研究、勘察设计和材料设备采购供应等项承包业务。例如,承包可行性研究的计费方法通常是根据委托方的要求和所提供的资料情况,拟定工作内容,估计完成任务所需各种专业人员的数量和工作时间,据此计算工资、差旅费以及其他各项开支,再加企业总管理费,汇总即可得出承包费用总额。勘察费的计费方法,是按完成的工作量和相应的费用定额计取。

3.按获得承包任务途径划分

(1)计划分配。由中央或地方政府的计划部门分配建设工程任务,由设计、施工单位与建设单位签订承包合同。

(2)投标竞争。通过投标竞争,中标者获得工程任务,与建设单位签订承包合同。我国现阶段的工程任务是以投标竞争为主的承包方式。

(3)委托承包。委托承包即由建设单位与承包单位协商,签订委托其承包某项工程任务的合同。主要适用于某些投资限额以下的小型工程。

(4)指令承包。由政府主管部门依法指定,仅适用于某些特殊情况。如少数特殊工程或偏僻地区工程,施工企业不愿投标的,可由项目主管部门或当地政府指定承包单位。

4.按承包人所处地位划分

(1)总承包。总承包简称总包,是指发包人将一个建设项目建设全过程或其中某个或某几个阶段的全部工作发包给一个承包人承包,该承包人可以将在自己承包范围内的若干专业性工作再分包给不同的专业承包人去完成,并对其统一协调和监督管理。各专业承包人只与总承包人发生直接关系,不与发包人发生直接关系。

总承包主要有两种情况:一是建设全过程总承包;二是建设阶段总承包。

总承包有多种形式如图1.4所示。其中,投资、设计、施工总承包,即建设项目,由承包商贷款垫资,并负责规划设计、施工,建成后再转让给发包人;投资、设计、施工、经营一体化总承包,通称BOT方式,即发包人和承包人共同投资,承包人不仅负责项目的可行性研究、规划设计、施工,而且建成后还负责经营几年或几十年,然后再转让给发包人。

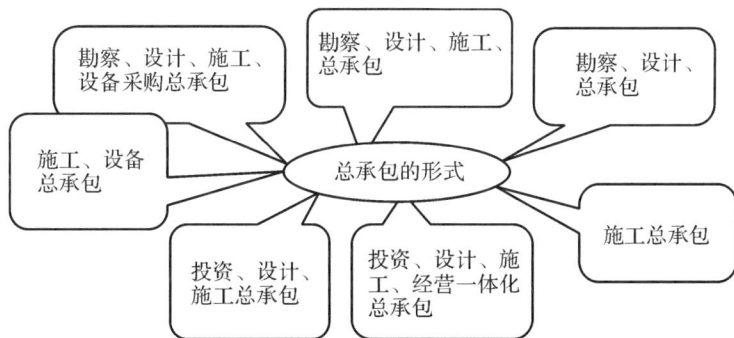

图1.4　总承包形式

采用总承包方式时,可以根据工程具体情况,将工程总承包任务发包给有实力的具有相应资质的咨询公司、勘察设计单位、施工企业以及设计施工一体化的大建筑公司等承担。

(2)分承包。分承包简称分包,是相对于总承包而言的,指从总承包人承包范围内分包某一分项工程(如土方、模板、钢筋等)或某种专业工程(如钢结构制作和安装、电梯安装、卫生设备安装等)。分承包人不与发包人发生直接关系,而只对总承包人负责,在现场由总承包人统筹安排其活动。

分承包人承包的工程不能是总承包范围内的主体结构工程或主要部分(关键性部分),主体结构工程或主要部分必须由总承包人自行完成。

分承包主要有两种情形:一是总承包合同约定的分包,总承包人可以直接选择分包人,

经发包人同意后与分包人订立分包合同;二是总承包合同未约定的分包,须经发包人认可后总承包人方可选择分包人,并与之订立分包合同。

这两种分包都要经过发包人同意后才能进行。

(3)独立承包。它是指承包人依靠自身力量自行完成承包任务的承发包方式。此方式主要适用于技术要求比较简单、规模不大的工程项目。

(4)联合承包。它是指由两个或两个以上的独立经营的承包单位联合起来承包一项工程任务,由参加联合的各单位推选代表统一与建设单位签订合同,共同对建设单位负责,并协调各单位之间的关系,是相对于独立承包而言的承包方式。联合承包主要适用于大型或结构复杂的工程。参加联合的各方,通常是采用成立工程项目合营公司、合资公司、联合集团等联营体形式。参加联营的各方仍都是各自独立经营的企业,只是就共同承包的工程项目必须事先达成联合协议,以明确各个联合承包人的权利和义务,包括投入的资金数额、工人和管理人员的派遣、机械设备种类、临时设施的费用分摊、利润的分享以及风险的分担等。

在市场竞争日趋激烈的形势下,采取联合承包方式的优越性十分明显,具体表现在:①可以有效地减弱多家承包商之间的竞争,化解和防范承包风险。②促进承包商在信息、资金、人员、技术和管理上互相取长补短,有助于充分发挥各自的优势。③增强共同承包大型或结构复杂的工程的能力,增加了中大标、中好标和共同获取更丰厚利润的机会。

(5)平行承包。它是指不同的承包人在同一工程项目上就设计、设备供应、土建、电器安装、机械安装、装饰等工程施工,各承包商分别与业主签订合同,各承包商之间没有合同关系;各自直接对发包人负责,各承包商之间不存在总承包、分承包的关系,现场的协调工作由发包人自己去做,或由发包人委托一个承包商牵头去做,也可聘请专门的项目经理(建造师)去做。

知识延伸

案例

2005 年 6 月 10 日,上海某房地产开发有限公司(简称 A 公司)与浙江某建筑工程公司(简称 B 公司)签订《建设工程施工合同》,合同中约定:由 B 公司作为施工总承包单位承包由 A 公司投资开发的某宾馆工程项目,承包范围是地下 2 层和地上 24 层的土建、采暖、给排水等工程项目,其中,玻璃幕墙专业工程由 A 公司直接发包,工期自 2005 年 6 月 26 日至 2006 年 12 月 30 日,工程款按工程进度支付。同时约定,由 B 公司履行对玻璃幕墙专业工程项目的施工配合义务,由 A 公司按玻璃幕墙专业工程项目竣工结算价款的 3% 向 B 公司支付总包管理费。

玻璃幕墙工程由江苏某一玻璃幕墙专业施工单位(简称 C 公司)施工。施工过程中,在总包工程已完工的情况下,由于 C 公司自身原因,导致玻璃幕墙工程不仅迟迟不能完工,且已完成工程也存在较多的质量问题。A 公司在多次催促 B 公司履行总包管理义务和 C 公司履行专业施工合同所约定的要求未果的情况下,以 B 公司为第一被告、C 公司为第二被告向法院提起诉讼,诉讼请求有三项:

(1)请求判令第一被告与第二被告共同连带向原告承担由于工期延误所造成的实际损失和预期利润。

(2)请求判令第一被告与第二被告共同连带承担质量的返修义务。

(3)请求判令第二被告承担案件的诉讼费和财产保全费用。

课堂讨论

本案的发包人以施工总承包单位B公司收取"总包管理费"却没有履行总包管理职责为由，要求其与玻璃幕墙专业施工单位C公司共同承担连带责任，而总包单位B公司则以玻璃幕墙专业工程项目所签的合同当事人并非是B公司与C公司为由，拒绝承担连带责任，从而产生纠纷。

案例评析

作为总承包单位的B公司愿意接受所谓的"总包管理费"，主要有两个理由：一是认为总承包人收取总包管理费实属"天经地义"；二是觉得在总包范围外多取一部分工程价款"何乐而不为"。但是，就是这个看似"你情我愿"的合意，却因为"名不副实"而"祸起萧墙"。因为，B公司收取的费用名曰"总包管理费"，其实质是"总包配合费"。

根据我国《建筑法》第二十九条规定："建筑工程总承包单位可以将承包工程中的部分工程发包给具有相应资质条件的分包单位；但是，除总承包合同中约定的分包外，必须经建设单位认可。"因此，当总承包人要求发包人同意其分包时，发包人往往要求总承包人同意由其直接与分包人结算，并约定以分包工程价款的一定比例向总承包人支付总包管理费。此时总承包单位收取的是名副其实的总包管理费。

根据我国《合同法》第二百八十三条规定，发包人除具有按时足额支付工程价款的法定义务外，还应承担向承包人提供符合要求的施工条件的义务。因此，当发包人采取总包加平行发包模式时，直接发的专业工程项目的施工条件往往需要总承包人配合才能满足。此时，发包人会与总承包人签订就总包人提供的配合工作（例如脚手架、垂直运输等）而约定双方的权利和义务。往往就会出现如同本案中B公司与A公司所约定的情形，虽然双方约定的是由总包人收取总包管理费，但是其实质收取的是总包配合费。

——选自注册造价师考试教材《建设工程造价管理理论与实务》

项目三　招标方式的确定

问题提出

××市××中路地段会所工程为什么采用公开招标方式？招标方式有几种？每一种方式选用时有特别的规定吗？××中路地段会所工程招标人具备什么条件？为什么可以自行招标？

知识链接

一、招投标基本概念

建设工程招标是指招标人（或发包人）对外发布拟建工程的信息，吸引有承包能力的单位参与竞争，按照法定程序优选承包单位的法律活动。同时也是招标人通过招标竞争机制，从众多投标人中择优选定一家承包单位作为建设工程承建者的一种建筑商品的交易方式。

建设工程投标是指投标人（或承包人）根据所掌握的信息，按照招标人的要求，参与投标竞争，以获得建设工程承包权的法律活动。投标是参与建设工程市场的行为，是众多投标人综合实力的较量,投标人通过竞争取得工程承包权。

建设工程招标投标是指建设单位或个人(即业主或项目法人)通过招标的方式,将工程建设项目的勘察、设计、施工、材料设备供应、监理等业务,一次或分步发包,由具有相应资质的承包单位通过投标竞争的方式承接。整个招标投标过程,经过招标、投标和定标(决标)三个主要阶段。招标是招标人(建设单位)向特定或不特定的人发出通知,说明建设工程的具体要求以及参加投标的条件、期限等,邀请对方在期限内提出报价的过程。然后根据投标人提供的报价和其他条件,选择对自己最为有利的投标人作为中标人,并与之签订合同。如果招标人对所有的投标条件都不满意,也可以全部拒绝,宣布招标失败,并可另择日期,重新进行招标活动,直至选择最为有利的对象(称为中标人)并与之达成协议,建设工程招标投标活动即告结束。

二、建设工程招标投标的分类

建设工程招标投标按照不同的标准可以进行不同的分类,如表 1.6 所示。

表 1.6　建设工程招标投标的分类

分类	类别
按建设工程程序分类	建设项目可行性研究招标投标
	工程勘察设计招标投标
	材料设备采购招标投标
	施工招标投标
按行业和专业分类	工程勘察设计招标投标
	设备安装招标投标
	土建施工招标投标
	建筑装饰装修施工招标投标
	工程咨询和建设监理招标投标
	货物采购招标投标
按建设项目的组成分类	建设项目招标投标
	单项工程招标投标
	单位工程招标投标
	分部分项工程招标投标
按工程发包承包的范围分类	工程总承包招标投标
	工程分承包招标投标
	工程专项承包招标投标
按工程是否有涉外因素分类	国内工程招标投标
	国际工程招标投标

三、建设工程招标投标的特点

建设工程招标投标的目的是在工程建设中引入竞争机制,择优选定勘察、设计、设备安装、施工、装饰装修、材料设备供应、监理和工程总承包单位,以保证缩短工期、提高工程质量和节约建设资金。

建设工程招投标具有以下特点：

(1)竞争机制防止垄断。

(2)交易公开、公正、公平。

(3)科学合理的监管机制。

(4)科学合理的运作程序。

(5)优胜劣汰,杜绝不正之风。

但由于各类建设工程招标投标的内容不尽相同,因而它们有不同的招标投标意图或侧重点,在具体操作上也有细微的差别,呈现出不同的特点。

(一)工程勘察设计阶段招标投标的特点

(1)有批准的项目建议书或者可行性研究报告、规划部门同意的用地范围许可文件和要求的地形图。

(2)采用公开招标或邀请招标方式。

(3)申请办理招标登记,招标人自己组织招标或委托招标代理机构代理招标,编制招标文件,对投标单位进行资格审查,发放招标文件,组织勘察现场和进行答疑,投标人编制和递交投标书,开标、评标、定标,发出中标通知书,签订勘察合同。

(4)在评标、定标上,着重考虑勘察方案的优劣,同时也考虑勘察进度的快慢,勘察收费依据与取费的合理性、正确性,以及勘察资历和社会信誉等因素。

(二)工程设计阶段招标投标的特点

(1)在招标的条件、程序、方式上与勘察招标相同。

(2)在招标的范围和形式上,主要实行设计方案招标,可以是一次性总招标,也可以分单项、分专业招标。

(3)在评标、定标上,强调把设计方案的优劣作为择优、确定中标的主要依据,同时也考虑设计经济效益的好坏、设计进度的快慢、设计费报价的高低以及设计资历和社会信誉等因素。

(4)中标人应承担初步设计和施工图设计,经招标人同意也可以向其他具有相应资格的设计单位进行一次性委托分包。

(三)施工招标投标的特点

建设工程施工是指把设计图纸变成预期的建筑产品的活动。施工招标投标是目前我国建设工程招标投标中开展得比较早、比较多、比较好的一类,其程序和相关制度具有代表性、典型性,甚至可以说,建设工程其他类型的招标投标制度,都是承袭施工招标投标制度而来的。具体来说,有以下几方面特点。

(1)在招标条件上,比较强调建设资金的充分到位。

(2)在招标方式上,强调公开招标、邀请招标,议标方式受到严格限制甚至被禁止。

(3)在投标、评标和定标中,要综合考虑价格、工期、技术、质量、安全、信誉等因素,价格因素所占比例比较突出,可以说是关键一环,常常起决定性作用。

(四)工程建设监理招标投标的特点

工程建设监理是指具有相应资质的监理单位和监理工程师,受建设单位或个人的委托,独立地对工程建设过程进行组织、协调、监督、控制和服务的专业化活动。其特点为：

(1)在性质上属于工程咨询招标投标的范畴。

(2)在招标的范围上,可以包括工程建设过程中的全部工作,如项目建设前期的可行性研究、项目评估等,项目实施阶段的勘察、设计、施工等。

(3)招标的范围,也可以只包括工程建设过程中的部分工作,通常主要是施工监理工作。

(4)在评标、定标上,综合考虑监理规划(或监理大纲)、人员素质、监理业绩、监理取费、检测手段等因素,但其中最主要的考虑因素是人员素质。

(五)材料设备采购招标投标的特点

建设工程材料设备是指用于建设工程的各种建筑材料和设备。材料设备采购招标投标特点为:

(1)在招标形式上,一般应优先考虑在国内招标。

(2)在招标范围上,一般为大宗的而不是零星的建设工程材料设备采购,如锅炉、电梯、空调等的采购。

(3)在招标内容上,可以就整个工程建设项目所需的全部材料设备进行总招标,也可以就单项工程所需材料设备进行分项招标或者就单件(台)材料设备进行招标,还可以进行从项目的设计,材料设备生产、制造、供应和安装调试到试用投产的工程技术材料设备的成套招标。

(4)在招标中,一般要求做标底,标底在评标、定标中具有重要意义。

(5)允许具有相应资质的投标人就部分或全部招标内容进行投标,也可以联合投标,但应在投标文件中明确一个总牵头单位来承担全部责任。

(六)工程总承包招标投标的特点

工程总承包,简单地讲,是指对工程全过程的承包。按其具体范围,可分为三种情况:①对工程建设项目从可行性研究、勘察、设计、材料设备采购、施工、安装直到竣工验收、交付使用、质量保修等的全过程实行总承包,由一个承包商对建设单位或个人负总责,建设单位或个人一般只负责提供项目投资、使用要求及竣工、交付使用期限。这也就是所谓的"交钥匙"工程。②对工程建设项目实施阶段从勘察、设计、材料设备采购、施工、安装直到交付使用等的全过程实行一次性总承包。③对整个工程建设项目的某一阶段(如施工)或某几个阶段(如设计、施工、材料设备采购等)实行一次性总承包。

其主要特点是:

(1)它是一种带有综合性的全过程的一次性招标投标。

(2)投标人在中标后应当自行完成中标工程的主要部分(如主体结构等),对中标工程范围内的其他部分,经发包方同意,有权作为招标人组织分包招标投标或依法委托具有相应资质的招标代理机构组织分包招标投标,并与中标的分包投标人签订工程分包合同。

(3)分承包招标投标的运作一般按照有关总承包招标投标的规定执行。

四、建设工程招投标的基本原则

1.合法原则

合法原则是指建设工程招标投标主体的一切活动,必须符合法律、法规、规章和有关政策的规定。包括以下几个方面。

（1）主体资格要合法。招标人必须具备一定的条件才能自行组织招标,否则只能委托具有相应资格的招标代理机构组织招标;投标人必须具有与其投标的工程相适应的资格等级,并经招标人资格审查,报建设工程招标投标管理机构进行资格复查。

（2）活动依据要合法。招标投标活动应按照相关的法律、法规、规章和政策性文件开展。

（3）活动程序要合法。建设工程招标投标活动的程序,必须严格按照有关法规规定的要求进行。当事人不能随意增加或减少招标投标过程中某些法定步骤或环节,更不能颠倒次序、超过时限、任意变通。

（4）对招标投标活动的管理和监督要合法。建设工程招标投标管理机构必须依法监管、依法办事,不能越权干预招（投）标人的正常行为或对招（投）标人的行为进行包办代替,也不能懈怠职责、玩忽职守。

2.公开、公平、公正原则

公开原则,是指建设工程招标投标活动应具有较高的透明度。包括以下几个方面。

（1）建设工程招标投标的信息公开。通过建立和完善建设工程项目报建登记制度,及时向社会发布建设工程招标投标信息,让有资格的投标者都能享有同等的信息。

（2）建设工程招标投标的条件公开。什么情况下可以组织招标,什么机构有资格组织招标,什么样的单位有资格参加投标等,必须向社会公开,便于社会监督。

（3）建设工程招标投标的程序公开。在建设工程招标投标的全过程中,招标单位的主要招标活动程序、主要投标活动程序和招标投标管理机构的主要监管程序,必须公开。

（4）建设工程招标投标的结果公开。哪些单位参加了投标,最后哪个单位中了标,应当予以公开。

公平原则,是指所有投标人在建设工程招标投标活动中,享有均等的机会,具有同等的权利,履行相应的义务,任何一方都不应受歧视。

公正原则,是指在建设工程招标投标活动中,按照同一标准实事求是地对待所有的投标人,不偏袒任何一方。

诚实信用原则,是指在建设工程招标投标活动中,招（投）标人应当以诚相待,讲求信义,实事求是,做到言行一致,遵守诺言,履行成约,不得见利忘义,投机取巧,弄虚作假,隐瞒欺诈,损害国家、集体和其他人的合法权益。诚实信用原则是市场经济的基本前提,是建设工程招标投标活动中的重要道德规范。

五、建设工程招标投标的意义

实行建设项目的招标投标是我国建筑市场趋向规范化、完善化的重要举措,对于择优选择承包单位、全面降低工程造价,进而使工程造价得到合理有效的控制,具有十分重要的意义,具体表现如图1.5所示。

当然,招标方式与直接采购方式相比,也有程序复杂、费时较多、费用较高等缺点,因此,有些发包标的物价值较低或采购时间紧迫的交易行为,可不采用招投标方式。

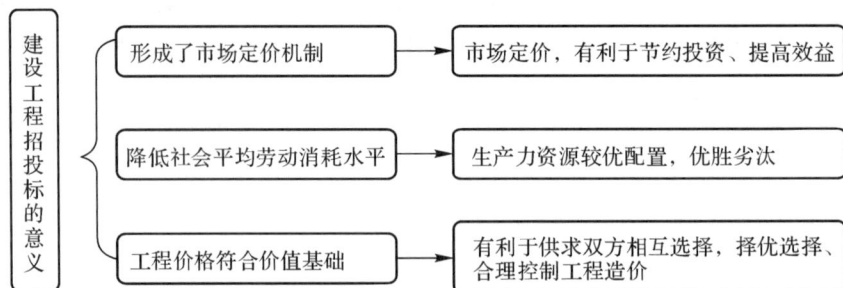

图 1.5　建设工程招投标的意义

六、建设工程招标的形式和方式

（一）建设工程招标的主要形式

建设工程招标，根据其招标范围不同通常有以下几种形式。

1. 建设工程全过程招标

建设工程全过程招标即通常所称的"交钥匙"工程承包方式。建设工程全过程招标就是指从项目建议书开始，对包括可行性研究、勘察设计、设备和材料询价及采购、工程施工直至竣工验收和交付使用等实行全面招标。

在国内，一些大型工程项目进行全过程招标时，一般是先由建设单位或项目主管部门通过招标方式确定总包单位，再由总包单位组织建设，按其工作内容分阶段或分专业再进行分包，即进行第二次招标。当然，有些总包单位也可独立完成该项目。

2. 建设工程勘察设计招标

建设工程勘察设计招标就是把工程建设的一个主要阶段——勘察设计阶段的工作单独进行招标的活动的总称。

3. 建设工程材料和设备供应招标

建设工程材料和设备供应招标是指建筑材料和设备供应的招标活动全过程。在实际工作中材料和设备往往分别进行招标。

在工程施工招标过程中，工程所需的建筑材料，一般可分为由施工单位全部包料、部分包料和由建设单位全部包料三种情况。在上述任何一种情况下，建设单位或施工单位都可能作为招标单位进行材料招标。与材料招标相同，设备招标要根据工程合同的规定，或是由建设单位负责招标，或者由施工单位负责招标。

建设工程材料和设备供应招标，即是指招标人就拟购买的材料设备发布公告或者邀请，以法定方式吸引建设工程材料设备供应商参加竞争，从中选择条件优越者购买其材料设备的行为。

4. 建设工程施工招标

建设工程施工招标是指工程施工阶段的招标活动全过程。它是目前国际国内工程项目建设经常采用的一种发包形式，也是建筑市场的基本竞争方式。

建设工程施工招标的特点是招标范围灵活性、多样化，有利于施工的专业化。

5. 建设工程监理招标

建设工程监理招标是指招标人为了完成委托监理任务，以法定方式吸引监理单位参加竞争,从中选择条件优越的工程监理企业的行为。

(二)建设工程招标方式

目前国内外市场上使用的建设工程招标方式有很多,主要有以下几种。

1.按竞争程度划分

(1)公开招标。

公开招标是指招标人对不特定的对象公开发布招标公告的招标方式。招标人通过报刊、广播、电视、信息网络或其他媒介,公开发布招标广告,招揽不特定的法人或其他组织参加投标。公开招标形式一般对投标人的数量不予限制,故也称之为"无限竞争性招标"。采用公开招标的主要优势有以下几点。

①有利于招标人获得最合理的投标报价,取得最佳投资效益。由于公开招标是无限竞争性招标,竞争相当激烈,使招标人能切实做到"货比多家",有充分的选择余地,招标人利用投标人之间的竞争,一般都易选择出质量最好、工期最短、价格最合理的投标人承建工程,使自己获得较好的投资效益。

②有利于学习国外先进的工程技术及管理经验。公开招标竞争范围广,往往打破国界。例如,我国鲁布革水电站项目引水系统工程,采用国际竞争性公开招标方式招标,最终日本大成公司中标,不但中标价格大大低于标底,而且在工程实施过程中还学到了外国工程公司先进的施工组织方法和管理经验,引进了国外工程建设项目施工的"工程师"制度,由工程师代表业主监督工程施工,并作为第三方调解业主与承包人之间发生的一些问题和纠纷。对于提高我国建筑企业的施工技术和管理水平无疑具有较大的推动作用。

③有利于为潜在的投标人提供均等的机会。采用公开招标能够保证所有合格的投标人都有机会参加投标,都以统一的客观衡量标准,衡量自身的生产条件,体现出竞争的公平性。

④公开招标是根据预先制定并众所周知的程序和标准公开而客观地进行的,因此能有效防止招标投标过程中腐败情况的发生。

但是,公开招标也不可避免地存在以下一些问题。

①由于公开招标要遵循一套周密而复杂的程序,需准备的文件较多,故招标人审查投标人资格、招标文件的工作量比较大,所需费用较多,时间较长。各项工作的具体实施难度较大,从发布招标消息、投标人做出相应反映、评标到签约,通常都需若干个月甚至一年以上的时间,在此期间招标人还需支付较多的费用进行各项工作。

②公开招标存在完全以书面材料决定中标人的缺陷。有时书面材料并不能完全反映出投标人真实的水平和情况。

(2)邀请招标。

邀请招标是指招标人以投标邀请书的方式直接邀请若干家特定的法人或其他组织参加投标的招标形式。由于投标人的数量是由招标人确定的,是有限制的,所以又称其为"有限竞争性招标"。依据《招标投标法》第十一条、2000年国家计委3号令第九条、2003年七部委30号令第十一条、2003年八部委员2号令第十一条,邀请招标具体情形为:

①项目不使用国有资金,或者国有资金不占控股、主导地位的。

②项目技术复杂或有特殊要求,专业性较强,只有少量几家潜在投标人可供选择的。

③受自然地域环境限制,或建设条件受自然因素限制,如采用公开招标,将影响项目实施时机的。

④拟公开招标的费用与项目的价值相比，不值得的。

⑤涉及国家安全、国家秘密或者抢险救灾，适宜招标但不宜公开招标的。

⑥其他法律、法规规定不宜公开招标的。

邀请招标与公开招标相比，其优点主要表现在以下几点。

①招标所需的时间较短，且招标费用较省。一般而言，由于邀请招标时，被邀请的投标人都是经招标人事先选定，具备对招标工程投标资格的承包企业，故无须再进行投标人资格预审；又由于被邀请的投标人数量有限，可相应减少评标阶段的工作量及费用开支，因此邀请招标能以比公开招标更短的时间、更少的费用结束招标投标过程。

②投标人不易串通抬价。因为邀请招标不公开进行，参与投标的承包企业不清楚其他被邀请人，所以，在一定程度上能避免投标人之间进行接触，使其无法串通抬价。

邀请招标形式与公开招标形式比较，也存在明显不足，主要是：不利于招标人获得最优报价，取得最佳投资效益。这是由于邀请招标时，由业主选择投标人，业主的选择相对于广阔、发达的市场，不可避免地存在一定的局限性，业主很难对市场上所有承包商的情况都了如指掌，常会漏掉一些在技术上、报价上都更具竞争力的承包企业；加上邀请招标的投标人数量既定，竞争有限，可供业主比较、选择的范围相对狭小，也就不易使业主获得最合理的报价。

邀请招标是在特殊情况下才能采用的招标方式，《招标投标法》明确规定了邀请招标的适用范围。

2.按招标阶段划分

按招标阶段划分招标方式如表 1.7 所示。

表 1.7　按招标阶段划分招标方式

名　称	含　义	优　点
一阶段招标（又称为施工图阶段招标法）	指在完成了项目的施工图设计、施工文件，并计算出了工程量之后进行的招标	有利于招标人获得合理报价，有利于缩短从成立交易到完成交易的时间过程
两阶段招标（又称为设计方案阶段招标法）	在项目方案设计阶段，就对若干家工程承包企业邀请招标，从中择优选定几家工程承包人，待完成施工图设计、工程量计算等之后，再与选定的承包人进行谈判招标，双方协商确定工程价款，签订工程承包合同	不用进行大规模的公开招标，有利于节省招标费用；设计与招标同时进行，有利于充分利用时间，缩短项目从设计到竣工的时间，使业主能尽早发挥投资经济效益
工程经理分阶段管理	由工程业主和业主委托的工程经理、建筑师三方共同进行工程项目的规划、设计、招标、施工	能有效缩短工程项目从设计到竣工的时间，使业主尽早获得投资经济效益；有利于招标人获得合理报价；扩大了业主对工程合同的控制权

按招标阶段划分的标准在于招标是按照一个阶段进行还是分两个阶段进行。两阶段招标一般要求投标人先投技术标，技术标合格者，再投商务标。两阶段招标一般适用于技术复

杂且要求较高的建设项目。在两阶段招标中,到第二阶段投标人投送了商务标后,投标才具有法律约束力。

七、建设工程招标的条件

1.建设单位招标应当具备的条件

(1)招标人是依法成立的其他组织。

(2)有与招标工程相适应的经济、技术、管理人员。

(3)有组织编制招标文件的能力。

(4)有审查投标单位资质的能力。

(5)有组织开标、评标、定标的能力。

不具备第(2)到第(5)项条件的,须委托具有相应资质的咨询、监理等单位代理招标。上述五条中,第(1)、第(2)两条是对招标资格的规定,后三条则是对招标人能力提出的要求。

2.依法必须招标的工程建设项目,应当具备下列条件才能进行工程招标

(1)招标人已经依法成立。

(2)初步设计及概算应当履行审批手续的,已经批准。

(3)招标范围、招标方式和招标组织形式等应当履行核准手续的,已经核准。

(4)相应的资金或资金来源已经落实。

(5)有招标所需的设计图纸及技术资料。

上述规定的主要目的在于促使建设单位严格按基本建设程序办事,防止"三边"工程的现象发生,并确保招标工作的顺利进行。

3.依法必须招标的工程建设项目,有下列情形之一的,可不进行工程招标。需要审批的项目须由相关审批部门批准

(1)涉及国家安全、国家秘密或者抢险救灾而不适宜招标的。

(2)属于利用扶贫资金实行以工代赈需要使用民工的。

(3)建筑技术采用特定的专利或者专有技术的。

(4)建筑企业自建自用工程,且该建筑企业资质等级符合工程要求的。

(5)在建工程追加的附属小型工程或者主体加层工程,原中标人仍具备承包能力的。

(6)法律、行政法规规定的其他情形。

八、建设工程招标的范围

《中华人民共和国招投标法》第三条规定了招标投标的范围:在中华人民共和国境内进行下列工程建设项目包括项目的勘察、设计、施工、监理以及与工程建设有关的重要设备、材料等的采购,必须进行招标。

(1)大型基础设施、公用事业等关系社会公共利益、公众安全的项目。

(2)全部或者部分使用国有资金投资或者国家融资的项目。

(3)使用国际组织或者外国政府贷款、援助资金的项目。

国家发展计划委员会据此颁布了《工程建设项目招标范围和规模标准规定》,确定了必须进行招标的工程建设项目的具体范围和规模标准。如表1.8所示。

表 1.8　工程建设项目招标范围和规模标准

招标范围	规模标准
关系社会公共利益、公众安全的基础设施项目	(1)煤炭、石油、天然气、电力、新能源等能源项目 (2)铁路、公路、管道、水运、航空以及其他交通运输业等交通运输项目 (3)邮政、电信枢纽、通信、信息网络等邮电通信项目 (4)防洪、灌溉、排涝、引(供)水、滩涂治理、水土保持、水利枢纽等水利项目 (5)道路、桥梁、地铁和轻轨交通、污水排放及处理、垃圾处理、地下管道、公共停车场等城市设施项目 (6)生态环境保护项目 (7)其他基础设施项目
关系社会公共利益、公众安全的公用事业项目	(1)供水、供电、供气、供热等市政工程项目 (2)科技、教育、文化等项目 (3)体育、旅游等项目 (4)卫生、社会福利等项目 (5)商品住宅,包括经济适用住房 (6)其他公用事业项目
使用国有资金投资项目	(1)使用各级财政预算资金的项目 (2)使用纳入财政管理的各种政府性专项建设基金的项目 (3)使用国有企业事业单位自有资金,并且国有资产投资者实际拥有控制权的项目
国家融资项目	(1)使用国家发行债券所筹资金的项目 (2)使用国家对外借款或者担保所筹资金的项目 (3)使用国家政策性贷款的项目 (4)国家授权投资主体融资的项目 (5)国家特许的融资项目
使用国际组织或者外国政府资金的项目	(1)使用世界银行、亚洲开发银行等国际组织贷款资金的项目 (2)使用外国政府及其机构贷款资金的项目 (3)使用国际组织或者外国政府援助资金的项目

上述规定范围内的各类工程建设项目,包括项目的勘察、设计、施工、监理以及与工程建设有关的重要设备、材料等的采购,达到下列标准之一的,必须进行招标。

(1)施工单项合同估算价在 400 万元人民币以上的。

(2)重要设备、材料等货物的采购,单项合同估算价在 200 万元人民币以上的。

(3)勘察、设计、监理等服务的采购,单项合同估算价在 100 万元人民币以上的。

(4)单项合同估算价低于第(1)、(2)、(3)项规定的标准,但项目总投资额在 3000 万元人民币以上的。

勘察、设计不招标是指采用特定专利或者专有技术的项目,或者其建筑艺术造型有特殊要求的,可以不进行招标。但必须经项目主管部门批准。

依法必须进行招标的项目,全部使用国有资金投资或者国有资金投资占控股或者主导地位的,应当公开招标。

省、自治区、直辖市人民政府根据实际情况,可以规定本地区必须进行招标的具体范围和规模标准,但不得缩小本规定确定的必须进行招标的范围。

知识延伸

案例

鲁布革水电站装机容量为 $6 \times 10^5 \mathrm{kW \cdot h}$，位于云贵交界的黄泥河上。1981 年 6 月经国家批准，被列为重点建设工程。1982 年 7 月，国家决定将鲁布革水电站的引水工程作为水利电力部第一个对外开放、利用世界银行贷款的工程，并按世界银行规定，实行新中国成立以来第一次国际公开（竞争性）招标。该工程由一条长 8.8km、内径 8m 的引水隧洞和调压井等组成。招标范围包括其引水隧洞、调压井和通往电站的压力钢管等。

鲁布革水电站引水工程招标程序及合同履行情况如表 1.9 所示，各投标人的评标折算报价情况如表 1.10 所示。

表 1.9　招标程序及合同履行情况

时　间	工作内容	说　明
1982 年 9 月	刊登招标通告及编制招标文件	
1982 年 9—12 月	第一阶段资格预审	从 13 个国家 32 家公司中选定 20 家合格公司，包括我国 3 家公司
1983 年 2—7 月	第二阶段资格预审	与世界银行磋商第一阶段预审结果，中外公司为组成联合投标公司进行谈判
1983 年 6 月 15 日	发售招标文件（标书）	15 家外商及 3 家国内公司购买了标书，8 家投了标
1983 年 11 月 8 日	开标	8 家公司投标，其中一家为废标
1983 年 11 月—1984 年 4 月	评标	确定大成、前田和英波吉洛三家公司为评标对象，最后确定日本大成公司中标，与之签订合同，合同价 8463 万元，比标底 12958 万元低 43%，合同工期 1597 天
1984 年 11 月	引水工程正式开工	
1988 年 8 月 13 日	正式竣工	工程师签署了工程竣工移交证书，工程初步结算价 9100 万元，仅为标底的 60.85%，比合同价增加了 7.53%，实际工期 1475 天，比合同工期提前 122 天

表 1.10　各投标人的评标折算报价情况

公　司	折算报价（万元）	公　司	折算报价（万元）
日本大成公司	8460	中国闽昆与挪威 FHS 联合公司	12210
日本前田公司	8800	南斯拉夫能源公司	13220
英波吉洛公司（意美联合）	9280	法国 SBTP 联合公司	17940
中国贵华与霍尔兹曼（西德）联合公司	12000	西德某公司	废标

注：以上报价均为人民币。

其具体招标工作分为两个步骤进行。

第一步初评。对 7 家公司标书的完整性进行检查,并对标价进行核定排队。初步结果,认为前三家厂商标价无误,标书符合要求,确定作为下一步评审的对象。

第二步终评。终评对象是从日本大成、日本前田和英波吉洛三家公司中确定一家中标公司。为了进一步弄清情况,招标单位分别与 3 家公司举行了各自的标书澄清会谈。在澄清会谈期间,各家公司都认为自己有中标的可能,因此,竞争很激烈。在工期不变,标价不变的前提下,3 家公司都按照业主的意愿修改了施工方案和施工现场布置;其中,最重要的是大成和前田两家公司都取消了在首部布置的施工支洞,从而改善了首部枢纽工程的施工条件。此外,各公司都主动提出了对业主有利的附加条件。例如前田公司提出在完工后,可将价值 2000 万元(人民币)新的施工设备无偿地赠予我方;英波吉洛联营公司提出,可给鲁布革工程 2500 万美元的软贷款(国际上利率在 3 厘以下的低息贷款)。大成公司为了保住优势,也提出以 41 台新设备替换原来标书中所提出的施工设备,完工后也都赠予我方,还提出免费为我方培训技术人员,钢管制作由我方分包等优惠条件。这是继投标以后,3 家公司之间的第二次竞争。在此期间,业主自始至终掌握着主动权。

通过对有关问题的分析澄清,经研究后,招标单位认为英波吉洛联营公司的标价在 3 家公司中最高,比大成公司高出 620 万元,所提供的附加贷款条件不符合招标要求,已失去竞争优势,先予以淘汰。对日本大成和前田两家公司比较后,经反复研究,为了尽快完成招标,以利现场施工的正常进行,最后选定日本大成公司为中标单位。

1984 年 6 月 16 日定标后,经世界银行确认(因系世界银行贷款项目),我方即向大成公司发出授标信;1984 年 7 月 14 日正式签订承包合同(包括技术合同、劳务合同、施工设备赠予合同);7 月 31 日向大成公司发出开工命令;11 月 24 日在电站现场举行开工典礼,破土动工。

大成公司采用总承包制,管理及技术人员 30 人左右,由国内企业分包劳务,采用科学的项目管理方法。结果比预期工期提前 122 天竣工,工程质量综合评价为优良。最终工程初步结算为 9100 万元,仅为标底的 70.2%。"鲁布革工程"受到我国政府的重视,政府号召建筑施工企业进行学习。

鲁布革水电站引水工程进行国际招标和实行国际合同管理,在当时具有很大的超前性。鲁布革工程管理局作为既是"代理业主"又是"监理工程师"机构设置,按合同进行项目管理的实践,使人耳目一新,所以当时到鲁布革水电站引水工程考察被称为"不出国的出国考察"。这是在 20 世纪 80 年代初我国计划经济体制还没有根本改变,建筑市场还没形成,外部条件尚未充分具备的情况下进行的。而且只是在水电站引水工程进行国际招标,首部大坝枢纽和地下厂房以及机电安装仍由水电十四局负责施工,因此形成了一个工程两种管理体制并存的状况。这正好给了人们一个充分比较、研究、分析两种管理体制差异的极好机会。鲁布革水电站引水工程的国际招标实践和一个工程两种体制的鲜明对比,在中国工程界引起了强烈的反响。到鲁布革水电站引水工程参观考察的人几乎遍及全国各省市,鲁布革水电站引水工程的实践激发了人们对基本建设体制改革的强烈愿望。

课堂讨论

分析鲁布革水电站引水工程的管理经验及日本大成公司中标的原因。

项目四　资格审查文件编制

项目实训

××市××中路地段会所工程预开展招标工作，你现在的身份是潜在投标人，请你按照已有资格预审文件范本和你代表的企业情况填写资格预审文件。

原始资料

完整施工图纸和地质勘探资料，招标工程办理项目报建获批的各类文件；《中华人民共和国施工标准资格预审文件》。

知识链接

一、资格审查的方式

对投标人的资格审查可以分为资格预审与资格后审两种方式，资格预审在投标之前进行，资格后审在开标后进行。招投标开始初，我国大多数地方采用的是资格预审方式，现基本是资格后审占主导地位了。

招标人可以根据招标工程的需要，对投标申请人进行资格审查，也可以委托工程招标代理机构对投标申请人进行资格审查。

实行资格预审时，招标人应当在招标公告或投标邀请书中明确对投标人资格预审的条件和获取资格预审文件的办法，并按照规定的条件和办法对报名或邀请的投标人进行资格预审。

（一）资格预审的作用

（1）排除不合格的投标人。对于许多招标项目来说，投标人的基本条件对招标项目能否完成具有极其重要的意义。如工程建设，必须具有相应条件的承包人才能保证其按质按期完成。招标人可以在资格预审中设置基本的要求，将不具备基本要求的投标保人排除在外。

（2）降低招标人的招标成本，提高招标工作效率。如果招标人对所有有意参加投标的投标人都允许投标，则招标、评标的工作量势必会增大，招标的成本也会增大。经过资格预审程序，招标人对想参加投标的潜在投标人进行初审，对不可能中标和没有履约能力的投标人进行筛选，把有资格参加投标的投标人控制在一个合理的范围内，既有利于选择到合适的投标人，也节省了招标成本，可以提高正式开始招标的工作效率。

（3）吸引实力雄厚的投标人。实力雄厚的潜在投标人有时不愿意参加竞争过于激烈的招标项目，因为编写投标文件费用较高，而一些基本条件较差的投标人往往会进行恶性竞争。资格预审可以确保只有基本条件较好的投标人参加投标，这对实力雄厚的潜在投标人具有较大的吸引力。

（二）资格预审的内容

无论采用预审还是后审，都是主要审查投标申请人是否符合下列条件：

（1）具有独立订立合同的权利。

（2）具有履行合同的能力，包括专业、技术资格和能力，资金、设备和其他物质设施状况，管理能力，经验、信誉和相应的从业人员。

（3）没有处于被责令停业，投标资格被取消，财产被接管、冻结，破产状态。

（4）在最近3年内没有骗取中标和严重违约及重大工程质量问题。

（5）法律、行政法规规定的其他资格条件。

招标人应当在资格预审文件中载明资格预审的条件、标准和方法，不得以不合理的条件限制、排斥潜在的投标人，不得对潜在的投标人实行歧视性待遇。任何单位和个人不得以行政手段或其他不合理的方式限制投标人的数量。

（三）资格预审的程序

资格预审的程序为招标人（招标代理人）编制资格预审文件，发售资格预审文件，制定资格预审的评审标准，接收投标申请人提交的资格预审申请书，对资格预审申请书进行评审并编写评审报告，将评审结果通知相关申请人。

采取资格预审的工程项目，招标人须编制资格预审文件，投标申请人领取资格预审文件。投标申请人应按资格预审文件的要求，如实编制资格预审申请书；招标人通过对投标申请人递交的资格预审申请书的内容进行评审，确定符合资质条件、具有能力的招标人。

资格预审后，招标人应当向合格的投标申请人发出资格预审合格通知书，告知获取招标文件的时间、地点和方法，并同时向资格预审不合格的投标申请人告知资格预审结果。

二、资格审查申请书及相关资料

资格预审申请书格式各省均有自己不同的通用模式，仅供申请人参考，资格审查申请书格式在资格预审时不作为合格条件。

（一）资格预审申请书

资格预审申请书

致××市城市建设发展总公司：

1.经研究资格预审文件中各项条款及要求后，我方愿根据资格预审文件的要求提交所需的资格预审资料，对××市××中路地段会所工程的招标提出申请，并接受贵公司对我方进行的资格预审。

2.我方将接受并遵守资格预审文件所规定的各项条款。

3.一旦我方资格预审合格并得到允许参加投标，我方保证在规定的时间内到指定地点购买招标文件，参加该项目的投标，对所投标段列明的所有货物及服务投标，而不只对一种或几种货物及服务进行投标，并严格遵守招标文件及招标单位的各项规定。

4.本申请充分理解并接受下列情况：

（1）资格预审合格申请人的投标，投标时必须核实所有为资格预审时递交的资料。

（2）你方保留如下的权力：

更改本项目下任何合同的规模和金额，在这种情况下，投标仅面向资格预审合格且能满足变更后要求的投标人;拒绝或接受任何申请,取消资格预审和废除全部申请。

你方将不对其上述行为承担责任,亦无义务向申请人解释其原因。

5.我方在此声明,申请文件中所提交的报表和资料在各方面都是完整的、真实的和准确的。如与事实不符而导致的任何法律和经济责任由我方负责。

6.你方可联系下列人员获取进一步的资料:

一般查询和管理方面的查询	
联系人1	地址和联系方式
联系人2	地址和联系方式

有关人员方面的查询	
联系人1	地址和联系方式
联系人2	地址和联系方式

有关财务方面的查询	
联系人1	地址和联系方式
联系人2	地址和联系方式

申请单位(盖单位法人公章):

法定代表人或授权代表(签字):

年　月　日

申请单位地址:

电话:

传真:

(二)相关资料

一个完整的资格预审文件要有资格预审申请文件格式,包括近年完成的类似项目情况表格、正在施工的和新承接的项目情况表、申请人基本情况表和联合体协议书等内容。还应含有以下资料。

(1)近三年的已完工程和目前在建工程合同履行过程中,投标人所介入的诉讼或仲裁情况。请逐例说明年限、发包人名称、诉讼原因、纠纷事件、纠纷所涉及金额以及最终裁定结果。

(2)近三年中所有发包人对投标人施工的工程的评价意见。

(3)与投标人资格审查申请书评审有关的其他资料。若附其他文件,应详细列出。

投标人不应在其资格审查申请书中附有宣传性材料,这些材料在资格评审时将不被考虑。

三、联合体资格预审

(1)由两个或两个以上的企业组成的联营体,按下列要求提交投标资格预审申请书。

①联合体的每一个成员须同单独申请资格预审一样提交符合要求的资审全套文件。

②资格预审申请书中应保证资格预审合格后，投标申请人将按招标文件的要求提交投标文件，投标文件和中标后与招标人签订的合同，须有成员各方的法定代表人或其授权委托代理人签字和加盖法人印章；除非在资格预审申请书中已附有相应的文件，在提交投标文件时应附联合体共同投标协议，该协议中应约定各成员在联合体中的共同责任和联合体各方各自的责任。

③资格预审申请书中均须包括一份联合体各方计划承担的份额和责任的说明；联合体各方须具备足够的经验和能力来承担各自的责任。

④资格预审申请书中应约定一方作为联合体的主办人，申请人与招标人之间的往来信函将通过主办人传递。

(2)联合体各方均应具备承担招标工程项目的相应资质条件。

相同专业的施工企业组成的联合体，按照资质等级低的施工企业的业务范围承揽工程。如果达不到投标须知对联合体的要求，其提交的资格预审申请书将被拒绝。

(3)联合体各方可以单独参加资格预审，也可以联合体的名义统一参加资格预审，但不允许任何一个联合体成员就招标工程独立投标，任何违反这一规定的投标书将被拒绝。

(4)如果施工企业能够独立通过资格预审，鼓励施工企业独立参加资格预审；由两个或两个以上的资格预审合格的企业组成的联合体，将被视为资格预审当然合格的投标申请人。

(5)资格预审合格后，联合体在组成等方面的任何变化，必须在投标截止时间前征得招标人的书面同意。

如果招标人认为联合体的任何变化出现下列情况之一，其变化将不被允许：

①严重影响联合体的整体竞争实力的。

②有未通过或未参与资格预审的新成员的。

③联合体的资格条件已达不到资格预审的合格标准的。

④招标人认为将影响招标工程项目利益的其他情况的。

知识实训

通过互联网查找《中华人民共和国施工标准资格预审文件》，阅读并练习填写，提出资格预审文件的核心问题以及填写过程中的问题，学生间进行学习共享。

项目五 编制招标文件

项目实训

拟定××市××中路地段会所工程招标公告并根据已有招标文件列出研读招标文件时重点查阅的核心条款清单。

实训说明

我国建设部 2007 年 10 月出台了《中华人民共和国施工标准招标文件》,为全国各省建设工程招投标文件的编制提供了范本,认真研读招标文件是做好投标工作的关键,实质性响应招标文件是编制投标文件的原则。熟悉招标示范文本是我们开始的第一步。

🔍 **知识链接**

一、招标程序

从××市××中路地段会所工程概况可以看出,招标投标是一个整体活动,涉及业主和承包商两个方面,招标作为整体活动的一部分主要是从业主的角度揭示其工作内容,但同时又须注意到招标与投标活动的关联性,不能将两者割裂开来。所谓招标程序是指招标活动内容的逻辑关系,××市××中路地段会所工程主要经历了如图 1.6 所示的招标过程。

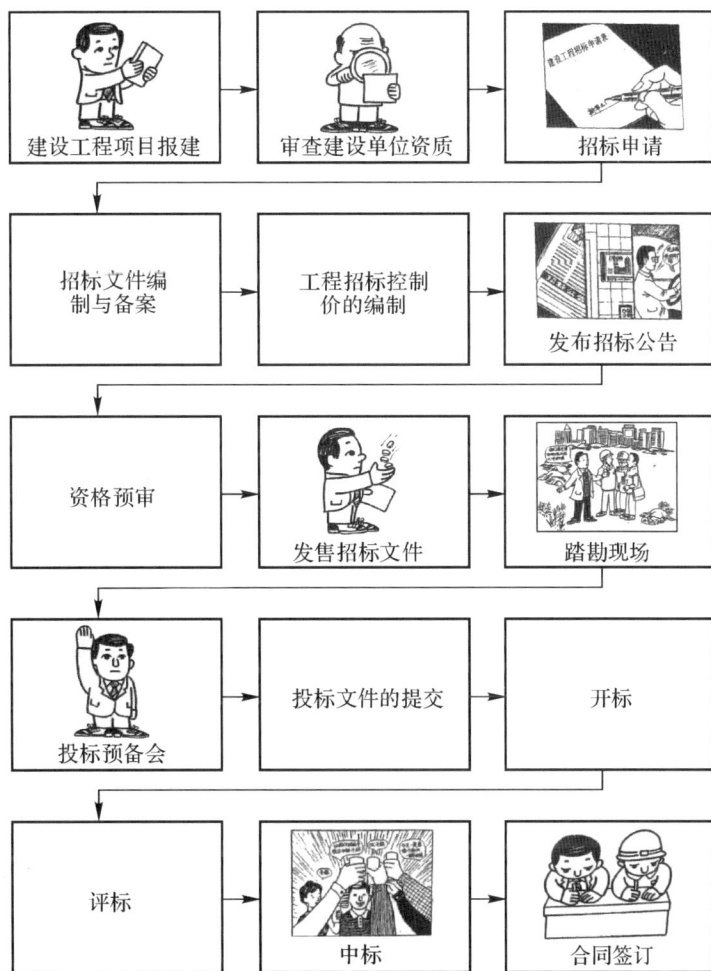

图 1.6 公开招标程序

建设工程招投标与合同管理

（一）建设工程项目报建

根据《工程建设项目报建管理办法》的规定，凡在我国境内投资兴建的工程建设项目，都必须实行报建制度，接受当地建设行政主管部门的监督管理，××市委党校新建会议中心工程是以政府投资为主体的工程，所以必须按规定在工程所在地××市发展和改革委员会进行项目报建和立项审批。详细内容如表1.11所示。

表1.11　建设工程项目报建

项目报建范围	报建内容	顺序
各类房屋建筑（包括新建、改建、扩建、翻修等）、土木工程（包括道路、桥梁、房屋基础打桩等）、设备安装、管道线路铺设和装修等建设工程	工程名称、建设地点、投资规模、资金投资额、工程规模、发包方式、计划开竣工日期和工程筹建情况等	建设工程项目的立项批准文件或投资计划下达后

（二）审查建设单位资质

即审查建设单位是否具备招标条件，不具备有关条件的建设单位，须委托具有相应资质的中介机构代理招标，建设单位与中介机构签订委托代理招标的协议，并报招标管理机构备案。

（三）招标申请

招标人填写《建设工程项目招标申请表》，并经上级主管部门批准后，连同《工程建设项目报建审查登记表》报招标管理机构审批。

申请表的主要内容包括工程名称、建设地点、招标建设规模、结构类型、招标范围、招标方式、要求投标申请人资质等级、投标前期准备情况和招标机构组织情况等。××市委党校新建会议中心工程项目招标申请表如表1.12所示。

（四）招标文件编制与备案

按要求编制资格预审文件和招标文件，文件在招标管理机构备案后，才可刊登资格预审通告、招标通告。如××市多媒体产业园工程在××市建设工程交易中心建设建管处备案后，在××市招标投标网上刊登了招标通告。

（五）工程招标控制价的编制

《建设工程工程量清单计价规范》（2008版）规定国有资金投资的工程建设项目应实行工程量清单招标，并应编制招标控制价。

（六）发布招标公告

通过报刊、广播、电视、网络等发布资格预审公告和招标公告。

（七）资格预审

由招标人对申请参加投标的潜在投标人进行资质条件、业绩、信誉、技术、资金等多方面的资格审查。只有在资格预审中被认定为合格的潜在投标人（或者投标人），才可以参加投标。

表 1.12　工程项目招标申请表

工程编号:字第20－003号　　　　　　　　　　　　　　　　　　日期:2020 年 2 月 3 日

招标人概况	招标单位	××市城市建设发展总公司		法人代表	李××	
	单位性质	全民事业单位		经 办 人	张××	
	单位地址	××市××路 135 号		联系电话	23651×××	
招标工程概况	工程名称	××市××中路地段会所工程		建设规模	总建筑面积 5961m²	
	建设地址	××市区		结构形式	框架	
	层数	地上	3　层	檐　高	12m	
		地下	1　层	跨(高)度		
	道路里程	km	桥梁座数	座	管线直径	
	其他	总建筑面积 5961m²,其中地上建筑面积 4949m²,地下建筑面积 1011m²				
项目批准文号及日期	×计投资〔2018〕130 号					
工程规划、用地许可文件及日期	×计投资〔2018〕130 号					
设计出图情　况	设计已出图					
投资情况	总投资额约 2200 万元,投资来源如下:					
	政府投资	%	国有企(事)业自筹100%		国外贷款	%
	国家融资	%	私企、民间投资	%	外商投资	%
拟选择招标方式	公开招标					
招标单位	经办人(签名) 　　　　　　　　　　　　(盖章)　　年　　月　　日					
招投标管理办公室审核意见	经办人(签名) 　　　　　　　　　　　　(盖章)　　年　　月　　日					

说明:本表由招标单位或委托机构填写,一式四份,招投标管理站一份,招标单位(人)一份,招标中心一份,招标代理机构一份。

（八）领取招标文件

将招标文件、图纸和有关技术资料给通过资格预审获得投标资格的投标人。投标人收到招标文件、图纸和有关资料后，应认真核对，核对无误后，应以书面形式予以确认。

投标人应当按招标公告规定的时间、地点领取招标文件或资格预审文件。自招标文件或资格预审文件领取之日起到停止领取之日止，最短不得少于5个工作日。

对招标文件或者资格预审文件所附的设计文件，可以酌收押金；开标后投标人退还设计文件的，招标人应向投标人退还押金。

招标人在发布招标公告或资格预审文件后不得擅自终止招标。

（九）踏勘现场

招标人组织投标人踏勘现场的目的在于了解工程场地和周围环境状况，以获取投标人认为有必要的信息。

（十）投标预备会

投标预备会的目的在于澄清招标文件中的疑问，解答投标人对招标文件和勘查现场中所提出的疑问和问题。

（十一）投标文件的提交

依法必须招标的项目，自招标文件开始发出之日起至投标人提交投标文件截止之日止，最短不得少于20日。招标人接收投标文件时必须将其密封封存。

（十二）开标

在投标截止日期即开标日期，按规定地点，在投标人或授权人在场的情况下举行开标会议，按规定的议程进行开标。

（十三）评标

招标人按有关规定成立评标委员会，在招标管理机构的监督下，依据评标原则、评标方法，对投标人的各主要投标要素进行综合评价，提出书面评标报告，推荐中标候选人。

（十四）中标

评标委员会提出书面评标报告后，招标人在15日到30日之内务必确定中标人。报招标管理机构核准，获准后招标人发出"中标通知书"。

招标人与中标人应当在中标通知书发出之日起30日内，按照招标文件签订书面工程承包合同。

依法必须招标的项目，招标人应当在中标通知书发出之日起15日内，向当地有关建设行政监督部门提交招标投标情况的书面报告。书面报告包括以下内容：招标范围，招标方式和发布招标公告的媒介，招标文件中投标人须知、技术条款、评标标准和方法、合同主要条款等，评标委员会的组成和评标报告，中标结果。

特别提示

邀请招标不需要资格预审，也不用发布招标公告，只发投标邀请书就可以了。

二、工程招标的条件

（一）确定招标人

1.招标人的资质

招标人是整个招投标活动中的重要当事人,对招标结果的公开、公平与公正起着关键性的作用。《中华人民共和国招标投标法》第八条对招标人作了明确定义。

（1）招标人必须是法人或者其他组织。根据《中国民法通则》第十七条规定,法人是指具有民事权利能力和民事行为能力,并依法享有民事权利和承担民事义务的组织,包括企业法人、机关法人和社会团体法人。法人必须具备以下四个条件:①依法成立,设立必须合法(设立目的和宗旨要符合国家和社会公共利益的要求,组织机构、设立方式、经营范围、经营方式等要符合法律的要求);设立程序必须合法(经主管部门批准,工商行政管理部门核准登记)。②具有必要的财产(企业法人)或经费(机关、社会团体、事业单位法人),这是作为法人的社会组织能够独立参加经济活动,享有民事权利和承担民事义务的物质基础,也是其承担民事责任的物质保障。③有自己的名称、组织机构和场所。法人的名称是其拥有独立于其人格的标志,也是其商誉的载体,应包括权力机关、执行机关和监察机关等,互相配合,使法人的意思能够产生并得到正确执行。为确立一个活动中心有自己的场所,包括住所(主要为事机构所在地)。④能够独立承担民事责任。在经济活动中发生纠纷或争议时,法人能以自己的名义起诉或应诉,并以自己的财产作为自己债务的担保手段。

其他组织,指不具备法人条件的组织。主要包括:法人的分支机构;企业之间或企业、事业单位之间联营,不具备法人条件的组织;合伙组织;个体工商户;等等。

（2）招标人必须提出招标项目、进行招标。所谓"提出招标项目",即根据实际情况和《招标投标法》的有关规定,提出和确定拟招标的项目,办理有关审批手续,落实项目的资金来源等。"进行招标",指提出扶植方案,撰写或决定招标方式,编制招标文件,发布招标公告,审查潜在投标人资格,主持开标,组建评标委员会,确定中标人,订立工程合同等。这些工作既可由招标人自行办理,也可委托招标代理机构代而行之。即使由招标机构办理,也是代表了招标人的意志,并在其授权范围内行事,仍被视为是招标人"进行招标"。

2.建设单位作为"招标人"的条件

建设单位作为"招标人"办理招标应具备下列条件:

（1）建设单位依法成立。

（2）有经济管理人员。

（3）有技术管理人员。

（4）有组织编制标书能力。

（5）有审查投标单位资质能力。

（6）能组织开标、评标、定标。

3.招标人的权利与义务

（1）招标人的权利:

①招标人具有编制招标文件和组织评标能力的,可以自行办理招标事宜。

②招标人有权自行选择招标代理机构,委托其办理招标事宜。但委托的招标代理机构应符合资质要求。

③招标人可以根据招标项目本身的要求,在招标公告或者投标邀请书中,要求潜在投标人提供有关资质证明文件和业绩情况,并对潜在投标人进行资格审查;国家对投标人的资格条件有规定的,依照其规定。

④招标人应根据招标项目的特点和需要编制或委托招标代理机构编制招标文件。房屋建筑和市政基础设施工程按建设部示范文本编制招标文件,其他工程参照执行。

⑤招标人根据招标项目的具体情况,可以组织潜在投标人踏勘项目现场。

⑥招标人对已发出的招标文件有进行澄清或者修改的权力,但应符合有关法规规定。

⑦招标人负责接受投标文件和组织开标。

⑧评标由招标人依法组建的评标委员会负责。

⑨中标人确定后,招标人应当向中标人发出中标通知书,并同时将中标结果通知所有未中标的投标人。

⑩招标人可以在招标文件中要求投标人提交投标保证金,可以要求中标人提交履约保证金或者其他形式的履约担保,但不得擅自提高履约保证金,不得强制要求中标人垫付中标项目建设资金。

资格审查程序是为了在招标投标过程中剔除资格条件不适合承担或履行合同的潜在投标人或投标人。资格审查可分为资格预审和资格后审。无论是预审还是后审,都是主要审查潜在投标人或投标人是否符合下列条件:

①具有独立订立合同的权利。

②具有圆满履行合同的能力,包括专业、技术资格和能力,资金、设备和其他物质设施状况,管理能力,经验、信誉和相应的工作人员。

③以往承担类似项目的业绩情况。

④没有处于被责令停业,财产被接管、冻结或破产状态。

⑤在最近几年内(如最近两年内)没有涉及与骗取合同有关的犯罪或严重违法行为。

⑥国家另有规定的,依照其规定。

招标人不得规定任何并非客观上合理的标准、要求或程序,限制或排斥潜在投标人或投标人,如故意提高技术资格要求。

招标人应按照招标公告或投标邀请书中载明的要求和标准,对提交资格审查证明和资料的潜在投标人或投标人的资格做出审查决定。招标人应告知潜在投标人或投标人是否审查合格。

(2)招标人的义务:

①已按照国家有关规定需要履行项目审批手续并获批准应当先履行审批手续,取得批准。

②落实项目相应资金或资金来源,并在招标文件中注明。

③在计划部门规定的公众媒体发布招标公告。

④不得以不合理的条件限制、排斥、歧视潜在投标人。

⑤不得向他人透露任何潜在投标人的名字、数量等从而影响竞争。

⑥招标人应当按招标公告或者投标邀请书规定的时间、地点出售招标文件或资格预审文件。自招标文件或者资格预审文件出售之日起至停止出售之日止,最短不得少于5个工作日。

⑦招标人要对已发出的招标文件进行必要的澄清或者修改的,应当在提交投标文件截止日期至少 15 日前,以书面形式通知所有招标文件收受人。该澄清或者修改的内容为招标文件的组成部分。

⑧招标人应当确定投标人编制投标文件所需要的合理时间;但是,依法必须进行招标的项目,自招标文件开始发出之日起至投标人提交投标文件截止之日止,最短不得少于20 日。

⑨招标人和中标人应当自中标通知书发出之日起 30 日内,按照招标文件和中标人的投标文件订立书面合同。招标人和中标人不得再行订立背离合同实质性内容的其他协议。

⑩招标文件应当包括招标项目的技术要求、对投标人资格审查的标准、投标报价要求和评标标准等所有实质性要求和条件以及拟签订合同的主要条款。

⑪国家对招标项目技术、标准有规定的,招标人应当按照其规定在招标文件中提出相应要求。

⑫招标项目需要划分标段、确定工期的,招标人应当合理划分标段、确定工期,并在招标文件中载明。

⑬不得要求或者标明特定的生产供应者。

⑭对投标人拟派出的项目负责人等人、财、物提出要求。

⑮需中标人提供履约保证等的,向中标人提供工程款支付担保。

⑯招标人不得直接指定分包人。

⑰采取必要的措施,保证评标在严格保密的情况下进行。

⑱依法必须进行施工招标的项目,招标人应当自发出中标通知书之日起 15 日内,向有关行政监督部门提交招标投标情况的书面报告。

⑲评标委员会推荐的中标候选人应当限定在 1~3 人,并标明排列顺序。招标人应当接受评标委员会推荐的中标候选人,不得在评标委员会推荐的中标候选人之外确定中标人。

4.招标人的法律责任

(1)必须进行招标的项目而不招标的,将必须进行招标的项目化整为零或者以其他任何方式规避招标的,责令限期改正,可以处项目合同金额 5‰以上、10‰以下的罚款;对全部或者部分使用国有资金的项目,可以暂停项目执行或者暂停资金拨付;对单位直接负责的主管人员和其他直接责任人员依法给予处分。

(2)招标人以不合理的条件限制或者排斥潜在投标人的,对潜在投标人实行歧视待遇的,强制要求投标人组成联合体共同投标的,或者限制投标人之间竞争的,责令改正,可以处 1 万元以上、5 万元以下的罚款。

(3)依法必须进行招标的项目的招标人向他人透露已获取招标文件的潜在投标人的名字、数量或者可能影响公平竞争的有关招标投标的其他情况的,或者泄露标底的,给予警告,并可以处 1 万元以上、10 万元以下的罚款,对单位直接负责的主管人员和其他直接责任人员依法给予处分;构成犯罪的,依法追究刑事责任。所列行为影响中标结果的,中标无效。

(4)依法必须进行招标的项目,招标人违反本法规定,与投标人就投标价格、投标方案等实质性内容进行谈判的,给予警告,对单位直接负责的主管人员和其他直接责任人员依法给予处分。所列行为影响中标结果的,中标无效。

（5）招标人在评标委员会依法推荐的中标候选人以外确定中标人的，依法必须进行招标的项目在所有投标被评标委员会否决后自行确定中标人的，中标无效。责令改正，可以处中标项目金额5‰以上、10‰以下的罚款；对单位直接负责的主管人员和其他直接责任人员依法给予处分。

（6）招标人与中标人不按照招标文件和中标人的投标文件订立合同的，或者招标人、中标人订立背离合同实质性内容的协议的，责令改正；可以处中标项目金额5‰以上、10‰以下的罚款。

三、编制建设工程招标文件

（一）建设工程招标文件的编制依据及条件

1.建设工程招标文件的编制依据

（1）严格遵守《招标投标法》《合同法》《保险法》《环境保护法》《建筑法》《建设工程质量管理条例》《建设工程安全生产管理条例》等与工程建设有关的现行法律法规，不得作任何突破或超越。

（2）各行业标准。

（3）《标准施工招标资格预审文件》（共分资格预审公告、申请人须知、资格审查办法、资格预审申请文件格式和项目建设概况等五章）。

（4）《标准施工招标文件》（共分招标公告（或投标邀请书）、投标人须知、评标办法、合同条款及格式、工程量清单、图纸、技术标准和要求和投标文件格式等八章）。

2.建设工程项目施工招标的条件

案例

S公司在某市黄金地段获得一块土地，为了尽早开发建设，公司决定边筹集资金，边作图纸，边申请进行招标投标。在申请过程中，有关负责部门多次以条件不具备为由退回申请件。在多次被退件后，公司咨询了律师，在明白施工招标必须具备的条件后，S公司认真完成了前期工作，获得了批准。

案例提示，建设工程项目进行施工招标应当具备下列条件。

（1）建设工程项目的概算已经批准。

（2）已正式列入国家、部门或地方的年度固定资产投资计划。

（3）建设用地的征用工作已经完成。

（4）有能够满足施工需要的图纸及技术资料。

（5）建设资金、主要建筑材料、设备的来源已经落实。

（6）已经得到建设项目所在地规划部门批准，施工现场的"三通一平"已经完成并列入施工招标范围。

（二）建设工程招标文件的编制原则

（1）在无任何理由的情况下，招标文件中不得含有对某一特定的潜在投标人有利的技术要求。

（2）设备的采购方在编制招标文件技术要求时，只能提出性能、品质上的要求，及控制性的尺寸要求，不得提出具体的式样、外观上的要求，避免使用某一特定产品或出现生产企业的名称、商标、目录号、分类号、专利、设计等相关内容,不得要求或标明特定的生产供应者以及含有倾向或排斥潜在制造商、供应商的内容。

(3)在编制技术要求时应慎重对待商标、制造商名称、产地等的出现,如果不引用这些名称或式样不足以说明买方的技术要求时,必须加上"与某某同等"的字样。

(三)建设工程招标文件的组成

根据中华人民共和国 2007 版标准施工招标文件的规定,对于公开招标的招标文件,共分四卷八章,其具体内容如下:

(1)招标公告(或投标邀请书)。

(2)投标人须知,详见表 1.13。

(3)评标办法。

(4)合同条款及格式。

(5)工程量清单。

(6)图纸。

(7)技术标准和要求。

(8)投标文件格式。

(9)投标人须知前附表规定的其他内容。

(教材附录为××市××中路地段会所工程招标投标文件摘要)

表 1.13　投标人须知

序　号	条款号	内容(规定、要求)
1	1.1	工程名称:××市委党校新建会议中心工程 建设地点:××市××中路 结构类型:钢筋混凝土框架结构 建设规模:建筑面积约 5961m² 要求质量标准:合格 承包方式:包工包料
2	3.3	要求工期:240 日历天
3	3.2	招标范围:土建、水电安装、室外配套
4	2.1	资金来源:自筹
5	17.1	投标文件:正本 1 份、副本 2 份(中标单位在签订施工合同前向建设单位另提交 3 份副本)
6	4.1	投标人资质等级:房屋建筑工程施工总承包三级及以上资质 项目负责人资质等级:建筑工程二级及以上注册建造师
7	14.1	投标有效期 90 天(日历天)
8	15.1	投标保证金数额:约投资估算的 2%,即肆拾万元

续表

序　号	条款号	内容(规定、要求)
9	16.2	标前会议时间:2021年1月7日下午3:00 地点:××市城市建设发展总公司一楼会议室(××路135号) (请各单位的项目建造师务必亲自到场)
10	13.1	工程报价方式:工程量清单综合单价报价
11	4.3	资格审查方式:按《×政办函〔2014〕46号文件》、《×建发〔2018〕133号文件》
12	24.3	投标文件递交地点:××市建设工程招投标中心(××路800号)
13	20.1	投标文件递交截止日期:2021年1月18日上午9时整
14	23.1	开标时间:2021年1月18日上午9时整 地点:××市建设工程招投标中心(××路800号)
15	34.1	履约保证金:中标造价的　10%　,提交时间为发出中标通知书的5天内
16		评标方法及标准:见××市××中路地段会所工程招标评分办法

对上述投标人须知的说明如下:

一、总则

1.工程说明

1.1　本工程项目说明详见投标人须知前附表(以下称前附表)第1项。

1.2　设计单位:××市城市规划设计研究院

　　　　　　浙江××建设集团有限公司幕墙设计院

1.3　建设单位:××市城市建设发展总公司

1.4　招标单位:××市城市建设发展总公司

2.资金来源

2.1　建设单位的资金通过前附表第4项所述的方式获得,并将部分资金用于本工程合同款项下的合理支付。

3.招标范围及工期

3.1　本工程项目按照国家有关法律、行政法规和部门规章,通过公开招标方式选定中标人。

3.2　招标范围:详见投标人须知前附表第3项。

3.3　要求工期:详见投标人须知前附表第2项。

3.4　要求质量标准:详见投标人须知前附表第1项。

3.5　本招标工程项目不允许分包及各种形式的转包,一旦发现,招标人有权终止合同,并上报建设主管部门通报处理。

(本文件同时提供图纸和工程量清单,各投标人按此清单报价,工程量清单中所列工程量是设计的预计数量,仅作为投标的共同基础,不能作为最终结算与支付的依据。结算与支付应以监理工程师认可的、按技术规范要求完成的实际工程数量为依据。完成的实际工程数量,应由承包人按监理工程师认可的计量方法进行计量,经监理工程师签认,最终按工程量清单的报价和总额价进行结算与支付。最终结算实物工程量按监理工程师及审计部门审定的实际工程数量调整,单价一般按投标清单报价)中标单位不得以任何理由拒绝合同外工程量及拖延工期。

4.合格的投标人

4.1　投标人资质等级要求详见本须知前附表第6项。

4.2　本招标工程项目采用本须知前附表第11项所述的资格审查方式确定合格投标人。

4.3　合格的投标单位,投标人在送交投标文件时应按新情况更改,以证实其仍能继续满足资审合格的最低标准。至少应更新以下资料(如有):

(1)财务状况方面的变化,新近取得的银行信贷额度(如有必要)的证明或获得其他资金来源的证据;以及现已接受(中标或签约)的新合同工程对财务状况的影响。

(2)最近的仲裁或诉讼介入情况。

(3)拟投入本工程所需关键施工设备的当前备有情况。

(4)投标人名称的变化及有关批件。

(5)拟投入本项目主要人员变化情况。

4.4　投标单位必须对整个合同段投标,而只对其中部分工程投标者,将取消中标资格,且投标单位只能递交一个标书。

5.踏勘现场

5.1　投标人可自行对工程现场及周围环境进行踏勘,以便投标人获取有关编制投标文件和签署合同所涉及现场的资料。投标人承担踏勘现场所发生的自身费用。

5.2　招标人向投标人提供的有关现场的数据和资料,是招标人现有的能被投标人利用的资料,招标人对投标人做出的任何推论、理解和结论均不负责任。

5.3　经招标人允许,投标人可为踏勘目的进入招标人的项目现场,但投标人不得因此使招标人承担有关的责任和蒙受损失。投标人应承担踏勘现场的责任和风险。

5.4　招标人将于2021年1月7日下午3:00在公司××路135号一楼会议室召开标前会议。根据公司研究决定,届时投保人必须派项目建造师参加,并作3~5分钟的陈述,内容包括对项目的整体把握、定位以及对关键点的认识和具体施工组织的计划,以能充分表现投标人的对项目的重视程度为目标。如因特殊原因不参加标前答疑会,请在2021年1月7日之前以单位名义书面告知不参加标前会议理由,并由我单位相关人员签字确认。

6.投标费用

6.1　投标人应承担其编制投标文件与递交投标文件所涉及的一切费用。不管投标结果如何,招标人对上述费用不负任何责任。

二、评标办法

评标办法可以采用综合评标法、经评审的最低投标价法或者法律法规允许的其他评标办法。

(1)综合评估法:即最大限度地满足招标文件中规定的各项综合评价标准,将报价、施工组织设计、质量保证、工期保证、业绩与信誉等赋予不同的权重,用打分或折算货币的方法,评出中标人。

(2)经评审的最低投标价法:即能满足招标文件的实质性要求,选择经评审的最低投标价格(投价格低于成本的除外)的投标人为中标人。

评标委员会经评审,认为所有投标都不符合招标文件要求的,可以否决所有投标。依法必须进行招标的项目的所有投标被否决的,招标人应当依法重新招标。

具体内容详见模块四。

三、合同条款及格式

《施工招标文件范本》中,对招标文件的合同条件规定采用建设部和国家工商行政管理总局 1999 年发布的《建设工程施工合同示范文本》(GF 1999—0201)。该文本由《协议书》、《通用条款》、《专用条款》三部分组成,并附有三个附件。合同条款具体内容详见模块四,常用格式见教材后附实际工程招投标文件摘要。

四、招标文件的解释与修改

1.招标文件的解释

投标人若对招标文件有任何疑问,应于投标截止日期 7 日前以书面形式向招标人提出澄清要求,送至××市城市建设发展总公司。无论是招标人根据需要主动对招标文件进行必要的澄清,还是根据投标人的要求对招标文件做出澄清,招标人都将于投标截止时间 6 日前以书面形式予以澄清,同时将书面澄清文件向所有投标人发送。投标人在收到该澄清文件后,应以书面形式给予确认,该澄清作为招标文件的组成部分,对投标人具有约束作用。

2.招标文件的修改

(1)招标文件发出后,在提交投标文件截止时间 7 日前,招标人可对招标文件进行必要的澄清或修改。

(2)招标文件的修改将以书面形式发送给所有投标人,投标人收到该修改文件,应以书面形式给予确认。招标文件的修改内容作为招标文件的组成部分,具有约束作用。

(3)招标文件的澄清、修改、补充等内容均以书面形式明确的内容为准。当招标文件、招标文件的澄清、修改、补充等在同一内容的表述上不一致时,以最后发出的书面文件为准。

(4)为使投标人在编制投标文件时有充分的时间对招标文件的澄清、修改、补充等内容进行研究,招标人可以酌情延长提交投标文件的截止时间,具体时间将在招标文件的修改、补充通知中予以明确。

(5)补充通知须报市招投标管理站备案。

四、编制建设工程招标控制价

(一)编制的原则

招标控制价应当参考国务院和省、自治区、直辖市人民政府建设行政主管部门制定的工程造价计价办法和计价依据以及其他有关规定,根据市场价格信息,由招标单位或委托有相应资质的招标代理机构和工程造价咨询单位以及监理单位等中介组织进行编制。招标控制价编制人员应严格按照国家的有关政策、规定,科学公正地编制,必须以严肃认真的态度和科学的方法进行编制,应当实事求是,综合考虑和体现招标人和投标人的利益。

编制招标控制价应遵循下列原则。

(1)根据国家公布的统一工程项目划分、统一计量单位、统一计算规则以及施工图纸招标文件,并参照国家、行业或地方批准发布的定额和国家、行业、地方规定的技术标准规范以及要素市场价格确定工程量和编制招标控制价。

(2)招标控制价应由招标人编制,但当招标人不具备编制招标控制价的能力时,应委托具有相应工程造价咨询资质的工程造价咨询人编制。

(3)招标控制价超过批准的概算时,招标人应将其报原概算审批部门审核,投标人上报投标报价高于招标控制价的,其投标应予以拒绝。

(4)招标文件中的工程量清单标明的工程量是投标人投标报价的共同基础,竣工结算的工程量按发、承包双方在合同中约定应予计量且实际完成的工程量确定。

(5)措施项目清单计价应根据拟建工程的施工组织设计,可以计算工程量的措施项目,应按分部分项工程量清单的方式采用综合单价计价;其余的措施项目可以以"项"为单位的方式计价,应包括除规费、税金外的全部费用。

(6)措施项目清单中的安全文明施工费应按照国家或省级、行业建设主管部门的规定计价,不得作为竞争性费用。

(7)规费和税金按国家或省级、行业建设主管部门的规定计算,不得作为竞争性费用。

(8)采用工程量清单计价的工程,应在招标文件或合同中明确风险内容及其范围,不得采用无限风险、所有风险或类似语句规定风险内容及其范围。

(9)其他项目费按下列规定计价。

①为保证工程施工建设的顺利实施,应对施工过程中可能出现的各种不确定因素对工程造价的影响,在招标控制价中需估算一笔暂列金额。

②暂列金额可根据工程的复杂程度、设计深度、工程环境条件进行估算,一般可按分部分项工程费的 10%～15% 作为参考。

③暂估价中的材料单价应根据工程造价信息或参照市场价格估算;暂估价中的专业工程金额应分不同专业,按有关计价规定估算。

④在编制招标控制价时,对记日工中的人工单价和施工机械台班单价应按省级、行业建设主管部门或其授权的工程造价管理机构公布的单价计算。

⑤编制招标控制价时,材料应按工程造价管理机构发布的工程造价信息中材料单价计算。

⑥总承包服务费应按省级或行业建设主管部门的规定计算。

(10)招标控制价应在招标时公布,不应上浮或下调,招标人应将招标控制价及其有关资料报送工程所在地工程造价管理机构备查。

(二)招标控制价编制依据

招标控制价应根据下列依据进行编制。

（1）《建设工程工程量清单计价规范》（2008 版）。

（2）建设工程设计文件及相关资料。

（3）招标文件中的工程量清单及有关要求。

（4）与建设项目相关的标准、规范和技术资料。

（5）工程造价管理机构发布的工程量造价信息。

（6）工程造价信息没有发布的参照市场价。

（7）其他的相关资料。

投标人经复核认为招标人公布的招标控制价未按建设工程量清单计价规范的规定进行编制的，应在开标前 5 天向招投标监督机构或工程造价管理机构投诉。

（三）招标控制价编制方法

《建筑工程施工发包与承包计价管理办法》（中华人民共和国建设部令第 107 号）第五条规定：施工图预算、招标控制价和投标报价由成本、利润和税金构成。其编制可以采用工料单价法和综合单价法两种计价方法。但《建设工程工程量清单计价规范》（2008 版）规定采用工程量清单计价的，建设工程造价由分部分项工程费、措施项目费、其他项目费、规费和税金组成，并且应采用综合单价法计价。

采用综合单价法进行工程量清单计价时，综合单价中包括招标文件中要求投标人承担的风险费用；招标文件提供了暂估单价的材料，应按招标文件确定的暂估单价计入综合单价。

综合单价法，即分部分项工程量的单价为全费用单价，它综合计算了完成单位分部分项工程所发生的所有费用，包括人工费、材料费、施工机械使用费、企业管理费、利润等。工程量乘以综合单价就直接得到分部分项工程的造价费用，再将各个分部分项工程的造价费用按照计费规则加以汇总就得到整个工程的总建造费用，即工程招标控制价格。

五、编制招标公告

建设工程施工招标采用公开招标方式的，招标人应当发布招标公告，邀请不特定的法人或者其他组织投标。依法必须进行施工招标项目的招标公告，应当在国家指定的报刊、信息网络和其他媒介上发布。采用邀请招标方式的，招标人应当向三家以上具备承担施工招标项目的能力、资信良好的特定的法人或者其他组织发出投标邀请书。

（一）招标公告的内容

招标公告或者投标邀请书应当至少载明下列内容：招标人的名称和地址；招标项目的内容、规模、资金来源；招标项目的实施地点和工期；获取招标文件或者资格预审文件的地点和时间；对招标文件或者资格预审文件收取的费用；对招标人的资质等级的要求。

招标人应当按招标公告或者投标邀请书规定的时间、地点出售招标文件或资格预审文件。自招标文件或者资格预审文件出售之日起至停止出售之日止，最短不得少于 5 个工作日。

××市××中路地段会所工程经审批通过后的允许发布招标公告的通知单及招标公告如下：

发布招标公告通知单（附招标公告）

工程编号：字第___09—003___号　　　　　　　　　　　　　日期：2020 年 12 月 11 日

招标单位概况	招标单位	××市城市建设发展总公司		法人代表	李××
	单位性质	全民事业单位		经办人	张××
	单位地址	××市××路 135 号		联系电话	23651×××
招标工程概况	工程名称	××市××中路地段会所工程		建设规模	5961m²
	建设地址	××市区		结构形式	框架
	层数	地　上	3 层	檐　高	m
		地　下	3 层	跨(高)度	m
	道路里程	km	桥梁座数　　座	管线直径	mm
	其　他				
投资情况	投资立项文号、日期(附文件)		×计投资〔2013〕130 号　2013 年 5 月 23 日		
	投资总额	约 2200 万元	投资来源		自筹
规划许可证文号及日期	×计投资〔2018〕130 号　2018 年 5 月 23 日				
设计出图情况	设计已出图				
已备案的招标方式	自行招标				
招标内容	☑施工、□设备、□监理				
拟选投标人数量、资质及报名时间	投标人数量	拟选　11　家以上企业参加投标			
	资质序列、专业等级	房屋建筑工程施工总承包三级及以上			
	项目经理资质等级	建筑工程二级注册建造师及以上			
	报名截止时间	2009 年 12 月 18 日 16 时 30 分			
其他说明					
招标代理机构或自行招标单位	项目负责人(签名)： 　　　　　　　　　　(盖章) 　　　　　　　年　月　日				
招投标管理办公室	经办人(签名)： 　　　　　　　　　　(盖章) 　　　　　　　年　月　日				

说明：本通知单一式三份，招投标管理站一份，交易中心一份，招标单位(人)一份。

××市××中路地段会所工程招标公告

招标人：××市城市建设发展总公司

联系人：刘娟　联系电话：××××—27688888

招标工程名称：××市××中路地段会所工程

招标内容：土建、水电安装、室外配套

招标方式:公开招标

招标项目的建设地点:××市区

投资估计:约2200万元　　资金来源:自筹

公开发布时间:2020年12月11日

报名时间:2020年12月14日—2020年12月18日

每日上午8:30—11:00,下午13:30—16:30(北京时间,节假日除外),截止时间后恕不受理。

报名地点:××市招投标中心(××市××路800号)

联系人:小潘、小胡　　联系电话:××××—22222222

投标申请人专业类别要求:房屋建筑工程施工总承包

投标申请人资质类别要求:房屋建筑工程施工总承包三级及以上

项目负责人专业类别要求:建筑工程二级注册建造师及以上(外地进×拟参加投标建造师须经备案)

立项批准部门文号:×计投资〔2013〕130号

工程规模:约5961m²

建设工期:240日历天

报名要求提供资料如下。

1.企业介绍信、企业概况、××市招投标中心席位证、授权委托书及代理人身份证、投标申请企业市场行为信用档案情况表、××市外地建筑业企业进××施工备案表或××市区市外建筑企业进××施工备案表、××市劳动工资支付应急保障金存储证明。(以上报名资料均为原件)

2.企业营业执照副本复印件、企业资质证书复印件、安全生产许可证副本复印件、拟参加投标的项目负责人注册证书及《投标申请企业拟选派注册建造师无在建工程证明》、企业主要负责人(包括企业法人代表、企业经理、企业分管安全生产的副经理以及企业技术主要负责人)安全生产考核合格证(A证)复印件及企业分管安全生产的副经理单位任职文件,拟参加投标的项目负责人的安全生产考核合格证(B证)复印件,项目负责人注册证书未到位的,可凭网上公告加盖企业注册地建设行政主管部门公章的证明。(以上部门资料复印件均需加盖单位公章,并提供原件核查(安全生产任职资格A类证书及企业分管安全生产的副经理单位任职文件可以不提供原件核查但仍需加盖单位公章)。)未提供原件核查的,不予受理。)

3.2017—2019年度报名企业和项目负责人在质量和安全方面的获奖证书复印件、类似工程施工业绩等,企业通过国家认可的ISO 9000质量体系认证证书复印件、××政办函〔2004〕46号文、××建发〔2018〕133号文规定需要提供的其他资料和投标报名企业认为需要提交的资料复印件。(以上报名资料复印件均需加盖单位公章,并提供原件核查)

4.报名资料应装订成册,加盖页码章。

5.选择投标人方法:按××政办函〔2014〕46号文、××建发〔2018〕133号文执行(全部按资格预审评分办法从高到低顺序产生)。

6.本工程设最高限价。

7.开标时项目建造师必须到场。

8.购买地点:××市城市建设发展总公司(××路135号)。招标文件售价:1000元/份,售后不退。

本工程商务标采用电子辅助评标。

招标单位:××市城市建设发展总公司

2020年12月11日

(二)投标邀请书(适用于邀请招标)

投标邀请书

_____(项目编号)_____标段施工投标邀请书

_____(被邀请单位名称)

1.招标条件

本招标项目_____(项目名称)已由_____(项目审批、核准或备案机关名称)以_____(批文名称及编号)批准建设,项目业主为_____,建设资金来自_____(资金来源),出资比例为_____,招标人为_____。项目已具备招标条件,现决定邀请你单位参加_____(项目名称)____标段施工投标。

2.项目概况与招标范围

_____(说明本次招标项目的建设地点、规模、计划工期、招标范围、标段划分等)。

3.投标人资格要求

3.1　本次招标要求投标人具备_____资质,_____业绩,并在人员、资金、设备等方面具有承担本标段施工的能力。

3.2　你单位_____(可以或不可以)组成联合体投标。联合体投标的应满足下列要求_____。

4.招标文件的获取

4.1　凡有意参加投标者,请于____年____月____日至____年____月____日(法定节假日、法定公休日除外)每日上午____时到____时,下午____时到____时(北京时间,下同),在_____(详细地址)持本投标邀请书购买招标文件。

4.2　招标文件每套售价_____元,售后不退。图纸押金_____元,在退还图纸时退还(不计利息)。

4.3　邮寄招标文件的,需另加手续费(含邮费)_____元。招标人在收到邮购款(含手续费)后_____几日内寄送。

5.投标文件的递交

5.1　投标文件递交的截止时间为(北京时间,下同)为____年____月____日____时____分,地点为_____。

5.2　逾期送达的或者未送达指定地点的,招标人不予受理。

6.确认

你单位收到本邀请书后,请于_____(具体时间)以传真或快递方式予以确认。

7.联系方式:

招标人：	招标代理机构：
地址：	地址：
邮编：	邮编：
联系人：	联系人：
联系电话：	联系电话：
传真：	传真：
电子邮件：	电子邮件：
网址：	网址：
开户银行：	开户银行：
账号：	账号：

年　　月　　日

知识延伸

案例

某市高速公路工程全部由政府投资。该项目为该市建设规划的重点项目之一，并且已经列入地方年度固定资产投资计划，项目概算已经主管部门批准，施工图及有关部门技术资料齐全。现决定对该项目进行施工招标。经过资格预审，为潜在投标人发放招标文件后，业主对投标单位就招标文件所提出的问题统一做出了书面答复，并以备忘录的形式分发给各投标单位。具体格式如下：

招标文件备忘录

序	问题	提问单位	提问时间	答复
1				
2				
3				

在书面答复投标单位的提问后，业主组织各投标单位进行了施工现场踏勘。在提交投标文件截止时间前10日，业主书面通知各投标单位，由于某种原因，决定将该项工程的收费站工程从原招标范围内删除。

课堂讨论

该项目施工招标存在哪些问题或不妥之处？

案例评析

根据相关法律法规，该项目招标存在以下三方面的问题。

(1)招标工作步骤安排存在问题，现场踏勘环节应安排在书面答复投标单位问题前，因为投标单位可能在现场踏勘环节对施工现场提出问题。

(2)业主对投标单位的提问只能针对具体问题进行答复，但不应提及具体提问单位(投标单位)。而案例中的《招标文件备忘录》中的"提问单位"却透露了潜在投标人的信息。按

《招标投标法》第二十二条规定,招标人不得向他人透露获取招标文件的潜在投标人的名称、数量以及可能影响公平竞争的有关招投标的其他情况。

（3）业主在提交投标文件截止时间前10日,业主书面通知各投标单位,由于某种原因,决定将该项工程的收费站工程从原招标范围内删除。这种做法不符合《招标投标法》中第二十三条规定:"招标人对已发出的招标文件进行必要澄清或者修改的,应当在招标文件要求提交投标截止时间至少15日前,以书面形式通知所有招标文件收受人。"若迟于这一时限发出变更招标文件的通知,则应当将原定的投标截止日期适当延长,以便投标单位有足够的时间充分考虑这种变更对投标书的影响。本案例在提交投标文件截止日期前10日对招标文件作了变更,但并未说明投标截止日期已经相应延长。

复习思考题

1. 建设工程招标投标工作包含哪些内容？
2. 建设工程招标投标活动的基本原则有哪些？
3. 建设工程招投标的意义是什么？
4. 简述建设工程市场的组成和交易内容。
5. 简述建设工程交易中心的性质。
6. 简述建设工程交易中心的功能。
7. 建设工程交易中心运作的一般程序是什么？
8. 承包商从事建设生产一般需具备哪些方面的条件？
9. 承包商的实力主要包括哪些方面？

10. 我国目前对承包商如何进行资质管理？目前与建设工程有关的执业资格制度有哪些？
11. 建筑施工企业的资质如何划分？
12. 工程承发包的内容有哪些？
13. 简述承发包的方式。
14. 领取施工许可证需要哪些条件？
15. 简述固定总价合同适用的范围及风险。

16. 建设全过程招标的含义是什么？
17. 简述公开招标的优势以及存在的问题。
18. 简述建设单位招标应具备的条件。工程招标应具备哪些条件？
19. 招标文件的编制原则是什么？
20. 工程招标的程序有哪几步？
21. 何谓工程招标的资格预审？主要起什么作用？
22. 资格预审的程序是什么？
23. 招标控制价编制的原则是什么？
24. 招标控制价的编制方法是什么？
25. 建设工程招标文件由哪几部分组成？

项目实训

根据××中路地段会所工程项目招标文件编制招标公告及完成后附问题

1. 实训目的

熟悉工程报建的程序、资料；了解招标文件的内容、要求及编制要求。

2. 实训准备

(1)工程有关批准文件；

(2)工程招标文件；

(3)工程施工图；

(4)工程概算或施工图预算。

3. 实训内容

以小组为单位完成招标文件核心内容以及资格预审核心内容资料，并派代表发言，个人提交招标公告，并完成以下问题：

(1)工程勘察设计阶段招投标、施工阶段招投标、工程监理招投标、材料采购招投标之间最需关注的核心点是什么？

(2)以你购买电脑为例，列出整个过程。

(3)试着分析你、你父母、你所在的学院三者之间的关系及各自应承担的职责。

实训报告以小组完成的应包含小组人员分工、完成成果、收获或建议等内容。

4. 实训步骤

(1)分组，4人为一个招标组织机构；

(2)颁发工程有关批准文件、工程施工图及概预算；

(3)进行工程招标的准备工作；

(4)研读工程资格预审文件、招标文件；

(5)编制招标公告。

5. 评价标准

(1)招标文件研读详细；

(2)采用标准的专业术语。

模块二
建设工程投标

2

能力目标

1. 能够依据招标文件提炼出建筑工程招标文件的核心问题
2. 能够拟定投标领导小组主要角色及制定角色职责
3. 能够根据工程招标文件确定投标策略
4. 能够编制投标文件

知识目标

1. 了解建筑工程招标投标的有关定义、招标投标的方式
2. 熟悉投标全过程的主要工作和流程
3. 掌握招标方式及其适用范围,掌握招标投标过程中的具体规定及其程序的应用
4. 熟悉《浙江省建设工程计价规则》、《浙江省建筑工程综合概预算定额》(2018 版)及相关配套的费用定额

背景资料

　　××中路地段会所工程招标项目概述:该工程位于××市××中路旁,净用地面积为 6060m²,总建筑面积 5961m²,建筑高度 12.45m,地下 1 层,地上 3 层,含土建、安装、室外配套、玻璃幕墙等单位工程,为钢筋混凝土结构房屋建筑。

　　考虑到周边环境比较复杂,处于已建好的道路旁,行人车辆流量较大,周边有企事业单位、乡镇居民等交通敏感度高的房屋建筑。要求投标单位仔细勘查现场,在投标时充分考虑以下几个方面:

　　(1)编制实施专项保护措施方案,对原有各种管线采取有效保护。

　　(2)编制实施交通专项组织方案,做到将现有交通干扰减少到最小化。

　　(3)编制实施专项安全防护方案,做到对周边单位和居民的干扰最小化。

　　(4)考虑到工期短,工作内容多,要求投标人在施工组织设计编写时,要对人员组织、机械投入、资金保障、原材料组织等投标人认为必要的各种保障措施进行针对性的说明。

　　该工程所有的施工材料必须严格按照设计要求达到精品工程标准,并提供相关照片或小样由业主、设计及监理三方确认后方可进场施工,若不经过确认直接进场施工,业主有权

拒绝中标单位并没收相应的履约保证金。

所有的专项方案均需在投标中明确。

××市××中路地段会所工程的建设单位是××市城市发展总公司,是一家全民事业单位,故采用公开招标投标方式。

其具体招标工作分为以下几步骤进行。

(1)资格预审。对多家公司资质进行资格预审并确定了十一家公司。

(2)投标前调查与现场考察。建设方组织十一家公司对施工现场进行了考察,并对十一家公司进行了答疑,形成了招标文件修正及投标答疑书面材料并在××市建设工程招标投标管理站进行了备案。

(3)投标书。十一家公司都在规定时间内投了标书,其中甲公司得知其他公司有优惠条件就在投标截止前半小时向招标单位递交了一个补充修改的投标文件。在递交的补充修改的投标文件中提出降价,把利润降低并提出优惠条件。

(4)评标。对十一家公司标书的完整性进行检查,并由评标专家对技术标进行了评审,由品茗评标软件对商务标进行了评审。得出了得分排在前三位的候选人名单。

通过对有关问题的分析澄清,经研究后招标单位最后选定××建筑工程有限公司为中标单位。

2021年1月25日定标后,建设方即向××建筑工程有限公司发出授标信;2021年2月10日正式签订承包合同(包括技术合同、劳务合同);2月25日向××建筑工程有限公司发出开工命令。

××中路地段会所工程投标技巧

(1)建设方无论是银行信誉,还是社会信誉均良好。

(2)近三年承建的工程获得质量奖较多。

(3)施工部署科学合理,对工程施工特点和关键技术熟悉。

(4)施工现场平面布置周到细致。

××中路地段会所工程,在工程招标中,多家公司可都占着天时、地利、人和的有利条件,为什么却中不了标呢?分析原因如下。

(1)没认真调查现场。由于××中路地段会所工程属××路环境整治工程的一部分,要考虑与前后工程之间的衔接。多家公司并未对此引起重视,而××建筑工程有限公司不但考虑到了还进行了调查,为后续工程赢得先机。

(2)投标策略上有失误。多家公司认为工程简单,自身有多次施工经验未认真调查,思路展不开,束缚了自己。而××建筑工程有限公司采用突然袭击法降低投标价格,在标价上占一定优势;又主动提出了对业主有利的附加条件,考虑了环境治理的整体性。

(3)施工技术、管理水平有差距。××建筑工程有限公司承包这项工程,在施工组织管理方面确有值得借鉴和思考的地方:①管理机构精干,承包商在施工现场工作的管理人员最多时有13人,而且都是懂专业、有经验、精技术、会管理的人员。各管理层次分工明确,有职有权。②施工技术上,××建筑工程有限公司还根据工程工期紧的原因从专业厂商专门购进预应力管桩,以提高机械化和工厂化。

工作任务

根据××市××中路地段会所工程招标文件内容,进行投标准备工作,组建投标领导小组,并完成工程投标文件的编写。

任务说明

投标文件对招标文件是否做出实质性响应是每份投标文件必须关注的重中之重,是关系到投标能否成功的必要条件,因为未对招标文件做出实质性响应的投标文件将被作为废标处理。一旦废标,就前功尽弃,一切免谈。建设工程投标文件的实质性响应指哪些问题,是学习本模块时需特别关注的地方。

项目一　投标准备

问题提出

1. 做任何工作之前如果进行了充分的准备,会达到事半功倍的效果。你班准备元旦晚会,如果你是负责人,晚会前你应该做好哪些准备工作?

2. 作为班里的一名成员,如果你想与众不同,想引起老师对你的特别关注,你会做什么事情?

3. 假如你是项目经理,在投标此工程项目时,按照招标文件的要求,如果你想胜出,你应该提前做好哪些准备工作?

提示与分析

俗话说知己知彼百战不殆,研究招标文件是投标文件编制前需认真完成的一件大事。一份好的项目策划方案是一个项目成功的基础。如果把编制投标文件看成编制项目策划书的话,那么什么人有资格做项目策划书? 整个编制过程要经历哪些程序? 牵涉到哪些活动?

知识链接

一、建设工程项目投标程序

（一）投标人应具备的条件

投标人是响应招标、参加投标竞争的法人或者其他组织。投标人应具备下列条件。

（1）投标人应具备承担招标项目的能力;国家有关规定或者招标文件对投标人资格条件有规定的,投标人应当具备规定的资格条件。

（2）投标人应当按照招标文件的要求编制投标文件,投标文件应当对招标文件提出的要求和条件作出实质性响应。投标文件的内容应当包括拟派出的项目负责人与主要技术人员的简历、业绩和拟用于完成招标项目的机械设备等。

（3）投标人应当在招标文件所要求提交投标文件的截止日期前,将投标文件送达投标地点。招标人收到投标文件后,应当签收保存,不得开启。招标人对截止日期后收到的投标文件,应当原样退还,不得开启。

（4）投标人在投标文件的截止日期前，可以补充、修改或者撤回已提交的投标文件，并书面通知招标人。补充、修改的内容为投标文件的组成部分。

（5）投标人根据招标文件载明的项目实际情况，拟在中标后将中标项目的部分非主体、非关键性工作交由他人完成的，应当在投标文件中载明。

（6）两个以上法人或者其他组织可以组成一个联合体，以一个投标人的身份共同投标。

（7）投标人不得相互串通投标报价，不得排挤其他投标人的公平竞争，损害招标人或者他人的合法权益。

（8）投标人不得以低于合理预算成本的报价竞标，也不得以他人名义投标或者以其他方式弄虚作假，骗取中标。所谓合理预算成本，即按照国家有关成本核算的规定计算的成本。

联合体各方均应当具备承担招标项目的相应能力；国家有关规定或者招标文件对投标人资格条件有规定的，联合体各方均应当具备规定的相应资格条件。由同一专业的单位组成的联合体，按照资质等级较低的单位确定资质等级。联合体各方应当签订共同投标协议，明确约定各方拟承担的工作和相应的责任，并将共同投标协议连同投标文件一并提交招标人。联合体中标的联合体各方应当共同与招标人签订合同，就中标项目向招标人承担连带责任，但是共同投标协议另有约定的除外。

招标人不得强制投标人组成联合体共同投标，不得限制投标人之间的竞争。

（二）投标工作程序

1. 组建投标小组

进行工程投标，需要有专门的机构和人员对投标的全部活动过程加以组织和管理。实践证明，建立一个强有力的、内行的投标班子是投标获得成功的根本保证。在工程招标投标竞争中，对于业主来说，招标就是择优。由于工程的性质和业主的评价标准的不同，择优可能有不同的侧重面，但业主更注重价格、技术、质量和工期等四个方面。

业主通过招标，从众多的投标者中进行评选，一般是综合考虑上述四个因素，最后确定中标者。

对于投标人来说，参加投标就等于面临一场竞争。不仅比报价，还要比技术、经验、实力和信誉。一方面是技术上的挑战，要求投标人具有先进的科学技术，能够完成高、新、尖、难工程；另一方面是管理上的挑战，要求投标人具有现代先进的组织管理水平，同时要有一定的经济基础。

为迎接技术和管理等方面的挑战，在竞争中取胜，投标人的投标班子应该由如下三种类型的人才组成，一是经营管理类人才；二是技术专业类人才；三是商务金融类人才。投标工作程序图如图 2.1 所示。

（1）经营管理类人才。是指专门从事工程承包经营管理、制定和贯彻经营方针与规划，负责工作的全面筹划和安排具有决策水平的人才。这类人才应具备以下基本条件。

①知识渊博、视野广阔。经营管理类人员必须在经营管理领域有造诣，对其他相关学科也应有相当知识水平。只有这样，才能全面地、系统地观察和分析问题。

②具备较强的法律知识和实际工作经验。该类人员应了解我国，乃至国际上有关的法律和国际惯例，并熟悉开展投标业务所应遵循的各项规章制度。同时，丰富的阅历和实际工作经验，可以使投标人员具有较强的风险预测能力和应变能力，对可能出现的各种问题进行预测并采取相应的措施。

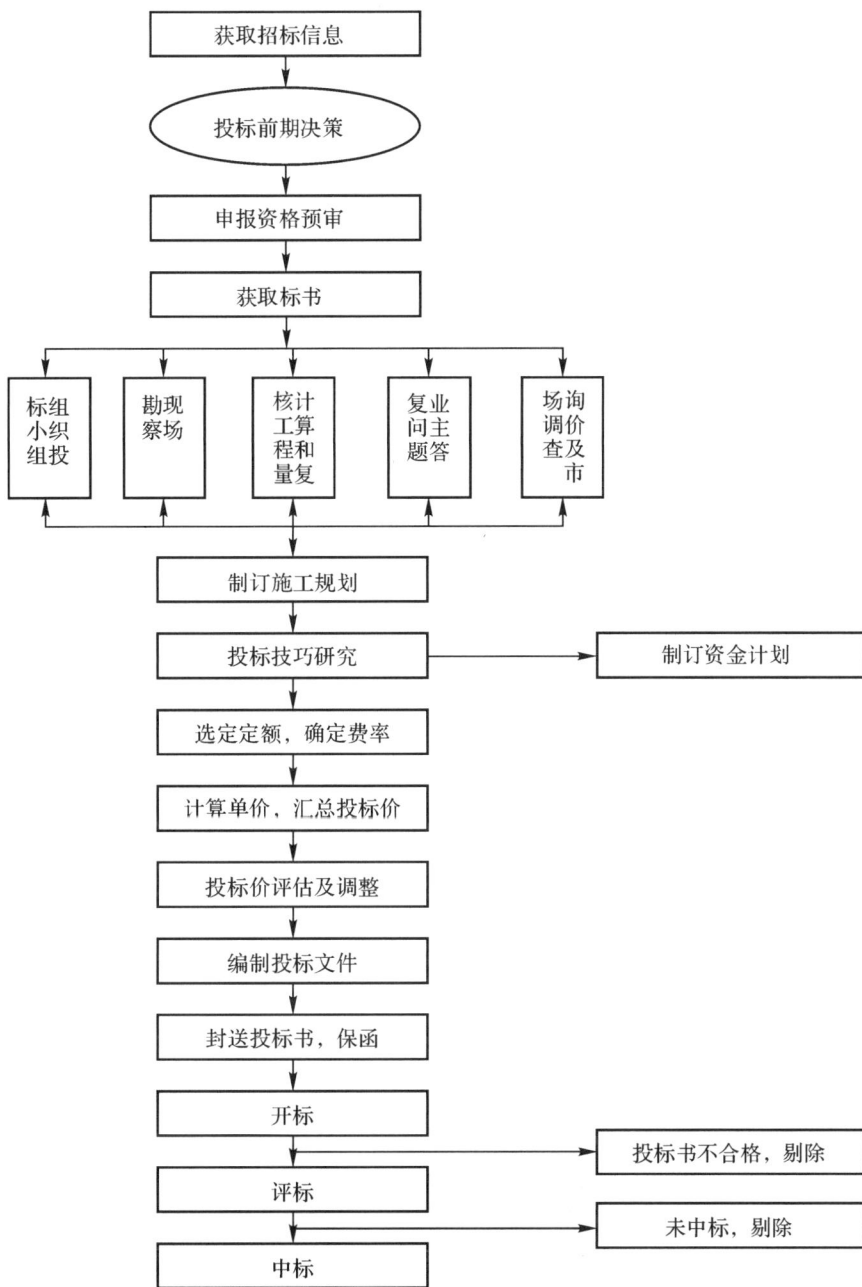

图 2.1　××中路地段会所工程投标工作程序

③必须勇于开拓,具有较强的思维能力和社会活动能力。渊博的知识和丰富的经验,只有和较强的思维能力结合,才能保证经营管理人员对各种问题进行认真的分析、归纳,并做出正确的判断和决策。此外,该类人员还应具备较强的社会活动能力,积极参加有关的社会活动,扩大人脉和信息交流,不断地吸收投标业务工作所必需的新知识、新内容和新情报。

④掌握一套科学的研究方法和手段,比如科学的调查、统计、分析、预测的方法。

（2）技术专业类人才。是指工程施工中的各类技术人员，比如建筑师、建造师、造价工程师、监理工程师、电气工程师和机械工程师等各类专业技术人员。他们应拥有本学科最新的专业知识，具备熟练的实际操作能力，以便在投标时能从本公司的实际技术水平出发，考虑各项专业实施方案。

（3）商务金融类人才。是指具有金融、贸易、税法、保险、采购、保函、索赔等专业知识的人才。财务人员要懂税收、保险、涉外财会、外汇管理和结算等方面的知识。

以上是对投标班子三类人员个体素质的基本要求。一个投标班子仅仅做到个体素质良好，往往是不够的，还需要各方的共同参与、协同作战，充分发挥团队协作的力量。

除上述关于投标班子的组成和要求外，一个公司还需注意，保持投标班子成员的相对稳定，不断提高其素质和水平，对于提高投标的竞争力至关紧要；同时，逐步采用或开发有关投标报价的软件，使投标报价工作更加快速、准确。如果有国际工程（包含境内涉外工程）投标，则应配备懂得专业和合同管理的外语翻译人员。

二、投标活动的主要内容

投标活动过程是指从填写资格预审表开始，到将正式投标文件送交业主为止所进行的全部工作。这一阶段工作量很大，时间紧迫，一般需要完成下列各项工作：

（1）投标决策与策略，决定是否投标，投什么标，采取哪些策略。

（2）填写资格预审调查表，申报资格预审。

（3）购买招标书（当资格预审通过后）。

（4）进行投标前调查与现场考察。

（5）选择咨询单位。

（6）分析招标文件，校核工程量，编制施工组织设计。

（7）工程估价，确定利润方针，计算和确定报价。

（8）编制投标书。

（9）办理投标担保。

（10）递送投标文件。

下面分别介绍投标过程中的各个步骤。

（一）投标决策

投标人通过投标取得项目，是市场经济条件下的必然。但是，作为投标人，并不是每标必投，因为投标人要想在投标中获胜，中标得到承包工程，并从承包工程中盈利，就需要进行投标决策。

投标决策的内容主要有针对项目招标，是投标或是不投标；如果去投标，是投什么性质的标；投标中如何采用以长补短、以优取胜的策略和技巧。

投标决策的正确与否，关系到能否中标和中标后的效益，关系到施工企业的发展前景和职工的经济利益。因此，企业的决策班子必须充分认识到投标决策的重要意义，把这一工作摆在企业的重要议事日程上认真细致地分析、全面细致地思考和做出决策。

（二）填写资格预审调查表，申报资格预审

通常在公开招标项目中，业主都会对投标企业进行资格预审，从而掌握各投标人的基本情况，资格审查主要是考察该企业总体能力（包括资质条件、人员、设备、技术能力、工作经验、企业经验和企业经营等)是否已具备完成招标工作所要求的条件;排除明显不符合要求的投标人,以减少评标的工作量。

资格审查的主要内容应依据招标工程项目对投标人的要求来确定,中小型工程的审查内容可适当简单,大型复杂工程则要对承包商的能力进行全面审查。

投标单位严格按规定要求编报"资格预审文件",同时,要注意文字规范严谨,装帧精美,力争给业主留下良好的印象。

1.单独投标单位应提交的资料

(1)有关确定法律地位原始文件的副本(包括营业执照、资质等级的施工企业经建设单位行政主管部门核准的资质文件)。

(2)在过去3年内完成的以及现在正在履行的与本合同相似的工程情况。

(3)提供管理和执行本合同拟采用的施工管理人情况(包括施工现场的和不在施工现场的)。

(4)提供完成本合同拟采用的主要施工机械设备情况。

(5)提供完成本合同拟分包的项目及其分包单位的情况。

(6)提供财务状况,包括近2年经过审计的财务报表和下一年财务预测报表。

(7)有关目前和过去2年参与或涉及诉讼案的资料。

2.联营体资格预审的要求

如果参加资格预审的施工单位是一个由几个独立分支机构或专业单位组成的,其资格预审申请应附各单位承担工程的分工清单。所提供的资格预审资料仅涉及实际参加施工的分支机构或单位,评审时也仅须考虑分支机构或单位的资质条件、经验、规模、设备和财务能力,以确定是否能通过资格预审。

(1)联营体的每一个成员提交与单独参加资格预审单位一样要求的全套文件。

(2)提交预审文件时应附上联营体协议,包括:

①指出联营体的主办人,该主办人应被授权代表所有联营体成员负责整个合同的全面实施。

②联营体递交的投标文件连同中标后签署的合同对联营体整体及每个成员均具有法律约束力。

(3)资格预审后,如果联营体组成和合格性发生变化,应在投标截止日期之前征得招标单位的书面同意。若联营体的变化,导致下列情况则不允许:

①联营体成员中有事先未通过资格预审的单位(无论是单独还是作为联营体的成员)。

②联营体的资格降到了资格预审文件中规定的标准以下。

(4)作为联营体的成员通过资格预审合格的,不能认为作为单独成员或其他联营体的成员是资格预审的合格者。

(5)在资格预审合格通过后改变分包人所承担的分包责任或改变承担分包责任的分包人之前,必须征得招标单位的书面同意,否则,资格预审合格无效。

(6)将资格预审文件按规定的正本和副本份数以及指定时间和地点送达招标单位。

3.资格预审表和资料

在资格预审文件中应按统一规定的表格让参加资格预审的单位填报和提交有关资料(如属联营体,主办人和各成员分别填报)。

（1）资格预审单位概况：

①企业简历。

②人员和机械设备情况。

（2）财务状况：

①基本资料，包括固定和流动的资产总额和负债总额，近5年平均完成投资额。

②近3年每年完成投资额和本年预计完成的投资额。

③近2年经审计的财务报表（附财务报表）。

④下一年度财务预测报告（附财务预测报告）。

⑤可查到财务信息的开户银行的名称、地址及申请单位的开户银行出具的招标单位可查证的授权书。

（3）拟投入的主要管理人员情况。

（4）拟投入劳动力和施工机械设备情况：

①劳力情况表，包括有职称的管理人员和无职称的其他管理人员和有职称的技术工人和无职称的普通工人。

②机械设备情况表，包括名称、型号、数量、功率、制造国别和制造年份等。

（5）近3年来所承建的工程和在建工程情况一览表。

包括建设单位，项目名称与建设地点，结构类型，建设规模，开竣工日期，合同价格，质量要求和达到的标准。

（6）目前和过去2年涉及的诉讼和仲裁情况。

（7）其他情况（各种奖励和处罚等）。

（8）联营体协议书和授权书（附联营体协议副本和各成员是法定代表签署的授权书）。

4.申报资格预审时的注意事项

资格预审能否通过是承包商投标过程中的第一关。申报资格预审时应注意以下事项。

（1）应注意平时对一般资格预审的有关资料的积累工作，并储存在计算机内，到针对某个项目填写资格预审调查表时，再将有关资料调出来，并加以补充完善。如果平时不积累资料，完全靠临时填写，则往往会达不到业主要求而失去机会。

（2）着重填表时的分析，既要针对工程特点，下工夫填好重点部分，又要反映出本公司的施工经验、施工水平和施工组织能力。这往往是业主考虑的重点。

（3）在投标决策阶段，研究并确定今后本公司发展的地区和项目时，注意收集信息，如果有合适的项目，及早动手作资格预审的申请准备。可以给自己公司评分。这样可以及早发现问题，如果发现某个方面的缺陷（如资金、技术水平、经验年限等）不是本公司可以解决的，则应考虑寻找适宜的伙伴，组成联营体来参加资格预审。

（4）做好递交资格预审表后的跟踪工作，如果是国外工程可通过当地分公司或代理人完成，以便及时发现问题，补充资料。

申请资格预审的单位应具备下列条件：

（1）具有独立订立合同的权利。

（2）具有圆满履行合同的能力，包括专业、技术资格和能力，资金、设备和其他物质设施状况，管理能力，具有经验、信誉和相应的工作人员。

（3）以往承担类似项目的业绩情况。

（4）没有处于被责令停业，财产被接管、冻结，或破产状态。

（5）在最近几年内（如最近3年内）没有涉及与合同有关的犯罪或严重违约、违法行为。

无论是资格预审还是后审，主要都是审查投标申请人是否符合投标条件，对资格预审合格的单位应以书面形式通知投标单位准备投标。如果国家对投标申请人的资格条件另有规定的，招标人必须依照其规定，不得与这些规定相冲突或低于这些规定的要求。在不损害商业秘密的前提下，投标申请人应向招标人提交能证明有关资质和业绩情况的法定证明文件或其他资料。

（三）获取招标文件

招标文件是招标人向投标申请人发出的，意在向其提供编写投标文件所需的资料并向其通报招标投标的依据、规则和程序等项目内容的书面文件，是招标投标过程中最重要的文件之一。通过资格审查的投标人在规定的时间（一般为5天）到招标公告规定的网址下载招标文件。投标人获到招标文件、图纸和有关资料后，应认真核对无误后，以书面形式予以确认。

（四）熟悉投标工程

1.投标前的调查与现场踏勘

这是投标前极其重要的准备工作。如果在前述的投标决策的前期阶段对拟去的地区进行了较为深入的调查研究，拿到招标文件后就只需进行有针对性的补充调查了。否则，应进行全面的调查研究。

现场踏勘主要是指进行实地考察，招标单位一般在招标文件中要注明现场踏勘的时间和地点，在文件发出后就应安排投标者进行现场踏勘的准备工作。

施工现场踏勘是投标者必须经历的投标程序。按照国际惯例，投标者提出的报价单一般被认为是在现场考察的基础上编制的。一旦报价单提交之后，投标者就无权因为现场考察不周、情况了解不细或因素考虑不全面而提出修改投标、调整报价或提出补偿等要求。

现场踏勘既是投标人的权利又是他的职责。因此，投标人在报价以前必须认真地进行施工现场考察，全面仔细地调查了解工地及其周围的政治、经济、地理等情况。

现场踏勘之前，应先仔细研究招标文件，特别是文件中的工作范围、专用条款以及设计图纸和说明，然后拟定出调研提纲，确定重点要解决的问题，做到事先有准备，因有时业主只组织投标者进行一次工地现场考察。现场考察费用均由投标者自费进行。进行现场考察应从下述几方面调查了解：

（1）施工现场是否达到招标文件规定的条件，现场"三通一平"情况。

（2）施工现场工程的性质与其他工程之间的关系，投标人投标的那一部分工程与其他承包商或分包商之间的关系。

（3）施工现场的地貌、地质、气候、交通、电力、水源等情况，有无障碍物等。

（4）施工现场临时占地情况，施工平面布置考虑，考虑吊车、料场、生产、生活临时设施的位置，附近有无住宿条件，是否有现成的房屋可以利用，料场开采条件，其他加工条件，设备维修条件等。

（5）施工现场附近治安情况。

2.分析招标文件、校核工程量、编制施工规划

（1）分析招标文件：

招标文件是投标的主要依据，研究招标文件，重点应放在投标者须知、合同条件、设计图

纸、工程范围以及工程量表上，以下问题应重点弄清楚：

①分清承包商的责任和报价范围，不要发生任何遗漏。

②了解各项技术要求，以便制订先进合理的施工方案。

③及时调查了解工程所在地工、料、机等的市场价格，以免盲目估价。

④弄清开、竣工日期及总工期的要求及奖罚条件，以便制订合理的施工进度计划。

⑤工程款支付条件，有无工程预付款、结算方式、拖延付款的责任和利息支付等，以便做好资金使用计划。

⑥弄清有无特殊材料、设备及施工方法要求，以便采取相应对策措施。

⑦弄清工程量清单中各个工程项目组成的内在含义，防止漏项发生。

⑧弄清总包与分包的规定，以便当自身施工能力不足时便于分包及协作。

⑨弄清施工期限内的涨价补偿规定，以便报价决策时充分考虑利益风险等因素。

⑩对含糊不清的问题，均应及时提请招标单位予以澄清。

(2)校核工程量：

招标文件中通常都附有工程量表，投标人应根据图纸仔细核算工程量，若发现漏项或相差较大时，应通知招标单位要求更正。特别是漏项的，必要时可找招标人核对，要求招标人认可，并给予书面证明，这对于总价固定合同，尤为重要。一般规定，未经招标业主允许，不得修改或变动工程量。如果业主在投标前未予更正，而且是对投标者不利的情况，投标者可在投标时附上声明函件，指出工程量表中的漏项或某项工程量有错误，施工结算应按实际完成量计算。也可按不平衡报价的思路报价。有时招标文件中没有工程量表，仅有招标图纸，需要投标者根据设计图纸自行计算，按照自己的习惯或按给定的有关工程量编制方法分项目列出工程量表。一般可从两方面入手防止计算失误：①认真研究招标文件，复核工程量，吃透设计技术要求，检查疏漏，改正错误；②通过实地勘察取得第一手资料，掌握一切与工程量有关的因素，包括收集地质勘察信息和报告，特别注意土质等因素对土方工程的影响，如黏土土质在地基处理时将额外增加工程量和造价。

工程量计算应注意的问题：

①正确划分分部分项工程项目，与当地现行定额项目一致。

②按照一定的计算顺序进行，避免漏算或重算。

③严格按设计图纸标明的尺寸、数据计算。

④在计算中要结合已定的施工方案或施工方法。

⑤最后进行认真复核检查。

复核工程量要求尽可能准确无误，因为工程量大小直接影响投标价的高低。对于总价合同，按图纸核算工程量就更为重要，特别是在总价合同条件下，由于工程量错误而导致产生的风险，是由投标人承担的，工程量的漏算或错算有可能带来无法弥补的经济损失。

如果招标的工程是一个大型项目，而投标时间又比较短，要在较短的时间内核算全部工程数量，将是十分困难的。即使时间紧迫，投标人至少应当在报价前核算那些工程数量较大和造价较高的项目。在核算完全部工程量表中的细目后，投标人应按大项分类汇总主要工程总量，以便获得对这个工程项目施工规模的全面而清晰的概念。对于一般土建工程项目主要工程含量汇总如表2.1所示。

表 2.1 土建工程项目主要工程含量汇总

名　　称	内　　容
建筑面积	国外通常不用建筑面积作为计价单位,这一汇总可按国内规定计算,以便进行内部分析比较
土方工程	包括总挖方量、填方量和余、缺土方量;如有可能,尚可分别列出石方、一般土方和软土、淤泥等。还要注意在土方工程中,业主付款时的丈量方法
钢筋混凝土工程	可分别汇总统计现浇素混凝土、钢筋混凝土以及预制钢筋混凝土构件,并汇总钢筋、模板数量
砌筑工程	可按石砌体、空心砖砌体和黏土砖砌体统计汇总
钢结构工程	可按主体承重结构和零星非承重结构(如栏杆、扶手等)的吨位统计汇总
门窗工程	按塑钢门窗和铝门窗以樘数和面积计
木作工程	包括木结构、木屋面、木地面、木装饰等,以面积计
装修工程	包括各类地面、墙面吊顶装饰,以面积计
设备及安装工程	包括电梯、自动扶梯、各类工艺设备等,以台、件和安装总吨位计
管道安装工程	包括各类给排水、通风、空气调节及工业管道,以延长米计
电气安装工程	包括各类电缆、电线,以延长米计;各类电气设备,以台、件计
室外工程	包括围墙、铺砌、绿化等

(3)编制施工组织设计

招标文件中要求投标者在报价的同时要附上其施工组织设计。如果中标,再根据工程实际状况,深化施工组织设计。施工组织设计内容一般包括施工方案和施工方法、施工进度计划、施工机械、材料、设备和劳动力计划,以及临时生产、生活设施。业主将根据这些资料评价投标人是否采取了充分、合理的措施,保证按期完成工程施工任务。另外,施工组织设计对投标人自己也是十分重要的。因为进度安排是否合理,施工方案选择是否恰当,与工程成本和报价有密切关系。编制一个好的施工组织设计可以大大降低标价,提高竞争力。编制的原则是在保证工期和工程质量的前提下,尽可能使工程成本降低,投标价格合理。该工作对于投标报价影响很大。

制订施工组织设计的依据是设计图纸,执行的规范,经复核的工程量,招标文件要求的开工、竣工日期以及对市场材料、机械设备、劳动力价格的调查。

①施工方案。

制订施工方案要从工期要求、技术可能性、保证质量、降低成本等方面综合考虑,其内容应包括下列几个方面:

● 根据分类汇总的工程数量和工程进度计划中该类工程的施工周期,以及招标文件的技术要求,选择和确定各项工程的主要施工方法和适用、经济的施工方案。

● 根据上述各类工程的施工方法,选择相应的机具设备,并计算所需数量和使用周期;研究确定是采购新设备,或调进现有设备,或在当地租赁设备。

● 研究决定哪些工程由自己组织施工,哪些分包,提出分包的条件设想,以便询价。

●用概略指标估算直接生产劳务数量,考虑其来源及进场时间安排。如果当地有限制外籍劳务的规定,则应提出当地劳务和外籍劳务的工种分配。另外,根据所需直接生产劳务的数量,结合以往经验可估算所需间接劳务和管理人员的数量,并可估算生活性临时设施的数量和标准等。

●用概略指标估算主要的和大宗的建筑材料的需用量,考虑其来源和分批进场的时间安排,从而可估算现场用于存储、加工的临时设施。如果有些建筑材料,如砂、石等拟就地自行开采,则应估计采砂、石场的设备、人员,并计算自采砂、石的单位成本价格。如有些构件拟在现场自制,应确定相应的设备、人员和场地面积,并计算自制构件的成本价格。

●根据现场设备、高峰人数和一切生产和生活方面的需要,估算现场用水、用电量,确定临时供电和供排水设施。

●考虑外部和内部材料供应的运输方式,估计运输和交通车辆的需要和来源。

●考虑其他临时工程的需要和建设方案。例如进场道路、停车场地等。

●提出某些特殊条件下保证正常施工的措施。例如降低地下水位以保证基础或地下工程施工的措施,冬季、雨季施工措施等。

●其他必需的临时设施的安排。例如临时围墙或围篱、警卫设施、夜间照明、现场临时通讯联络设施等。

②选择和确定施工方法。

根据工程类型,研究可以采用的施工方法。对于一般的土方工程、混凝土工程、房建工程、灌溉工程等比较简单的工程,可结合已有施工机械及工人技术水平来选定实施方法,努力做到节省开支,加快进度。××中路地段会所工程××建筑工程有限公司采用商品混凝土、预应力桩等,提高了施工机械化和工厂化水平,加快了施工进度。

对于大型复杂工程则要考虑几种施工方案,进行综合比较。如水利工程中的施工导流方式,对工程造价及工期均有很大影响,投标人应结合施工进度计划及能力进行研究确定。又如地下工程(开挖隧洞或洞室),则要进行地质资料分析,确定开挖方法(用掘进机还是钻孔爆破法……),确定支洞、斜井、竖井数量和位置,以及出渣方法、通风方式等。

③选择施工设备和施工设施,一般与研究施工方法同时进行。

在工程估价过程中还要不断进行施工设备和施工设施的比较,利用旧设备还是采购新设备,在国内采购还是在国外采购,须对设备的型号、配套、数量(包括使用数量和备用数量)进行比较,还应研究哪些类型的机械可以采用租赁办法,对于特殊的、专用的设备折旧率须进行单独考虑,订货设备清单中还应考虑辅助和修配机械以及备用零件,尤其是订购外国机械时应特别注意这一点。

④编制施工进度计划。

编制施工进度计划应紧密结合施工方法和施工设备。施工进度计划中应提出各时段应完成的工程量及限定日期。施工进度计划是采用网络进度计划还是线条进度计划,要根据招标文件要求而定。在投标阶段编制的工程进度计划不是工程施工计划,可以粗略一些,一般用直线条计划即可,除招标文件专门规定必须用网络图外,不必采用网络技术,但应按合同要求标明分期交付的时间和分批交付的数量、各项主要工程的开始和结束时间;要清晰体现主要工序相互间的衔接,避免出现劳动力窝工或拥堵现象,合理利用机械设备,减少机械设备占用周期。

如果招标文件规定投标人应当提供业主现场代表和驻现场监理工程师的办公室、车辆和测试仪器、办公家具设备和服务设施时,可以根据招标文件的具体要求,将之作为一个相对独立的子项工程,提出自己的建议和报价。对于小型招标项目,如果招标文件对此并无特殊规定,则可将之包括在承包商的临时工程费用中,一并在工程量表的项目中摊销。

应注意对于大型复杂工程,上述施工规划中的各种数字都是按汇总工程量和概略定额指标估算的,在计算标价过程中,需要按后续计算得出的详细计算数字予以修改、补充和订正。

(4)参加投标预备会:

投标预备会的目的是澄清和解答投标单位提出的问题,组织投标单位考察和了解现场情况。

①勘察现场是招标单位邀请投标单位对工地现场和周围的环境进行考察,以使投标单位取得在编制投标文件和签署合同所需的第一手材料,同时招标单位有可能提供有关施工现场的材料和数据。招标单位对投标单位根据勘察现场期间所获取资料和数据做出的理解和推论不负责任。

②投标预备会的会议记录包括对投标单位提出问题答复的副本应迅速发送给投标单位。对于投标单位提出要求答复的问题,要求在投标预备会前7天以书面形式送达招标单位;对于在招标预备会期间产生的招标文件的修改,按投标须知中招标文件修改的规定,以补充通知形式发出。

(五)投标报价

1.工程投标报价的概念

工程投标报价也称工程标价,是指各个投标企业以其工程成本为基础,并考虑风险费用和利润后确定的承包工程价格。投标报价不仅反映投标企业为完成工程实际劳动消耗水平、生产技术和经营管理水平,同时也反映了投标企业的市场竞争策略。一个企业理想的报价是既能中标,同时又能获得满意的利润的价格。

2.投标报价的组成

国内工程投标报价的组成和国际工程的投标报价基本相同,但每项费用的内容则比国际工程投标报价少而简单。各部门对项目分类也稍有不同,但报价的费用组成与现行概(预)算文件中的费用构成基本一致,主要有直接费、间接费、计划利润、税金以及不可预见费等,但投标报价和工程概(预)算是有区别的。工程概(预)算文件必须按照国家有关规定编制,尤其是各种费用的计算。必须按规定的费率进行,不得任意修改;工程概(预)算文件经设计单位或施工单位编制后,必须经建设单位或其主管部门、建设银行等审查批准后才能作为建设单位与施工单位结算工程价款的依据;而投标报价则可根据本企业实际情况进行计算,施工单位可以根据对工程的理解程度,在预算造价的基础上上下浮动,尤其是风险费用和利润的确定,可根据投标项目选择决策和投标报价决策所确定方案确定费率计算投标报价,更能体现企业的实际水平。投标报价无须预先送建设单位审核。

3.工程投标报价的基本程序

具有代表性的工程估价计算主要分以下几个步骤来进行。

(1)现场踏勘。主要调查工程所在地自然条件、施工条件、业主情况和竞争对手情况等。

(2)研究招标文件。通过对工程招标文件、设计图纸及说明书等的分析和研究,了解工程规模、范围、工期、质量等要求和工程性质、类型、意图等。

（3）确定施工规划方案。施工规划的主要内容一般应包括主要施工方案、施工进度计划、施工机械设备和劳动力计划安排、主要临时设施规划和确定分包工程项目等。

（4）计算工程费用。计算工程费用时主要考虑本企业水平下施工成本如何正确体现。

①施工方案要结合企业具体情况，要因时、因地，具体工程具体分析，把企业的优势反映出来。

②要有反映企业水平的各类消耗定额。由于企业的技术水平和经营管理水平不同，各类资源消耗水平也不尽相同。计算费用时一般不能采用统一的预算定额进行投标估价。

③要有反映企业水平的预算单价。人工、材料、机械单价，因企业的经营管理水平不同也有差异。计算费用时一般采用市场单价和企业定额结合进行投标估价。

④要有反映企业水平的管理费用计算方法和标准。各企业由于管理层次和机构设置不同、管理工作效率不同、管理人员业务素质不同等，也应有不同的管理费计算方法和标准。

⑤估价是为了准确报价，要使报价有竞争力，构成报价核心部分的工程成本就必须充分反映企业各方面的优势，以求能提高中标率。

（5）确定投标报价。

①确定联营分包，询价，计算分项工程直接费。

②分摊项目费用，编制单价分析表。

③确定投标基础价。

④获胜分析、盈亏分析。即采用各种投标报价技巧确保中标。

⑤提出备选投标报价方案。

⑥决定投标报价方案。

4.投标报价单的编制

为规范我国建筑市场的交易行为，保证建设工程招标的公正性、公开性和公平性，维护建筑市场的正常秩序，本着与国际接轨的需求，建设部制定了《建设工程施工招标文件范本》，其组成包括《建设工程施工公开招标招标文件》、《建设工程施工邀请招标招标文件》等九个文件。不同的招标类型，其投标报价单的编制形式不同，下面仅介绍我国常见的两种招标类型——公开招标和邀请招标的投标报价单的编制。

当前，随着企业管理的不断加强，在工程建设管理上不断深化改革，全面引入竞争机制，大力实行工程招投标，择优选择施工队伍，以利于提高工程质量，降低工程造价，收效显著。但由于新建、改建工程的多样性和复杂性，给招投标计价工作带来一定的困难。为给企业创造更大的效益，节约投资，工程造价管理人员积极出主意，想办法。针对不同工程项目的不同情况和特点，灵活运用不同的招投标计价方法，既保证了工程建设的顺利进行，又有效地控制了工程投资，并且顺应了国家招投标计价机制改革的总体思路。在实际工作中，根据资本性支出项目、生产检修、维修等工程的不同特点，不断摸索与实践，投标计价方法有以下四种计价方式。

①工程量清单招标计价方式：

推行工程量清单招标计价方法是工程造价计价方法改革的一项重要举措，也是我国加入 WTO 与国际惯例接轨的必然要求。我们实际所采用的是全费用工程量清单报价形式，即：

$$总报价 = \sum(清单工程量 \times 综合单价)$$

　　综合单价中包含了工程直接费、间接费、利润和应上缴的各种税费等,即综合单价应为完成给定工程量所进行的一切工作内容的费用。

　　建设工程施工工程量清单法的投标报价单的编制及说明:

　　● 工程量清单应与投标须知、合同条件、合同协议书、技术规范和图纸一起使用。

　　● 工程量清单所列的工程量系招标单位估算的和临时的,作为投标报价的共同基础。付款以实际完成的工程量为依据。由承包单位计量、监理工程师核准的实际完成工程量。

　　● 工程量清单中所填入的单价和合价,应包括人工费、材料费、机械费、间接费、有关文件规定的调价、利润、税金以及现行取费中的有关费用、材料的差价以及采用固定价格的工程所测算的风险金等全部费用。

　　● 工程量清单中的每一单项均需填写单价与合价,对没有填写单价或合价的项目的费用,应视为已包括在工程量清单的其他单价与合价中。

　　②单价法(定额法和工料法)计价方式:

　　这种方法是我们一直以来普遍使用的传统计价方法,在施工图纸齐全、计价依据充分的工程项目上,使用该方法能较准确合理地计算出工程造价,其计价过程大体如下:收集各种编制依据资料→熟悉施工图纸和定额→计算工程量→套定额单价(单位估价表或市场单价)→计算其他各项费用汇总造价→复核。

　　当计算条件完全具备时,采用此种方法进行招投标计价,其优点在于:能准确确定工程造价,有利于工程计划的执行,便于工程款的拨付;按中标价费用包死或规定局部可调价的项目和范围,有利于工程结算的顺利进行,工作效率得到提高,极其方便工程竣工结算;工程造价能得到事前控制,有利于投资控制。但缺点也很明显,工程造价一旦定死,甲乙双方都要承担不可预见因素所带来的风险;编制标底(投标报价)时,往往由于时间紧,任务重,需投入一定的人力,计算工作量较大,计算也较烦琐。

　　建设工程施工单价方式(定额法和工料法)的投标报价单的编制及说明如下:

　　● 工程量应与投标须知、合同条件、合同协议书、技术规范和图纸一起使用。

　　● 工程量系招标单位估算的和临时的,作为投标报价的共同基础。付款以实际完成的工程量为依据。由承包单位计量、监理工程师核准的实际完成工程量。

　　● 工程报价中所填入的单价与合价,应按照现行预算定额或企业定额的工、料、机消耗标准及预算价格或市场价格确定,作为直接费的基础。其他直接费、间接费、利润、有关文件规定的调价、材料差价、设备价、现场因素费用、施工技术措施费以及采用固定价格的工程所测算的风险金、税金等按现行的计算方法计取,计入其他相应报价表中。

　　● 工程中的每一单项均需填写单价与合价,对没有填写单价或合价的项目的费用,应视为已包括在其他工程量中其他单价与合价中。

　　③按概算压点招标计价:

　　该种招标计价方法,适用于新建项目,概算编制基础较好,工程内容较完整、规范,初步设计审查批准后,施工图还未出来或未出全,而建设单位为抢工期,急于选择施工队伍准备开工的情况。具体做法是将拟招标部分的概算作为招标文件的一部分组成内容,随招标文件发送给投标单位,各单位根据自身的实力和水平,对各项概算按一定比例压点报价,但甲方提供的主材费和设备费要扣除在外,只对建安费进行压点报价,费用包死,不能突破批准概算,在招标文件中明确费用调整办法。

④按费率招标：

在实际工作中，还有一些生产检维修工程、技改工程，因无施工图纸或图纸不齐全，导致计算工程量困难，直接影响标价确定，而工程又急于开工。在这种情况下，可通过按费率招标的方式，选定施工队伍，以免影响工程施工，充分体现了"统一量，指导价，竞争费"的工程计价指导思想。

其基本做法是商务标只报出投标费率，结算时取费按中标费率结算，直接费部分仍然按图纸或现场签证单为依据计算，套定额，其原理基本与传统的程序方法一样，只是加大了取费上的竞争。

（六）编制投标文件

编制投标文件是指投标单位按照招标文件的要求，向招标单位提交报价并填具标单的文书。投标文件应完全按照招标文件的各项要求编制。一般不能带任何附加条件，否则将导致投标作废。它要求密封后邮寄或派专人送到招标单位。它是投标单位在充分领会招标文件，进行现场实地考察和调查的基础上所编制的文件，是对招标公告提出要求的响应和承诺，并同时提出具体的标价及有关事项来竞争中标。

（七）投标文件的递交

1.投标文件的份数和签署

投标文件应明确标明"投标文件正本"和"投标文件副本"，其份数，按前附表规定的份数提交，若投标文件的正本与副本不一致时，以正本为准。投标文件均应使用不能擦去的墨水打印和书写，由投标单位法定代表人亲自签署并加盖法人公章和法定代表人印鉴。

2.投标文件的密封与标志

（1）投标单位应将投标文件的正本和副本分别密封在内层包封内，再密封在一个外层包封内，并在内包封上注明"投标文件正本"或"投标文件副本"。

（2）外层和内层包封都应写明招标单位和地址、合同名称、投标编号并注明开标时间以前不得开封。在内层包封上还应写明投标单位的邮政编码、地址和名称，以便投标出现逾期送达时能原封退回。

（3）如果内层包封未按上述规定密封并加写标志，招标单位将不承担投标文件错放或提前开封的责任，由此造成的提前开封的投标文件将予以拒绝，并退回投标单位。

（八）投标文件的修改与撤回

投标单位在递交投标文件后，可以在规定的投标截止日期之前以书面形式向招标单位递交修改或撤回其投标文件的通知。在投标截止日期之后，则不能修改或撤回投标文件，否则，将没收投标保证金。

（九）投标截止日期

投标单位应在前附表规定的投标截止日期之前递交投标文件。

但招标单位因补充通知修改招标文件而酌情延长投标截止日期的，招标和投标单位在投标截止日期方面的全部权力、责任和义务，将适用延长后的新的投标截止期。

（十）投标有效期

（1）投标有效期一般是指从投标截止日起至公布中标的一段时间。一般在投标人须知的前附表中规定有投标有效期的时间（例如××中路地段会所工程投标有效期为90天），那么投标文件在投标截止日期后的90天内均有效。

（2）在原定投标有效期满之前，如因特殊情况，经招标管理机构同意后，招标单位可以向投标单位书面提出延长投标有效期的要求，此时，投标单位须以书面的形式予以答复。对于不同意延长投标有效期的，招标单位不能因此没收其投标保证金。对于同意延长投标有效期的，不得要求在此期间修改其投标文件，而且应相应延长其投标保证金的有效期，对投标保证金的各种有关规定在延长期内同样有效。

四、国际工程投标概述

国际工程投标（主要指施工投标）的工作程序大体上可分为四个主要过程，即工程项目的投标决策、投标前的准备工作、计算工程报价以及投标文件的编制和发送。

（一）工程项目的投标决策

影响投标决策的因素较多，但综合起来主要有以下三方面。

（1）业主方面的因素。主要考虑工程项目的背景条件。如业主的信誉和工程项目的资金来源；招标条件的公平合理性。还有业主所在国的政治、经济形势，对外商的限制条件等。

（2）工程方面的因素。主要有工程性质和规模、施工的复杂性、工程现场的条件、工程准备期和工期、材料和设备的供应条件等。

（3）承包商方面的因素。根据自身的经历和施工能力，考虑在技术上能否胜任该工程，能否满足业主提出的付款条件和其他条件，本身垫付资金的能力，对投标对手情况的了解和分析等。

（二）投标准备

当承包商分析研究做出决策对某工程进行投标后，应进行充分的准备工作，包括组建投标班子、参加资格预审、购买招标文件、施工现场及市场调查、办理投标保函以及选择咨询单位和雇用代理人等。

（三）选择咨询单位及雇用代理人

在投标时，可以考虑选择一个咨询机构。在激烈竞争的公开招标形势下，一些专门的咨询公司应运而生，他们拥有经济、技术、法律和管理等各方面的专家，经常收集、积累各种资料、信息，因而能比较全面而准确地为投标者提供决策所需要的资料。

雇用代理人，即是在工程所在地区找一个能代表投标人的利益开展某些工作的人。一个好的代理人应该在当地，特别是在工商界有一定的社会活动能力，有较好的声誉，熟悉代理业务。

某些国家规定，外国承包企业必须有代理人才能在本国开展业务。承包商，特别是到一个新的地区和国家，也需要雇用代理人作为自己的帮手和耳目。承包人雇用代理人的最终目的是拿到工程，因此双方必须签订代理合同，规定双方的权利和义务。有时还需按当地惯例去法院办理委托手续。代理人协助投标人拿到工程，并获得该项工程的承包权，经与业主签约后，代理人才能得到较高的代理费（约为合同总价的 1%～3%）。

有些国家要求外国公司必须与本国公司合营，共同承包工程项目，共同享受盈利和承担风险。实际上，有些合伙人并不入股，只帮助外国公司招揽工程、雇用当地劳务及办理各种行政事务，承包公司付给佣金。

(四)报价计算

承包商在严格按照招标文件的要求编制投标文件时,应根据招标工程项目的具体内容、范围,并根据自身的投标能力和工程承包市场的竞争状况,详细地计算招标工程的各项单价和汇总价,其中包括考虑一定的利润、税金和风险系数。

(五)投标文件的编制和发送

投标文件应完全按照招标文件的要求编制。目前,国际工程投标中多数采用规定的表格形式填写,这些表格形式在招标文件中已给定,投标单位只需将规定的内容、计算结果按要求填入即可。投标文件中的内容主要有投标书、投标保证书、工程报价表、施工规划及施工进度、施工组织机构及主要管理人员人选及简历、其他必要的附件及资料等。

投标书的内容、表格等全部完成后,即将其装封,按招标文件指定的时间、地点报送。

(六)国际工程投标应注意的事项

(1)参加国际工程投标应办的手续:

①经济担保(或保函),如投标保证书、履约保证书以及预付款保证书。

②保险,一般有如下几种保险:

• 工程保险。按全部承包价投保,中国人民保险公司按工程造价 2%～4% 的保险费率计取保险费。

• 第三方责任险。招标文件中规定有投保额,一般与工程险合并投保。

• 施工机械损坏险。投重置价值投保,保险年费率一般为 15‰～25‰。

• 人身意外险。中国人民保险公司对工人规定投保额为 2 万元,技术人员较高,年费率皆为 1%。

• 货物运输险。分平安险、水渍险、一切险、战争险等,中国人民保险公司规定投保额为 110% 的利率货价,一般以一揽子险(即一切险＋战争险)投保。

③代理费(佣金)

在国际上投标后能否中标,除了靠施工企业自身的实力(技术、财力、设备、管理、信誉等)和标价的优势外,还得物色好得力的代理人去活动争取,一旦中标就得付标价 1%～3% 的代理费。这在国际建筑市场中已经成为惯例了。

(2)不得任意修改投标文件中原有的工程量清单和投标书的格式。

(3)计算数字要正确无误。无论单价、合价、分部合计、总标价或外文大写数字,均应仔细核对。尤其在实行单价合同承包制工程中的单价,更应正确无误。否则中标订立合同后,在整个施工期间均须按错误合同单价结算造价,以致蒙受不应有的损失。

(4)递交文件不宜太早,一般在招标文件规定的截止日期前一两天内密封送交指定地点。

总之,要避免因为细节的疏忽和技术上的缺陷而使投标书无效。

课后练习

请绘制××中路会所工程投标过程程序图。

项目二　建设工程投标文件的编制

项目实训

　　××市××中路地段会所工程开展招标工作,你现在的身份是潜在投标人。请你按照招标文件及模块二背景资料中的招标项目概述内容(见附件1),按照你代表的企业情况组建一个投标领导小组,列出投标领导小组架构图,并列出投标在哪几个方面需要做专项措施方案。列出投标领导小组组成人员的岗位职责。

实训说明

　　国家虽然出台了有关招标文件的标准文本,但针对每一个具体的工程,由于建筑工程的特点均有不同,就像世上没有完全相同的两片树叶一样,招标文件的核心部分会不一样,研究××中路地段会所工程的特殊性在哪里,投标首先就是要实质性响应招标文件。

知识链接

一、投标文件的编制依据

(1)国家(工程所在地区)有关法律、法规、制度及规定。

(2)全套施工图及现场地质、水文、地上情况的有关资料。

(3)招标文件及主要内容:

①包括招标补充、修改、答疑等技术文件。

②执行的定额标准及取费标准。

③所在地区人工、建材、施工机械政策调整文件。

④质量标准。质量必须达到国家标准,对于质量要求高于国家标准的应记取补费用。

⑤建筑工期。如果工期比定额工期短较多的应计算赶工期措施费。

⑥发包人的招标倾向、会议记录。

(4)施工规划(施工组织设计)。

(5)施工风险。

(6)市场建材、劳动力等价格信息。

(7)企业定额。

(8)计划利润。

(9)竞争态势预测。

二、投标文件的组成

　　投标文件是招标工作时当事人双方均要遵守的具有法律效应的文件,因此逻辑性要强,不能前后矛盾,模棱两可,用语要精炼,要用简短明确的语言。特别是对政策法规的准确理解与执行,有利于标书制作者剔除歧视性条款。

编制投标文件是整个招投标过程中最重要的一环。投标文件就是工程中标、工程项目管理及工程结算的灵魂。投标文件必须表达出投标单位的全部意愿,不能有疏漏;投标文件必须对招标文件内容进行实质性的响应,否则被判定为无效标(按废弃标处理)。

(一)投标文件的分类

1.按招标的范围分类

按招标的范围可分为国际招标书和国内招标书。

国际招标书和投标书要求两种版本,按国际惯例以英文版本为准。

一般是以建设方所在地的语言为准。如国外的企业进行国际招标,一般是以英语(或当地语言)为准。

如果是中国单位进行国际招标,招标文件中一般注明,当中英文版本产生差异时以中文为准。

2.按招标的标的物分类

按招标的标的物划分,又可分为三大类:货物、工程、服务。

根据具体标的物的不同还可以进一步细分。如工程类进一步可分为施工工程、装饰工程、水利工程、道路工程、化学工程等。每一种具体工程的投标书内容差异较大。

(二)投标文件的组成

投标文件由投标书、投标书附录、投标保证金、法定代表人资格证明书、授权委托书、(有价格)工程量清单与报价表、辅助资料表、资格审查表和其他资料组成。投标文件中的这些内容通常都在招标文件中提供统一的格式,投标单位按招标文件的统一规定和要求进行填报。

全套投标文件应无涂改和行间插字,若有涂改或行间插字处,应由投标文件签字人签字并加盖印鉴。

1.投标书

投标书是由投标单位授权的代表签署的一份投标文件,投标书是对业主和承包商均具有约束力的合同的重要部分。跟随投标书的有投标书附录、投标保证书和投标的法人代表资格证书及授权委托书。投标书附录是对合同条件规定的重要要求的具体化,投标保证书可选择银行保函,担保公司、证券公司、保险公司提供担保书,其一般格式如下。

投 标 函
(工程量清单)

致：　××市城市建设发展总公司

1. 根据你方招标工程项目编号为　CJFA 2019－066　的　××市××中路地段会所__工程招标文件,遵照《中华人民共和国招标投标法》等有关规定,经踏勘项目现场和研究上述招标文件的投标须知、合同条款、图纸、工程建设标准和工程量清单及其他有关文件后,我方愿以人民币(大写)　壹仟叁佰贰拾柒万玖仟玖佰壹拾陆　元(RMB　￥13279916.00元)的投标报价并按招标文件要求承包上述工程的施工、竣工,并承担任何质量缺陷保修责任。参加本次工程投标项目建造师：　褚××　,项目建造师资质类别：二级建造师(建筑工程),企业资质：　房屋建筑施工总承包一级

2. 我方的总报价中包含安全防护、文明施工措施费用　￥125002.00　元,我方承诺该项费用将专项用于施工现场的安全生产和文明施工。即有关施工现场的安全生产和文明施

工相关事宜所需费用都已包含在此项措施费中。

　　3.我方已详细审核全部招标文件,包括修改文件及有关附件。

　　4.我方承认投标函附录是我方投标函的组成部分。

　　5.一旦我方中标,我方保证在 2021 年 2 月 25 日开工, 2021 年 9 月 21 日竣工,即 240 日历天内完成并移交全部工程。

　　6.如果我方中标,我方承诺工程质量达到的目标为: 合格 。

　　7.如果我方中标,我方将按照招标文件的规定提交中标造价的10%,计 132.8 万元(人民币)作为履约保证金(其中:工程质量履约保证金为 2 %:￥ 26.56 万元;工期履约保证金为 2 %:￥ 26.56 万元;项目负责人到位率保证金为 2 %:￥ 26.56 万元;安全文明施工保证金为 2 %:￥ 26.56 万元),并按中标通知书中规定的日期与贵方签订承包合同,并承担承包单位的一切义务和责任。

　　8.我方同意所提交的投标文件在招标文件的投标须知中第14条规定的投标有效期内有效,在此期间内如果中标,我方将受此约束。

　　9.除非另外达成协议并生效,你方的中标通知书和本投标文件将成为约束双方的合同文件的组成部分。

投 标 人: ××建筑工程有限公司 (盖章)

单位地址: ××省××市××路12号楼

法定代表人或其委托代理人: ××× (签字或盖章)

邮政编码: ××3000 　电话: 22666666 　传真: 2262000

日　期: 2021 年 1 月 24 日

2.投标涵附录

投标函附录

序　号	项目内容	约定内容	备　注
1	履约保证金 银行保函金额 履约担保书金额	合同价款的(10)%	
2	施工准备时间	签订合同后(2)天	或按招标文件
3	误期违约金额	扣除全部的工期履约保证金	
4	误期赔偿费限额	合同价款的(10)%	或按招标文件
5	施工总工期	(240)日历天	
6	质量标准	合格	
7	工程质量违约金最高限额	合同价款的(10)%	或按招标文件
8	预付款金额	合同价款的(5)%	
9	进度款付款时间	见合同条款	
10	竣工结算款付款时间	见合同条款	
11	保修期	按国家规定	

3.投标保证金

(1)投标保证金是投标文件的一个组成部分,对未能按要求提供投标保证金的投标,招标单位将视为不响应投标而予以拒绝。

(2)投标保证金可以是现金、支票、汇票和在中国注册的银行出具的银行保函,对于银行保函应按招标文件规定的格式填写,其有效期应不超过招标文件规定的投标有效期。

(3)未中标的投标单位的投标保证金,招标单位应尽快将其退还,一般最迟不得超过投标有效期期满后的14天。

(4)中标的投标单位的投标保证金,在按要求提交履约保证金并签署合同协议后,予以退还。

(5)对于在投标有效期内撤回其投标文件或在中标后未能按规定提交履约保证金或签署协议者将没收其投标保证金。

投标保证金银行保函

鉴于___××建筑公司___(下称"投标单位")于___2021___年___1___月___25___日参加_____(下称"招标单位")___××省××市××中路地段会所工程的投标。

本银行___××省××市建设银行___(下称"本银行")在此承担向招标单位支付总金额人民币___×××___元的责任。

本责任的条件是:

1.如果投标单位在招标文件规定的投标有效期内撤回其投标;或

2.如果投标单位在投标有效期内收到招标单位的中标通知书后:

(1)不能或拒绝按投标须知的要求签署合同协议书;或

(2)不能或拒绝按投标须知规定提交履约保证金。

只要招标单位指明投标单位出现上述情况的条件,则本银行在接到招标单位通知就支付上述金额之内的任何金额,并不需要招标单位申述和证实其他的要求。

本保函在投标有效期后或招标单位延长的投标有效期后的28天内保持有效,本银行不要求得到延长有效期的通知,但任何索款要求应在有效期内送到本银行。

银行名称:___××省××市建设银行___(盖章)

法定代表人:___×××___(签字、盖章)

银行地址:___××省××市××路___

邮政编码:××××××

电话:××××-3756××××   日期:___2021___年___1___月___24___日

投标保证金担保书

根据本担保书(投标人名称)作为委托人(以下称"委托人")和在中国注册的(担保公司、证券公司或保险公司)作为担保人(以下称"担保人")共同向债权人(建设单位名称)(以下称"建设单位")承担支付人民币_____元的责任。

鉴于委托人已于_____年___月___日就(合同名称)的建设向建设单位递交了投标书(以下称"投标")。

本担保书的条件是:

1.如果委托人在投标书规定的投标有效期内撤回其投标;或

2. 如果委托人在收到建设单位的中标通知书后：

(1)不能或拒绝按投标须知的要求签署合同协议书；或

(2)不能或拒绝按投标须知的规定提交履约保证金，则本担保有效，否则无效。

但本担保不承担支付下列金额的责任：

(1)大于本担保书规定的金额；或

(2)大于投标报价与建设单位接受报价之间的差额的金额。

担保人在此之间确认本担保书责任在投标有效期后或招标单位延长的投标有效期后的28 天内保持有效。延长投标有效期应通知担保人。

委托人代表(签字盖公章)

姓名：＿＿＿＿＿＿＿＿＿

地址：＿＿＿＿＿＿＿＿＿

担保人代表(签字盖公章)

姓名：＿＿＿＿＿＿＿＿＿

地址：＿＿＿＿＿＿＿＿＿

日期：＿＿＿＿＿年＿＿＿月＿＿＿日

4.法定代表人资格证明书

法定代表人资格证明书

单位名称：＿＿××城市建设发展总公司＿＿

地址：＿××省××市××路＿

姓名：＿××× 性别：＿男＿ 年龄：＿46＿ 职务：＿总工＿

系＿＿××建筑工程有限公司＿＿的法定代表人。为施工、竣工和保修＿××中路地段会

所＿工程,签署上述工程的投标文件、进行合同谈判、签署合同和处理与之有关的一切事务。

特此证明。

上级主管部门：(盖章)　　　　　　　　　投标单位：(盖章)

日期：＿2021＿年＿1＿月＿24＿日　　　日期：＿2021＿年＿1＿月＿24＿日

5.授权委托书

授权委托书

本授权委托书声明:我＿张××＿系＿＿××省××建筑工程有限公司＿＿的法定代表人,现授权委托＿＿××省××建筑工程有限公司＿＿的＿李××＿为我公司代理人,以本公司的名义参加＿＿××省××城市发展总公司＿＿的＿××＿工程中路地段会所工程的投标活动。代理人在开标、评标、合同谈判过程中所签署的一切文件和处理与之有关的一切事务,我均予以承认。代理人无转委权。特此委托。

代理人：＿李××＿ 性别：＿男＿ 年龄：＿42＿

身份证号:33052119××012602×× 职务：＿主任＿

投标单位:××省××建筑工程有限公司 (盖章)

法定代表人:张××(签字、盖章)

日期：＿2021＿年＿1＿月＿24＿日

6.法定单位企业资质证书

7.主要材料汇总表,材料(周转材料)投入计划

8.拟投入的主要施工机械设备表,主要施工机械进场计划

9.详细的工程计算书及投标报价汇总表

在招标文件中一般列出投标报价的工程量清单和报价表有:

(1)报价汇总表。

(2)工程量清单报价表。

(3)设备清单及报价表。

(4)现场因素、施工技术措施及赶工措施费用报价表材料清单及材料差价。

10.施工现场平面布置图

11.施工进度计划及网络图

12.主要施工管理人员投入表

13.建造师及主要技术负责人简历表

14.近 2 年承建工程一览表

15.施工技术方案及关键部位施工技术措施

16.辅助资料表(详细内容可参见教材后附录,××中路地段会所工程投标文件摘要)

三、投标文件的编制步骤

投标文件是投标人(承包商)参与投标竞争的重要凭证;是评标、定标和订立合同的依据;是投标人素质的综合反映和投标人能否取得经济效益的重要因素。可见,投标人应对编制投标文件的工作加倍重视。投标文件应根据招标文件及工程技术规范要求,结合项目施工现场条件、编制施工组织设计和投标报价书等内容进行编制。

投标文件编制完成后应仔细核对和整理成册,并按招标文件要求进行密封和标志。投标文件一般按以下步骤进行编制。

(一)编制投标文件的准备工作

(1)组织投标班子,确定投标文件编制的人员。

(2)仔细阅读投标须知、投标书附件等各个招标文件条款。

(3)投标人应根据图纸审核工程量表的分项、分部工程的内容和数量。如发现"内容"、"数量"有误时,在收到招标文件 7 日内以书面形式向招标人提出。

(4)收集现行定额标准、取费标准及各类标准图集,并掌握政策性调价文件。

(5)收集市场建材、劳动力等价格信息。

(6)收集工地地貌、地质、气候、交通、电力、水源等情况,有无障碍物等信息。

(7)施工现场临时占地情况;施工平面如何布置,主要考虑吊车、料场、生产、生活临时设施的位置,附近有无住宿条件,是否有现成的房屋可以利用,料场开采条件;其他加工条件,设备维修条件等。

(8)收集、复制本企业相关证件。

(二)投标文件的填写

1.编制投标文件的原则

(1)严格保证所有定额、费率、单价和工程量的准确性。

（2）不同的承包方式应采用相应的单位计算标价。如按建筑工程的单位平方面积单价承包、按工程图纸及说明资料总价承包等。

（3）规范与标准统一,文字与图纸统一。

（4）投标书中各条款具有法律效力,是合同的依据,文字要力求准确、完整。

2.编制投标文件的要求

（1）投标文件必须采用招标文件规定的文件表格格式。填写表格应符合招标文件的要求,否则在评标时就被认为是放弃此项要求。重要的项目和数字,如质量等级、价格、工期等,如未填写,将作为无效或作废的投标文件处理。

（2）所编制的投标文件"正本"只有一份,"副本"则按招标文件附表要求的份数提供。正本与副本若不一致,以正本为准。

（3）投标文件应打印清楚、整洁、美观。所有投标文件均应由投标人的法定代表人签署,加盖印章以及法人单位公章。

（4）应核对报价数据,消除计算错误。检查各分项、分部工程的报价及单方造价、全员劳动生产率、单位工程一般用料、用工指标、人工费和材料费等的比例是否正常等,应根据现有指标和企业内部数据进行宏观审核,防止出现大的错误和漏项。

（5）全套投标文件应当没有涂改或行间插字。如投标人造成涂改或行间插字,则所有这些地方均应由投标文件签字人签字并加盖印章。签字必须手签,盖印章必须加盖红印章。

（6）如招标文件规定投标保证金为合同总价的某一百分比时,投标人不宜过早开具投标保函,以防止泄露自己一方的报价。

（7）投标文件必须严格按照招标文件的规定编写,切勿对招标文件要求进行修改或提出保留意见。如果投标人发现招标文件确有不少问题,应将问题归纳区别对待处理。

（8）投标文件中的每项要求填写的空格都必须填写,否则被视为放弃意见,重要数字不填写,可能被作为废标处理。

（9）最好用打字的方式填写投标文件,或用钢笔正楷书写。

（10）编制投标文件的过程中,投标人必须考虑开标后如果成为评标对象,其在评标过程中应采取的对策。比如在我国鲁布革引水工程招标中,日本大成公司在这方面做了很好的准备,决策及时,因而在评标中取胜,获得了合同。如果情况允许,投标人也可以向业主致函,表明发送投标文件后考虑到与业主长期合作的诚意,决定降低标价百分之几。如果投标文件中采用了替代备选方案,函中也可阐明此方案的优点。也可在函中明确表明,将在评标时与业主招标机构讨论,使此报价更为合理等。应当指出,投标期间来往信函要写得简短、明确,措辞要委婉、有说服力。来往信函不单是招标与投标双方交换意见与澄清问题,也是使业主对致函的投标人加深了解、建立信任的重要手段。

总之,要避免因细节的疏忽和技术上的缺陷而使标书无效。

（三）投标文件的审查复核

填报文件应反复校核,保证分项和汇总计算均准确无误。填写规范无漏项,签字盖章完整,符合要求。

（四）投标文件的装订

所有投标文件的装订应美观大方,投标人要在每一页上签字,较小工程可以装成一册,大、中型工程可分为下列几部分封装。

（1）综合标。有关投标人资历业绩与项目部配备的文件,如投标委任书、投标者资历证明、已完工程与在建工程表、主要技术人员表、项目建造师业绩、投标保函、投标人在项目所在地(国)的注册证明、投标附加说明等。

（2）技术标。与报价有关的技术文件,如施工规划、施工机械设备表、施工进度表、劳动力计划表等。

（3）商务标。投标报价单、工程量表、详细的工程预算书、单价表、总价表等。

四、制作投标文件应注意的问题

（1）对招标人的特别要求,了解清楚后再决定是否投。如招标人在业绩上要求投标人必须有几方面业绩;如土建施工标,要求几级以上的施工资质;要求投标人资金在多少金额以上;参加国际标的必须获得有进出口经营权的企业方可参加;等等。

（2）应认真领会以下要点:

①前附表各要点。

②招标文件各要点。

③投标文件部分,尤其是组成和格式。

④保证金应注意开立银行级别,金额够不够,币种,以及时间。

⑤文件递交方式、时间、地点,以及密封签字要求。

⑥几个造成废标的条件。

⑦参加开标仪式。

⑧积极做好澄清工作。

（3）投标文件应严格按规定格式制作,如开标一览表,投标函,投标报价表,资格声明,授权书等,包括银行保函格式亦有统一规定,不能自己随便写。

（4）技术规格的响应:投标人应认真制作技术规格响应表,主要指标有一个偏离即会导致废标。次要指标亦应做出响应;认真填写技术规格偏离表,优多少,差多少。

（5）价格的选择:应报出有竞争力的价格。

（6）编制要点:

①注意签字与加盖公章。

②每本每页小签。

③报价不能缺项。

④正本与副本数量。

⑤制造厂授权应正规,以制造厂的信函出具。

⑥修改地方要签字。

⑦打印,装订成册,密封。

⑧开标一览表与投标保函单独封存。

⑨提前送交投标文件。

⑩有效期的计算,若60天,保函有效期则应为90天。

知识实训

根据××市××中路地段会所工程情况和已具备的施工组织设计知识,编制××中路地段会所工程技术标(也称标前施工组织设计),并简要说明:

(1)标前施工组织设计和标后施工组织设计的异同点;

(2)施工组织设计中对某专项施工方案的要求与施工技术课中的施工方案的核心区别。

项目三　建设工程投标决策与技巧

项目实训

根据教材附1提供的招标文件和局部投标文件或由教师提供一套完整招投标文件资料,由学生分组研读针对招标文件可能采用的策略和技巧;学生通过互联网、图书馆查询,走访咨询公司、施工企业等,调研、分析各企业一年中投标项目数、中标项目数,并对中标工程和不中标工程进行原因分析,提炼成报告。

原始资料

工程招标文件、工程投标文件、施工图、开标、评标资料等。

知识链接

一、投标项目选择决策

(一)投标决策的含义

所谓投标决策,包括三方面内容:①针对项目招标是投标,或是不投标;②倘若去投标,是投什么性质的标;③投标采用何种策略和技巧。投标决策的正确与否,关系到能否中标和中标后的效益;关系到施工企业的发展前景和职工的经济利益。因此,企业的决策班子必须充分认识到投标决策的重要性,把这一工作摆在企业的重要议事日程上。

(二)影响投标决策的主观因素

影响投标决策的主观因素就是投标人自己的条件,是投标决策的决定性因素,主要有如下几方面。

1.技术因素

(1)有精通与招标工程相关业务的各种专业人才。

(2)有工程项目设计、施工专业特长,能解决技术难度大和各类工程施工中的技术难题的能力。

(3)有国内外与招标项目同类型工程的施工经验。

(4)有一定技术实力的合作伙伴,如实力强的分包商、合营伙伴和代理人。

(5)有一定现代化的机械设备。

2.经济因素

(1)具有垫付资金的能力。建筑市场是买方市场,施工企业在交易中处于劣势,工程价款的支付方式一般由业主决定。要了解招标项目的工程价款支付方式,如预付款是多少,什么时间和条件下支付等。否则很难保证工程连续施工作业。有些国际工程,业主要求"带资承包工程"、"实物支付工程",根本没有预付款。"带资承包工程",是指工程由承包商筹资兴建,从建设中期或建成后某一时期开始,业主分批偿还承包商的投资及利息;这种利息往往低于银行贷款利息。承包这种工程时,承包商需投入大量资金用于工程项目建设。

(2)具有一定的固定资产和机具设备及其投入所需的资金。大型施工机械的投入,不可能一次摊销。因此,新增施工机械将会占用一定资金。另外,为完成项目必须要有一批周转材料,如模板、脚手架等,这也占用部分资金。

(3)用来支付施工用款的资金周转。因为,对已完成的工程量需要监理工程师确认后并经过一定的手续、一定的时间后才能将工程款拨入。

(4)承担国际工程的尚须筹集承包工程所需的外汇。

(5)具有支付各种担保的能力。承包国际工程更需要担保,不仅担保的形式多种多样,而且费用也较高,诸如投标保函(或担保)、履约保函(或担保)、预付款保函(或担保)、缺陷责任期保函(或担保)等。

(6)具有支付各种税款和保险的能力。尤其在国际工程中,税种繁多,税率也高,诸如关税、进口调节税、营业税、印花税、所得税、建筑税、排污税以及临时进人、机械押金等。

(7)由于不可抗力带来的风险。即使是属于业主的风险,承包商也会有损失;如果不属于业主的风险,则承包商损失更大,要有财力承担不可抗力带来的风险。

(8)承担国际工程往往需要重金来聘请有丰富经验或有较高地位的代理人,以及其他"佣金",也需要承包商具有这方面的支付能力。

3.管理因素

承包商为打开承包工程的局面,常常以低报价甚至低利润报价取胜。为此,承包商必须在成本控制上下功夫,向管理要效益。如缩短工期,进行定额管理,辅以奖罚办法,减少管理人员,工人一专多能,节约材料,采用先进的施工方法不断提高技术水准,特别是要有重质量、重合同的意识,并有相应的切实可行的措施。

4.信誉因素

企业拥有良好的信誉是在市场长期生存的重要标准,也是赢得更多项目的无形资本。要建立良好的信誉,就必须遵守法律和行政法规,或按国际惯例办事;同时认真履约,保证工程的施工安全、工期和质量也是很重要的。

(四)影响投标决策的客观因素及情况

1.工程的全面情况

工程的全面情况包括图纸和说明书,现场地上、地下条件,如地形、交通、水源、电源、土壤地质、水文、气象等。这些都是拟订施工方案的依据和条件。

2.业主和监理工程师的情况

对于投标企业来讲,在确定投标之前,对业主本身及其委托的设计、咨询单位以及工程项目本身进行充分的了解是十分必要的。其具体内容包括以下几点。

(1)本工程的资金来源、额度,是否有充足的资金保障。

（2）本工程各项审批手续是否齐全，是否符合所在国及当地政府的相关法规。

（3）了解业主在以往建设工程中招标、评标上的习惯做法，对承包商的态度，尤其是能否及时支付工程款、合理对待承包商的索赔要求。

（4）业主项目管理的组织及人员，其主要人员的工作方式和习惯、业务水平和经验。

（5）了解委托监理方式，业主项目管理人员和监理人员的权责分工以及主要的工作程序。

（6）监理工程师的资历、工作习惯及方式，对承包商的态度，能否站在公正的立场上处理问题。

（7）严格按规定要求编报"资格预审文件"，同时，要注意文字规范严谨，装帧精美，力争给业主留下深刻的印象。

（8）业主的合法地位、支付能力、履约能力。

3.竞争对手和竞争形势的分析

决定是否投标，应注意竞争对手实力、自身优势及投标环境的优劣情况。一般来说，竞争对手的在建工程即将完工，可能急于获得新承包项目，投标报价不会很高。如果对手的在建工程规模大、时间长，但仍参加投标，则标价可能很高。从总的竞争形势来说，大型工程的承包公司技术水准高，善于管理复杂工程，其适应性强，可以承包大型工程；中小型工程由中小型工程公司或当地的工程公司承包的可能性大。因为中小型公司在当地有自己熟悉的材料、劳力供应渠道；有自己惯用的特殊施工方法等优势。××中路地段会所工程竞争很激烈，参加资格预审的17家公司中一级资质的就占10家，本市企业有8家；其中，有3家公司都针对环境保护提出了专项施工方案，××建筑工程有限公司报价不是最低，商务标得分是第四，但由于技术标各施工专项施工方案合理，得到专家的一致认可，得分比第二名高出2分，以总分第一中标。

4.风险问题

风险是指由于可能发生的事件，造成实际结果与主观预料之间的差异，并且这种结果可能伴随某种损失的产生。工程项目的风险来自与项目有关的各个方面。根据工程项目管理的实践，工程项目风险可按非技术风险和技术风险方式进行分类。如表2.2所示。

表 2.2　工程项目风险分类

风险因素		典型风险事件
技术风险	设计	设计内容不全、设计缺陷、错误和遗漏，规范不恰当，未考虑地质条件，未考虑施工可能性等
	施工	施工工艺的落后，不合理的施工技术和方案，施工安全措施不当，应用新技术、新方案的失败，未考虑场地情况等
	其他	工艺设计未达到先进性指标，工艺流程不合理，未考虑操作安全性等
非技术风险	自然与环境	洪水、地震、火灾、台风、雷电等不可抗拒的自然力，不明的水文气象条件，复杂的工程地质条件，恶劣的气候，施工对环境的影响等
	政治法律	法律及规章的变化，战争和骚乱、罢工，经济制裁或禁运等
	经济	通货膨胀或紧缩，汇率的变动，市场的动荡，社会各种摊派和征费的变化，资金不到位，资金短缺等

续表

风险因素		典型风险事件
非技术风险	组织协调	业主和上级主管部门的协调,业主和设计方、施工方以及监理方的协调,业主内部的组织协调等
	合同	合同条款遗漏,表达有误,合同类型选择不当,承发包模式选择不当,索赔管理不力,合同纠纷等
	人员	业主人员、设计人员、监理人员、一般工人、技术员、管理人员的素质(能力、效率、责任心品德)
	材料设备	原材料、成品半成品设备供货不足或拖延,数量差错或质量规格问题,特殊材料和新材料的使用问题,过度损耗和浪费,施工设备供应不足,类型不配套,故障,安装失误,选型不当等

这种分类方法有利于区分各类风险的性质及其潜在影响,风险因素之间的关联性较小,有利于提高投标人对风险的辨识程度,使风险管理策略的选择更具明确性。

5.劳动力的来源情况

如当地能否招募到比较廉价的工人,以及当地工会对承包商在劳务问题上能否合作的态度。

6.供应情况

建筑材料、机械设备等的供应来源、价格、供货条件以及市场预测等情况

7.资金成本因素

银行贷款利率、担保收费、保险费率等与投标报价有关的因素

(五)投标决策

投标决策,是指承包商为实现其一定利益目标,针对招标项目的实际情况,对投标可行性和具体策略进行论证和抉择的活动。投标人的投标决策,就是解决投标过程中的对策问题。决策贯穿竞争的全过程,对于招投标过程的各个主要环节,都必须及时做出正确的决策,才能取得竞争的全胜。

建设工程投标决策的内容,一般说来,主要包括投标项目选择决策(标前决策)、投标报价决策(标后决策)和施工方案选择决策。

1.投标项目选择决策(标前决策)

建设工程投标项目选择决策的首要任务,是在获取招标信息后,对是否参加投标竞争进行分析、论证,并做出抉择。必须在购买投标人资格预审表前后完成。决策的主要依据是招标广告,以及公司对招标工程、业主情况的调研和了解的程度。

(1)投标项目选择决策(标前决策)的主要步骤。

①在收集各方信息的基础上,从竞争谋略的角度决定是否投标。

②分析影响投标决策的主观因素和客观因素。

③分析本企业在现有资源条件下,在一定时间内,可承揽的工程任务数量。

④对可投标工程的选择和决定,当只有一项工程可供投标时,决定是否投标;有若干项工程可供投标时,正确选择投标对象,决定向哪个或哪几个工程投标。

⑤确定对某工程进行投标后,在满足招标单位质量和工期要求的前提下对工程成本进

行估价,即结合工程实际对本企业的技术优势和实力做出合理的评价。

(2)投标人决定是否参加投标,通常要综合考虑各方面的情况,如承包商当前的经营状况和长远目标,参加投标的目的,影响中标机会的内部、外部因素等。一般说来,下列招标项目,投标人不宜选择投标,应放弃投标。

①在本施工企业主管和兼营能力之外的项目。

②工程规模、技术要求超过本施工企业技术等级的项目。

③本施工企业生产任务饱满,招标工程的盈利水平较低或风险较大的项目。

④本施工企业技术等级、信誉、施工水平明显不如竞争对手的项目。

2.投标报价决策(投标决策的后期)

投标报价决策是指从申报资格预审至投标报价(封送投标书)前完成的决策研究阶段。主要研究如果去投标,是投什么性质的标,以及在投标中采取的策略问题。

常见的投标策略有以下几种。

(1)靠提高经营管理水平取胜。这主要靠做好施工组织设计,采取合理的施工技术和施工机械,精心采购材料、设备,选择可靠的分包单位,安排紧凑的施工进度,力求节省管理费用等,从而有效地降低工程成本而获得较大的利润。例如:

> ××中路地段会所工程由××建筑公司承包这项工程,在施工组织管理方面机构精干,承包商在建设工程现场工作的人员最多时拟放18人,平时仅需11人,而且都是懂专业、有经验、精技术、会管理的人员。管理机构精干,现场总管是一名(事务)所长,全面负责工程的筹划并与业主联络;总管下面设工作区负责人(配有助手)跟班在现场直接指挥、监理,全权处理职责范围内的各种事宜,对工程的计划、进度、质量、消耗、安全直接负责,相机决断。各管理层次分工明确,有职有权,为降低工程成本而获得较大利润提供了保障。

(2)靠改进设计和缩短工期取胜。即仔细研究原设计图纸,发现有不够合理之处,提出能降低造价的修改设计建议,以提高对业主的吸引力。另外,靠缩短工期取胜,即比规定的工期有所缩短,达到早投产、早收益,有时甚至标价稍高,对业主也是很有吸引力的。

(3)高价盈利策略。这是在报价过程中以较大利润为投标目标的策略。较适合于下述工程范围:

①施工条件差。

②专业要求高、技术密集型工程,而本公司在此方面有特长以及良好的声誉。

③总价较低的小工程,本公司不是特别想干,报价较高,不中标也无所谓。

④特殊工程,如地铁隧道工程等,需要特别设备。

⑤业主要求很高,且工期紧急的工程,可增收加急费。

⑥竞争对手少。

⑦支付条件不理想。

(4)微利保本策略。指在报价过程中降低甚至不考虑利润。微利保本策略的使用范围:

①工作较为简单,工作量大,但一般公司都可以做,比如大量的土方工程。

②本公司在此地区干了很多年,现在面临断档,有大量的设备处置费用。

③该项目本身前景看好,可为本公司创建业绩。

④该项目分期执行或该公司保证能以上乘质量赢得信誉,续签其他项目。

⑤竞争对手多。

⑥有可能在中标后,将工程的一部分以更低价格分包给某些专业承包商。

⑦长时间未中标,希望拿下一个项目维持日常费用,可以支付开支,够本就行。

(5)低价亏损策略。指在报价中不仅不考虑企业利润,反而考虑一定的亏损后提出的报价策略。这种策略在报价中不考虑风险费用,是一种冒险行为。如果风险不发生,即意味着承包商的报价成功;如果风险发生,则意味着承包商要承担极大的风险和损失。使用该投标策略时应注意:第一,业主肯定是按最低价确定中标单位;第二,这种报价方法属于正当的商业竞争行为。这种报价策略通常只用于以下几种情况。

①市场竞争激烈,承包商又急于打入该市场创建业绩。

②某些分期建设工程,对第一期工程以低价中标,工程完成得好,则能获得业主信任,希望后期工程继续承包,补偿第一期的低价损失。

③承包商初到一个新的地区,为了打入这个地区的承包市场,建立信誉,也往往采用这种策略。

(6)加强索赔管理。有时虽然报价低,却可以着眼于通过施工索赔赚取高额利润。例如某些大的承包企业就常用这种方法,有时报价甚至低于成本。以高薪雇用 1~2 名索赔专家,千方百计地从设计图纸、标书、合同中寻找索赔机会。一般索赔金额可达 $10\% \sim 20\%$。当然这种策略并不适用于所有投标工程。

(7)着眼于发展。为争取将来的优势,而宁愿目前少盈利。投标人(承包商)为了掌握某种有发展前途的工程施工技术(如建造核电站的反应堆或海洋工程等),就可能采用这种策略。这是一种较有远见的策略。

以上这些策略不是互相排斥的,应根据具体情况,综合选择,灵活运用。

3.施工方案选择决策

施工方案的选择不但关系到质量好坏、进度快慢,而且会直接或间接地影响到工程造价。因此,施工方案的决策,不是纯粹的技术问题,也是造价决策的重要内容。

有的施工方案能提高工程质量,虽然成本要增加,但返工率能降低,减少返工损失。反之,在满足招标文件要求的前提下,选择适当的施工方案,降低质量标准,虽然有可能降低成本,但返工率也因此而提高,引起费用增加。增加的成本多还是减少的返工损失多,这需要进行详细的分析和决策。

有的施工方案能加快工程进度,虽然需要增加抢工费用,但进度加快,能节约施工的固定成本。反之,在满足招标文件要求的前提下,适当放慢进度,工人的劳动效率会提高,抢工费用也不会发生,会节约直接费用,但工期延长,固定成本增加,总成本又会增加,因此也要进行详细的分析和决策。例如:

鲁布革水电引水系统工程中国外公司在隧洞开挖施工技术上采用控制爆破,超挖可控制在 12~15cm 以内(我国以往数据一般超挖 40~50cm),开挖方法采用圆形断面,一次开挖成洞,比我国习惯的先挖成马蹄形断面,然后用混凝土回填的方法,每米隧洞可减少石方开挖和混凝土各 7m³。隧洞衬砌上,采用水泥裹沙新技术,每立方米混凝土用水泥约 270kg,比我国一般情况少用约 90kg。仅水泥一项,大成公司就要多节约 40000 吨,按进口水泥到达工地价计算约节约 1000 万元人民币。

二、投标项目报价决策

投标报价的决策分为宏观决策和微观决策,先应进行宏观决策,而后进行微观决策。

(一)报价的宏观决策

报价的宏观决策就是根据竞争环境,决定宏观上是采取报高价还是报低价的决策。

按性质分,投标有风险标和保险标;按效益分,投标有盈利标、保本标和亏损标。

风险标是指明知工程难度大、风险大,且技术、设备、资金上都有未解决的问题,但由于企业较长时间没有承接到工程,或因为工程盈利丰厚,或为了开拓新技术领域而决定参加投标,同时设法解决存在的问题。投标后,如问题解决得好,可取得较好的经济效益,可锻炼出一支好的施工队伍,使企业更上一层楼;解决得不好,企业的信誉就会受到损害,严重者可能导致企业亏损甚至破产。因此,投风险标必须审慎从事。

保险标是指对可以预见的情况从技术、设备、资金等重要方面都有了解决的对策之后再投标。当企业经济实力较弱,经不起失误的打击时,往往投保险标。

盈利标是指当招标工程既是本企业的强项,又是竞争对手的弱项,而投标人与之相比有明显的技术、管理优势;建设单位意向明确,对投标人特别满意;本企业任务饱满,利润丰厚,才考虑让企业超负荷运转,此类情况下的投标,称投盈利标。投标人可以考虑投标以追求效益为主,可报高价。

保本标是指招标工程竞争对手较多,投标人虽无明显优势,但有一定的市场或信誉上的目的;投标人在建任务少,无后继工程;必须争取中标,这类情况下的投标。

亏损标是指招标项目的强劲竞争对手众多,但投标人出于发展的目的志在必得的;投标人企业在建任务少,严重亏损,急需寻求支撑的;招标项目属于投标人的新市场领域,承包商渴望打入市场,这类情况下的投标。我国当前的有关建设法规都对低于成本价的恶意竞争进行了限制,因此对于国内工程来说,目前阶段是不能报亏损价的。

我国《招标投标法》规定:投标人相互串通投标报价,排挤其他投标人的公平竞争,损害招标人、其他投标人的合法权益的;或者投标人与招标人串通投标,损害国家利益、社会公共利益或者他人合法权益的,中标无效,处中标项目金额5‰以上10‰以下的罚款,对单位直接负责的主管人员和其他直接责任人员处单位罚款数额5%以上10%以下的罚款;有违法所得的,并处没收违法所得;情况严重的,取消其1年至2年内参加依法必须进行招标的项目的投标资格并予以公告,直至由工商行政管理机关吊销营业执照;构成犯罪的,依法追究刑事责任。给他人造成损失的,依法承担赔偿责任。投标人以低于合理预算成本的报价竞标的,责令改正;有违法所得的,处以没收违法所得;已中标的,中标无效。投标人以他人名义投标或者以其他方式弄虚作假,骗取中标的,中标无效,处中标项目金额5‰以上10‰以下的罚款,对单位直接负责的主要人员和其他直接责任人员处单位罚款数额5%以上10%以下的罚款;有违法所得的,并处没收违法所得;情况严重的,取消其1年至3年内参加依法必须进行招标的项目的投标资格并予以公告,直至由工商行政管理机关吊销营业执照;构成犯罪的,依法追究刑事责任。

(二)报价的微观决策

报价的微观决策就是根据工程的实际情况与报价的技巧具体确定每个分项工程是报高价

还是报低价,以及报价的高低幅度。这部分内容将在投标报价技巧中详述。

三、投标报价技巧

投标技巧研究,其实是在保证工程质量与工期条件下,寻求一个好的报价的技巧问题。投标人为了中标并获得期望的效益,投标程序全过程几乎都要研究投标报价技巧问题。

如果以投标程序中的开标为界,可将投标的技巧研究分为两阶段,即开标前的技巧研究和开标后至签订合同的技巧研究。

(一)开标前的投标技巧研究

投标人通过投标取得项目,是市场经济条件下的必然。但是,作为投标人来说,并不是每标必投,因为投标人要想在投标中获胜,中标得到承包工程;又打算从承包工程中盈利,就需要研究技巧的问题,在保证工程质量与工期条件下,寻求一个好的报价。投标人为了中标并获得期望的效益,投标程序全过程几乎都要研究投标报价技巧问题。常用的投标技巧主要有以下几种。

1.突然袭击法

由于投标竞争激烈,为迷惑对方,可在整个报价过程中,仍然按照一般情况进行,甚至有意泄露一些虚假情况,如宣扬自己对该工程兴趣不大,不打算参加投标(或准备投高标),表现出无利可图,不想干等假象,到投标截止前几小时,突然前往投标,并压低投标价(或加价),从而使对手措手不及而败北。

2.多方案报价法

多方案报价法是利用工程说明书或合同条款不够明确之处,以争取达到修改工程说明书和合同为目的的一种报价方法。当工程说明书或合同条款有不太明晰之处时,往往使投标人承担较大风险。为了减少风险就必须扩大工程单价,增加"不可预见费",但这样做又会因报价过高而增加被淘汰的可能性。多方案报价法就是为对付这种两难局面而出现的。其具体做法是在标书上报两价目单价,一是按原工程说明书合同条款报一个价,二是加以注解,"如工程说明书或合同条款可作某些改变时",则可降低多少的费用,使报价成为最低,以吸引业主修改说明书和合同条款。

3.不平衡报价

不平衡报价,是指在总价基本确定的前提下,调整内部各个子项的报价,以期既不影响总报价,又可在中标后投标人尽早收回垫支于工程中的资金和获取较好的经济效益。但要注意避免畸高畸低现象,避免失去中标机会。通常采用的不平衡报价有下列几种情况。

(1)对能早期结账收回工程款的项目(如土方、基础等)的单价可报以较高价,以利于资金周转;对后期项目(如装饰、电气设备安装等)单价可适当降低。

(2)估计今后工程量可能增加的项目,其单价可提高,而工程量可能减少的项目,其单价可降低。

但上述两点要统筹考虑。对于工程数量有错误的早期工程,如不可能完成工程量表中的数量,则不能盲目抬高单价,需要具体分析后再确定。

(3)图纸内容不明确或有错误,估计修改后工程量要增加的,其单价可提高;而工程内容不明确的,其单价可降低。

(4)没有工程量只填报单价的项目(如疏浚工程中的开挖淤泥工作等),其单价宜高。这样,既不影响总的投标报价,又可多获利。

(5)对于暂定项目,实施的可能性大的项目,价格可定高价;估计该工程不一定实施的可定低价。

(6)零星用工(计日工)一般可稍高于工程单价表中的工资单价,因为零星用工不属于承包有效合同总价的范围,发生时实报实销,也可多获利。

(7)暂定金额的估计,分析它发生的可能性,可能性大的价格可定高些;估计不一定发生的,价格可定低些;等等。

4. 低价投标夺标法

低价投标夺标法有的时候被形象地称为"拼命法"。采用这种方法必须有十分雄厚的实力或有国家或大财团作后盾,即为了占领某一市场或争取未来的优势,宁可目前少盈利或不盈利,或采用先亏后盈法,先报低价,然后利用索赔扭亏为盈。采用这种方法应首先确认业主是按照最低价确定中标单位,同时要求承包商拥有很强的索赔管理能力。

5. 联保法和捆绑法

联保法是指在竞争对手众多的情况下,由几家实力雄厚的承包商联合起来控制标价。大家保一家先中标,随后在第二次、第三次招标中,再用同样办法保第二家、第三家中标。这种联保方法在实际的招投标工作中很少使用。而捆绑法比较常用,即两三家公司,其主营业务类似,单独投标会出现经验、业绩不足或工作负荷过大而造成高报价,失去竞争优势。而以捆绑形式联合投标,可以做到优势互补、规避劣势、利益共享、风险共担,相对提高了竞争力和中标概率。这种方式目前在国内许多大项目中使用。

6. 推荐方案报价法

有的工程,诸如化工、石化项目等,由于工艺路线、施工方案不同等因素,会给工期、工程造价等带来重大影响。招标文件中,业主通常要求承包商按照指定工艺方案报价。承包商在报价时,经过对各种因素的综合分析,特别为战胜业绩相似的竞争对手,在按要求作出报价后,可以根据本公司的工程经验,提出推荐方案,重点突出新方案在改善质量、工期和节省投资等方面的优势,并列出总价和分项价,以吸引业主,使自己区别于其他投标商。但是推荐方案的技术方案不能描述得太具体,应该保留技术关键,防止业主将此方案交给其他承包商,同时所推荐的方案一定要比较成熟,或过去有成功的业绩,否则易造成后患。

7. 固定价与浮动价相结合报价法

根据物价、汇率波动情况及通货膨胀情况确定采用固定价、浮动价或固定价和浮动价相结合的方式。

8. 成本加酬金

这是一种对工程或工程中一部分没有把握的工作,注明按成本加若干酬金结算的办法。但是,如有规定,政府工程合同的方案是不容许改动的,这个方法就不能使用。

(二)开标后的投标技巧研究

投标人通过公开开标这一程序可获知众多投标人的报价。但低价并不一定中标,需要综合各方面的因素,反复阅审,经过议标谈判,方能确定中标人。若投标人利用议标谈判施展竞争手段,就可以变自己投标书的不利因素为有利因素,大大提高获胜机会。

从招标的原则来看,投标人在标书有效期内,是不能修改其报价的。但是,某些投标谈判可以例外。在投标谈判中的投标技巧主要有以下几种。

1.降低投标价格

投标价格不是中标的唯一因素,但却是中标的关键性因素。在议标中,投标者适时提出降价要求是议标的主要手段。需要注意的是:①要摸清招标人的意图,在得到其希望降低标价的暗示后,再提出降低的要求。但有些国家的政府在关于招标的法规中规定,已投出的投标书不得改动任何文字;若有改动,投标即告无效。②降低投标价要适当,不得损害投标人自己的利益。

降低投标价格可从以下三方面入手。

(1)降低投标利润。既要围绕争取最大限度的未来收益这个目标,又要考虑中标率和竞争人数因素的影响。通常,投标人准备两个价格,即准备应付一般情况的适中价格,又准备应付竞争特殊环境需要的替代价格,它是通过调整报价利润所得出的总报价。两个价格中,后者可以低于前者,也可以高于前者。如果需要降低投标报价,即可采用低于适中价格,使利润减少以降低投标报价。

(2)降低经营管理费。应该作为间接成本进行计算。为了竞争的需要也可以降低这部分费用。

(3)降低系数。是指投标人在投标作价时,预先考虑的一个未来可能降价的系数。如果开标后需要降价竞争,就可以参照这个系数进行降价;如果竞争局面对投标人有利,则不必降价。

2.补充投标优惠条件

除中标的关键因素——价格外,在投标谈判的技巧中,还可以考虑其他许多重要因素,如缩短工期、提高工程质量、降低支付条件、提出新技术和新设计方案、提供补充物资和设备等,以此优惠条件争取得到招标人的赞许,争取中标。

3.有效宣传法

注重向业主、当地政府宣传本公司,邀请其考察本公司以证实本公司的实力和潜质,并考察与招标项目类似的本公司的业绩、已完成或在建的工程,以企业的实力和信誉求得理解和支持。

以上几种是投标人为了中标并获得期望的效益,在投标程序全过程几乎都要采用的投标报价技巧。这些投标报价技巧不是互相排斥的,根据具体情况,可以综合灵活运用,以提高投标人中标的机会。

知识延伸

案例

某医院决定投资 1 亿余元,兴建一幢现代化的住院综合楼。其中土建工程采用公开招标的方式选定施工单位,但招标文件对省内的投标人与省外的投标人提出了不同的要求,也明确了投标保证金的数额。该院委托某建筑事务所为该项工程编制标底。2000 年 10 月 6 日招标公告发出后,共有 A、B、C、D、E、F 等 6 家省内的建筑单位参加了投标。投标文件规定 2000 年 10 月 30 日为提交投标文件的截止时间,2000 年月 11 月 13 日举行开标会。其中,E 单位在 2000 年 10 月 30 日提交了投标文件,但在 2000 年 11 月 1 日才提交投标保证金。开标会由该省建委主持。结果,其所编制的标底高达 6200 多万元,A、B、C、D 等 4 个投标人的投标报价均在 5200 万元以下,与标底相差 1000 万余元,引起了投标人的异议。这 4 家投标单位向该省建委投诉,称某建筑事务所擅自更改招标文件中的有关规定,多计漏算多项材料价格。为此,该院请求省建委对原标底进行复核。2001 年 1 月 28 日,被指定进行标底复核的省建设工程造价总站(以下简称总站)拿出了复核报告,证明某建筑事务所在编制标底的过程中确实存在这 4 家投标单位所提出的问题,复核标底额与原标底额相差近 1000 万元。由于上述问题久拖不决,导致中标书在开标三个月后一直未能发出。为了能早日开工,该院在获得了省建委的同意后,更改了中标金额和工程结算方式,确定某省公司为中标单位。

课堂讨论

(1)上述招标程序中,有哪些不妥之处? 请说明理由。

(2)E 单位的投标文件应当如何处理? 为什么?

(3)对 D 单位撤回投标文件的要求应当如何处理? 为什么?

(4)问题久拖不决后,某医院能否要求重新招标? 为什么?

(5)如果重新招标,给投标人造成的损失能否要求该医院赔偿? 为什么?

案例评析

1.存在如下不妥之处。

(1)招标人对省内外的投标人提出不同要求。没有依照公平公正原则,故意排斥潜在投标人。

(2)递交投标文件的时间与开标时间的间隔太长。可能会导致对公平、公正、公开的怀疑。

(3)标底复核时间太长。2000 年时还不是使用清单计价,那时招投标使用的是暗标底,即开标前投标人是不知道标底价的,投标人在开标后可以提出异议或投诉,但审核、复合时间太长会导致许多问题,比如投标文件有效期、投标保证金返回时间、投标人内部原因(项目经理有其他安排等)、招标人的工期问题等。

(4)招标人在省建委同意后确定某公司为中标单位。如果招标人可以擅自选择投标人,那招投标就失去意义了。

2.E 单位的投标文件是否有效,要看招标文件中对投标保证金的递交时间有无特殊要求。如果要求投标人在递交投标文件前递交,那 E 单位为无效标书,废标;如果要求投标人在开标时间前递交,那 E 单位的标书有效,应参加评标。

3.D 单位撤回投标文件的时间。如果撤回时间在招标文件所标明的有效期之内,那 D 单位将被没收投标保证金;如果 D 单位在有效期之后撤回投标文件(因招标人未及时发出中标通知书,D 单位有权利在有效期后撤回投标书另作安排),招标人应允许其撤回并及时退回投标保证金。

4.作为招标人(医院),因为标底出现重大偏差,可以要求重新招标,但原参与投标的投标人,应准许参与投标,不得以任何理由拒绝原投标人投标,原投标人因其他事宜放弃,那招标人应同意。若原 6 个投标人中愿意继续参加投标的投标人少于 3 个,那招标人可以重新发布公告重新招标,也可以直接发包(得上级监管部门批准同意)。

5.招标文件中如果没有提及投标人在投标过程中的费用事宜,那招标人应给予适当的补偿。如果招标文件中对投标人的投标费用明确表示不予支付,那投标人应自己承担。

复习思考题

1. 建设工程招标投标工作包含哪些内容?

2. 建设工程投标的基本策略有哪些?

3. 建设工程投标的基本技巧有哪些?

4. 简述建设工程投标报价的组成。

5. 简述建设工程报价的计算方法。

6. 简述建设工程工程量清单报价。

7. 简述建设工程项目投标程序。

8. 承包商从哪些方面进行投标决策?

9. 影响投标决策的主观因素包括哪些方面?

10. 决定投标或弃标的客观因素及情况有哪些?

11. 建筑施工企业标前决策有哪些主要方法?

12. 通常情况下,哪些招标项目应放弃投标?

13. 简述进行现场考察应从哪几方面调查了解。

14. 简述投标报价单的编制。

15. 简述投标报价的宏观审核。

16. 简述投标文件的组成。

17. 简述投标文件的递交应注意的问题。

18. 简述制作投标文件应注意的问题。

项目实训

技术标编制相关问题

1. 活动目的

投标文件是工程项目施工招标过程中最重要、最基本的技术文件,编制施工投标相关文件是学生学习本门课程需要掌握的基本技能之一。国家对施工投标文件的内容、格式均有特殊规定,通过本实训活动,进一步提高学生对招标文件内容与格式的基本认识,提高学生编制投标文件的能力。基本做到能代表施工方编制资格预审文件;能够在原有编制施工组织设计与工程预算的基础上编制工程投标技术标、商务标与综合标;能进行工程报价与合同谈判。

2. 实训准备

(1)完成在建工程或已完工程完整施工图工程量;

(2)施工图预算书;

(3)有条件的可提供实训室和可利用的软件。

3. 实训内容

根据招标文件内容、格式和本工程招标要求编写投标文件。

说明:如果由于课程安排的顺序原因,不能开展投标文件的编制实训,可考虑通过互联网、图书馆等进行资料搜集整理完成下列问题。

（1）观看上海五建投标西安市委办公大楼电子标书后，请列出一个独立的投标单位在投标时应提供的资料。对于联合体投标我国有哪些规定？

（2）什么是风险标？什么是保险标？你认为上海五建投此标采用的是什么性质的标？赢利的可能性有多大？

（3）投标文件编制的核心内容是什么？

（4）标前施工组织设计与标后施工组织设计的异同？

4.实训步骤

（1）学生分成若干投标组织机构，明确各自分工，团队完成实训任务；

（2）按照公开招标程序进行投标过程模拟；

（3）编制投标文件。

5.评价标准

（1）内容完成的完整性；

（2）团队合作的创新性、协调性；

（3）专业术语采用的标准性。

备注：提交成果包括实训报告，以小组完成的应包含小组人员分工、完成成果、收获或建议等内容。

模块三

建设工程开标、评标、定标

能力目标

1. 能够按照建设工程开标、评标、定标的程序，填写整理评标各类表格
2. 能够初步掌握品茗评标软件在建设工程评标中的运用

知识目标

1. 熟悉建设工程施工评标的步骤
2. 熟悉建设工程施工的评标方法
3. 了解《建设工程工程量清单计价规范》(2008 版)、《浙江省建设工程计价规则》、《浙江省建筑工程综合概预算定额》(1999)及相关配套的费用定额，有关评标的相关内容

背景资料

1. ××中路地段会所工程经××招标单位发出的招标文件，由各个投标单位各自对该工程做相应的投标文件，并在招标文件规定的时间和地点进行开标、评标，最终选出合适的投标单位来承办次项目。

2. 工程描述：建筑面积约 $5961m^2$。

3. 资格预审合格单位，可以从下列地址获得更详细的资料(或查阅有关文件)：××市城市建设发展总公司。

4. 投标文件递交的截止日期为 2021 年 1 月 25 日上午 9 时整。投标文件采用密封形式派专人直接送至开标地点。

5. 注意事项：

(1)投标文件一定要实质性响应招标文件；盖章一定要符合要求；字迹一定要清楚；证书一定要和填报的人一致；投标文件要密封好。

(2)投标文件一定要在投标截止日期前上交，超过时间就以无效标处理。

工作任务

根据××中路地段会所工程,进行投标、评标和定标的准备工作,并完成工程评标所需各类文件和表格的编写。

任务说明

工程建设项目施工的开标、评标、定标,是施工招标全过程中十分重要的环节,直接关系到施工招投标活动能否顺利进行,能否依法择优评出合格的中标人,使施工招标获得成功。而要确保评标活动的质量,必须要有一个科学合理的评标办法。本章主要讲解工程开标、评标、定标的整个过程,让学生了解到如何进行评标,掌握整个评标的流程以及评标的两种方法;同时以品茗电子评标软件为工作平台,系统介绍电子评标的程序和操作过程。有条件时,借助招投标模拟中心体验工程开标、评标、定标过程,深入了解开评标、定标所涉及的一些知识,并学习选择针对不同工程项目的科学合理的评标办法。

项目一　建设工程开标

建筑工程开标就是指招标人在招标公告、招标须知中规定的时间和地点,要求投标人出席的情况下,当众拆开投标资料(包括投标函件),宣布各投标人的名称,投标报价等,这个过程叫工程开标。

问题提出

当你代表某施工企业将"××中路地段会所工程"项目投标书及相关资料已经按照招标公告须知的要求递交到招标中心,接下来的事情如何?在等待评定结果的过程中,按照该工程的评标的规则和方法,自己的投标报价和技术标的编制,能否中标,你心中有数吗?

提示与分析

如果了解了建筑工程开标、评标、定标的程序和规则,而这次投标也是在认真研究招标文件,经过慎重决策,根据企业的综合实力和经营策略进行的投标决策,那么也许就要有好消息了!

知识链接

整个开标、评标、定标流程,如图 3.1 所示。

运作部门		工作内容	监管部门

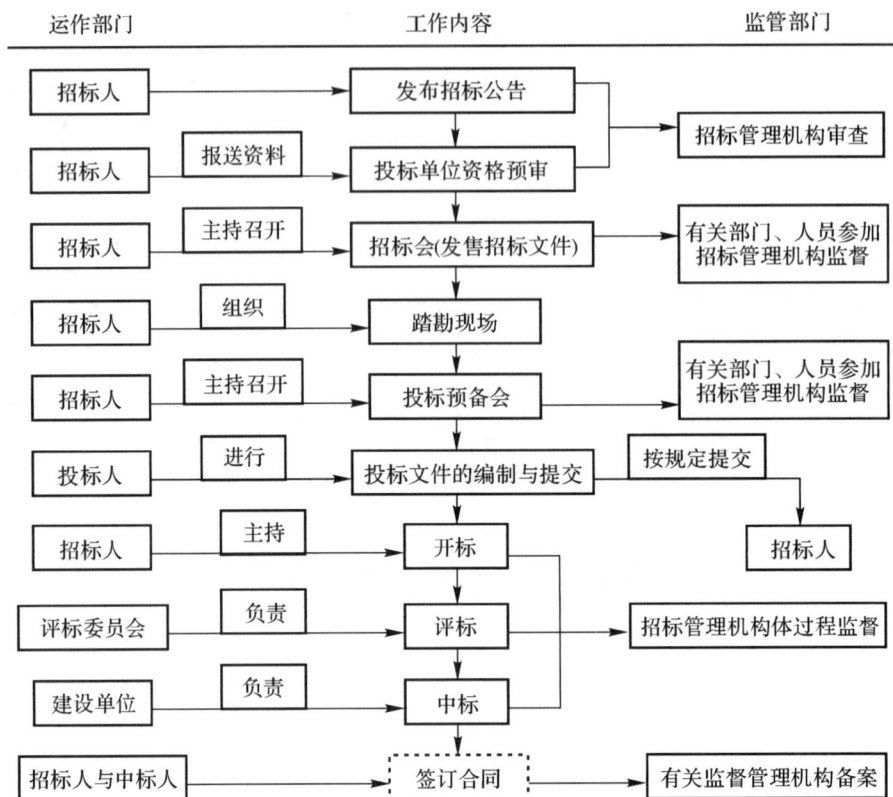

图 3.1　工程开标、评标、定标流程

一、开标应满足的要求

根据《中华人民共和国招标投标法》及其相关法规和规定，开标应满足以下要求。

（1）开标由招标人或招标代理机构主持，邀请投标人代表、公证人员或监督人员和有关单位代表参加。投标人若不派代表参加开标会议，其标书作废，按通常做法，招标人将没收其投标保证金。

（2）参加开标会议的投标人的法定代表人或其委托代理人应随带本人身份证，委托代理人尚应随带参加开标会议的授权委托书，以证明其身份。

（3）开标时，由招标人或者由投标人推选的代表检查投标文件的密封情况，也可以由公证机构检查并公证；经确认无误后，由工作人员当众拆封，宣读投标人名称、投标价格和投标文件的其他主要内容。

（4）投标人在提交投标文件的截止时间前收到的，所有符合要求的投标文件，开标时都应该当众予以拆封、宣读。开标过程应当记录，并存档备查。

（5）唱标内容应完整、明确。唱标及记录人员不得将投标内容遗漏不唱或不记。投标人可以对唱标作必要的解释，但所作的解释不得超过投标文件记载的范围或改变投标文件的实质性内容。

二、开标时间和地点

开标应当在投标截止时间后,按招标文件规定的时间、地点和程序,以公开方式进行。开标时间与投标截止时间应为同一时间。已经建立建设工程交易中心的地方,开标应当在建设工程交易中心举行。

三、投标文件的有效性(即无效标)

开标时,投标文件出现下列情形之一的,应当作为无效投标文件,不得进入评标。

(1)逾期送达的或者未送达指定地点的。

(2)投标文件未按照本须知里的要求装订、密封和标记的。

(3)投标文件标明的投标人在名称和法律地位上或组织结构(包括项目经理)与通过资格审查时的不一致,且这种不一致明显不利于招标人或为招标文件所不允许的。

(4)招标文件规定的投标文件有关内容未按规定加盖投标人印章或未经法定代表人或其委托代理人签字或盖章,由委托代理人签字或盖章未随投标文件一起提供有效的"授权委托书"原件。

(5)投标文件未按规定的格式、要求填写,内容不全或关键字迹模糊、无法辨认的。

(6)投标人未按照招标文件的要求提供投标保证金或者投标保函的。

(7)投标人在一份投标文件中对同一招标项目有两个或多个报价,且未书面声明以哪个报价为准的。

四、开标程序

开标既然是公开进行的,与此次招投标相关的人员就应当参加,这样才能做到公开,让投标人的投标为各投标人及有关方面所共知。《招标投标法》第三十五条规定,开标由招标人主持;在招标人委托招标代理机构代理招标时,开标也可由该代理机构主持。并邀请行政主管部门监督,投标人的法定代表人或其授权的代理人应准时出席。主持人按照规定的程序负责开标的全过程。其他开标工作人员办理开标作业及制作纪录等事项。

主持人按下列程序进行开标:

(1)宣布开标纪律。

(2)公布在投标截止时间前递交投标文件的投标人名称,并点名确认投标人是否派人到场。

(3)宣布开标人、唱标人、记录人、监标人等有关人员姓名。

(4)按照投标人须知前附表的规定检查投标文件的密封情况。

(5)按照投标人须知前附表的规定确定并宣布投标文件开标顺序。

(6)设有标底的,公布标底。

(7)按照宣布的开标顺序当众开标,公布投标人名称、标段名称、投标保证金的递交情况、投标报价、质量目标、工期及其他内容,并记录在案。

(8)投标人代表、招标人代表、监标人、记录人等有关人员在开标记录上签字确认。

(9)开标结束。

开标会议结束后,转入评标阶段。

知识延伸

邀请所有的投标人或其代表出席开标,可以使投标人得以了解开标是否依法进行,有助于使他们相信招标人不会任意做出不适当的决定;同时,也可以使投标人了解其他投标人的投标情况,做到知己知彼,大体衡量一下自己中标的可能性,这对招标人的中标决定也将起到一定的监督作用。(在开标过程中还需要做相应的记录,具体见附表3.1,附表3.2)此外,为了保证开标的公正性,一般还邀请相关单位的代表参加,如招标项目主管部门的人员、评标委员会成员、监察部门代表等。有些招标项目,招标人还可以委托公证部门的公证人员对整个开标过程依法进行公证。

案例

本案例是杭州市某工程项目招标实例的节选。

25.开标

25.1　本招标工程招标人将于投标截止日期的同一时间即按照本须知前附表第19项所规定的时间和地点公开举行开标会议,并邀请所有投标人代表参加开标会议。

25.2　参加开标会议的投标人的法定代表人或其委托代理人应随带本人身份证原件,委托代理人尚应随带参加开标会议的授权委托书(附参加开标会议授权委托书供投标人参考),以证明其身份。投标企业和拟派项目经理应携带IC卡到场核验,尚未领到IC卡的拟派项目经理应携带《项目经理资质证书》原件到场核验。(项目经理无故不到场,或IC卡与身份证不一致,或冒名顶替等情况,不作为废标。开标后由市招标办根据相关规定对相关企业及人员实施信用扣分。)

25.3　按规定提交合格撤回通知的投标文件不予开封,并退给投标人;按本须知第26条规定宣布为无效的投标文件,不予详细评审。

25.4　开标会议由招标人主持。

(1)由招标人查验各投标人应到会代表身份是否符合本投标须知第25.2款规定。

(2)由投标人或者其集体推选的代表检查投标文件的密封情况,也可以由招标人委托的公证机构进行检查并公证。

(3)经确认无误后,由有关工作人员当众拆封,宣读投标人名称、投标价格和投标文件的其他主要内容。

25.5　招标人在提交的截止时间前收到的投标文件,开标时都应当众予以拆封、宣读。

25.6　招标人将对开标过程进行记录,并由招标人和投标人签字确认后存档备查。

26.投标文件的初步审查

26.1　投标文件有下列情形之一的,招标人不予受理:

(1)逾期送达的或者未送达指定地点的。

(2)未按招标文件要求密封的。

26.2　投标文件出现下列情形之一的,由评标委员会初审后按废标处理:

(1)本须知第11条规定的投标文件有关内容未按本须知第19.3款规定加盖投标人印章或未经法定代表人或其委托代理人签字或盖章,由委托代理人签字或盖章未随投标文件一起提供有效的"授权委托书"原件。

(2)投标文件未按规定的格式填写,内容不全或关键字迹模糊、无法辨认的。

（3）投标人递交两份或多份内容不同的投标文件，或在一份投标文件中对同一招标项目报有两个或多个报价，且未声明哪一个有效，按招标文件规定提交备选投标方案的除外。

（4）投标人名称或组织结构（包括项目经理）与资格审查时不一致的。

（5）投标人未按照招标文件的要求提供投标保证金或者投标保函的。

（6）组成联合体投标的，投标文件未附联合体各方共同投标协议的。

项目二　建设工程评标

问题提出

作为"浙江省××市××中路地段会所工程"项目投标人，在递交投标文件之前或之后，是否要清楚建设工程评标的规则和过程呢？掌握建设工程评标的规则，对于本企业项目中标有多大的作用和意义？是否只要做好投标文件并按照规定递交就完全不需要再考虑评标的事情了？

提示与分析

建筑工程评标、定标的程序和规则，对于确定项目的中标单位是至关重要的。企业投标的目的就是要中标，因此对如何评标的了解，有助于正确编制投标书，掌握投标技巧，或者在取得评标委员的认可，占有一定的先机。就好比按照游戏规则，才有可能顺利过关。比如，在技术标的编制上一定要严格按照招标要求的提纲顺序编制投标内容，有清楚的目录和页码，方便评标委员阅读投标文件和评判，会取得良好的印象获得相应的较高评分，等等。

知识链接

评标就是指评标委员会根据招标文件规定的评标标准和方法，对投标人递交的投标文件进行审核、比较、分析和评判，以确定中标候选人或者是直接确定中标人的过程。

开标会议结束后，召开评标会议，评标会议采用保密方式进行。评标由评标委员会负责。评标委员会由招标人依据有关法律规定组织。

一、评标的准备

（一）清标的组织

清标的定义：通过采用核对、比较、筛选等方法，对投标文件的基础性数据进行分析和整理的工作。其目的是找出投标文件中可能存在疑义或者显著异常的数据，为评审以及详细评审中的质疑工作提供基础。

在计算机辅助评标时，可以运用品茗评标软件进行清标。因此，也就无须事先进行相对独立的清标，而可以直接交由评标委员会评审。

（二）评标委员会

评标由招标人依法组建的评标委员会负责。评标委员会由招标人或其委托的招标代理机构熟悉相关业务的代表，以及有关技术、经济等方面的专家组成。评标委员会成员人数为5人以上的单数，其中技术、经济等方面的专家不得少于成员总数的2/3。评标委员会成员名单一般应于开标前确定。评标委员会成员名单在中标结果确定前应当保密。

评标委员会设负责人的,由评标委员会成员推举产生或者由招标人确定。评标委员会负责人与评标委员会的其他成员有同等的表决权。负责人应负责组织协调评标委员会开展评标工作。评标委员会应根据评标工作量和工程特点,制订工作计划,明确分工,交叉审核,确保评标质量。

根据《招标投标法》第三十七条的规定,组成评标委员会的技术、经济专家均应从省级以上人民政府有关部门提供的专家名册或者招标代理机构的专家库内的相关专家名单中确定。产生方式有两种:一是采取随机抽取,二是直接确定。一般项目,可以采取随机抽取的方式;技术特别复杂、专业性要求特别高或者国家有特殊要求的招标项目,采取随机抽取方式确定的专家难以胜任的,可以由招标人直接确定。

评标专家应符合下列条件:

(1)从事相关专业领域工作满8年并具有高级职称或者同等专业水平。

(2)熟悉有关招标投标的法律法规,并具有与招标项目相关的实践经验。

(3)能够认真、公正、诚实、廉洁地履行职责。

评标委员会成员有下列情形之一的,应当回避:

(1)招标人或投标人是主要负责人的近亲属。

(2)项目主管部门或者行政监管部门人员。

(3)与投标人有经济利益关系,可能影响对投标公正评审的。

(4)曾因在招标、评标以及其他与招标投标有关活动中从事违法行为而受过行政处罚或刑事处罚的。

专家的权利和义务:

(1)根据招标文件的要求,对响应的投标文件评审。

(2)客观公正地打分或者投票,推荐中标单位。

(3)对评标工作的全过程及资料保密。

(4)领取评标专家咨询费。

二、评标过程的保密

(1)公开开标后,直到授予中标人合同为止,凡属于对投标文件的审查、澄清、评价和比较的有关资料以及中标候选人的推荐情况、与评标有关的其他任何情况均应严格保密。

(2)在投标文件的评审和比较、中标候选人推荐以及授予合同的过程中,投标人如有试图向招标人和评标委员会施加压力的任何行为,都将会导致其投标被拒绝。

(3)合同授予后,招标人不对未中标人就评标过程情况以及未能中标原因作任何解释。未中标人不得向评委或其他有关人员处获取评标过程的情况和材料。

三、评标原则

评标办法应当体现《招标投标法》规定的招标投标活动遵循的公开、公平和公正原则,以及《评标委员会和评标办法暂行规定》中规定的评标活动遵循公平、公正、科学和择优的原则。

四、评标程序

建设工程项目评标一般按照以下程序进行。

(1)评标准备工作。包括组建评标委员会主任(组长)、评标委员会成员分工、熟悉相关文件资料、清标工作安排以及"暗标"编号等,如果评标办法所附评标表格不能满足评标需要,还应准备相应的补充表格。

(2)初步评审,也称为符合性和完整性评审。只有通过初步评审被判定为合格的投标,方可进入后续的投标文件评审;实行资格后审的,还应当包括投标人资格审查工作,这也是采用资格预审和资格后审两种不同的资格审查方法对具体评标办法在评审程序和内容上的唯一差别。

(3)商务部分评审。商务部分评审是详细评审的内容之一。评审目的是判断各投标人的投标报价的合理性以及是否低于其个别成本,低于个别成本的投标应作为无效投标文件处理,采用综合评估法或最低投标价法的,还包括在评审基础上的量化评分工作。

(4)技术部分评审。技术部分评审是详细评审的内容之一。一般采用量化的评审。(有些地方技术部分评审被判定为不合格的投标,不能进行后续的投标文件评审)

(5)投标文件质疑和澄清、说明及补正,也是详细评审的内容之一。一般在技术部分和商务部分评审过程中进行,包括评标委员会汇总初步评审意见、确定需要质疑的问题、编制质疑问卷或清单、启动质疑程序、对投标人所作的澄清、说明和补正结果进行评审,对评标委员会要求补正,投标人拒不补正的处理等;招标文件约定进行投标人或项目经理答辩的,一般也在本阶段进行。

(6)根据评标办法中约定的定标原则和办法推荐中标候选人或直接确定中标人(如果招标文件规定由评标委员会直接确定中标人时)。

(7)编制及提交评标报告。评标委员会成员共同整理好投标文件评审结果,履行签字确认手续后,递交给投标人,同时将一份副本递交给招标投标监管机构。

五、初步评审

初步评审包括符合性审查和算术性修正。只有通过初步评审的投标文件才能参加详细评审。评标委员会开始评标工作之前,首先要听取招标人或其委托代理机构及清标工作组关于工程情况和清标工作的说明,并认真研读招标文件,获取评标所需的重要信息和数据,主要包括以下内容:招标项目建设规模、标准和工程特点;招标文件规定的评标标准和评标办法;工程的主要技术要求、质量标准及其他与评比有关的内容。

评标委员会应根据招标文件规定,对清标工作组提供的评标工作用表和评标的内容进行认真核对,对与招标文件不一致的内容要进行修正。还要对所有投标文件进行审查并逐项列出每一份投标文件的全部投标偏差,并以此为基础,结合废标条件,审定每份投标文件是否响应招标文件的实质性要求和条件。

(一)符合性审查
(1)投标文件所列投标人名称、项目(总监)负责人与资格预审时不一致。
(2)投标文件中没有有效的法定代表人证明书原件或法定代表人授权书原件。
(3)投标文件的封面没有加盖投标单位的法定印章或投标文件没有骑缝章的,或投标文件上法定代表人或法定代表人授权代理人的签字不齐全,不符合招标文件规定。
(4)未按招标文件的要求缴纳投标担保或缴纳投标担保未达到招标文件规定的额度的。
(5)投标文件未按规定的格式填写,内容不全或关键字字迹模糊、无法辨认的。

(6)对同一招标项目出现两个或以上的投标报价,且没有申明哪个有效。

(7)投标报价未按招标文件依据国家规定所确定的收费范围。

(8)标书异常相同(由不同单位独立编制标书时不可能存在相同)。

(9)不能完成投标项目工期的。

(10)清单符合性查询。对比招标人提供的工程量清单与投标人提供的工程量清单之间的一致性,快速、准确地发现任何不符合招标人要求的部分,并自动加以标记,给出明确的不符合说明,包括清单编码、名称、单位、工程量的符合性检查。

(11)实质上响应的投标文件应该是与招标文件要求的关键条款、条件和规格相符,没有重大偏离的投标。对关键条文的偏离、保留或反对,例如关于投标保证金、适用法律、税及关税等内容的偏离将被认为是实质上的偏离。

评标委员会决定投标的响应性只根据投标本身真实无误的内容,而不依据外部的证据,但投标有不真实不正确的内容时除外。(实质上没有响应招标文件要求的投标将被拒绝。投标人不得通过修正或撤销不合要求的偏离或保留从而使其投标成为实质上响应的投标。)

投标人若通过符合性审查工作后,但在其他方面存在细微偏差,评标委员会可要求投标人进行书面澄清、补正或者依据招标文件规定对投标文件进行不利于该投标人的评标量化,但不得对该投标文件作废标处理。

(二)计算错误检查

评审专家将用快速方法抽查报价的计算,找出部分可能存在的计算错误。如果采用电子评标,软件会通过符合性审查的各投标文件的报价进行校核,自动检查投标报价的各种计算关系,自动判断计算是否准确。并对有算术上的和累加运算上的差错给予修正。包括综合单价、合价、各清单项合计、清单项目费、措施项目费、其他项目费和总报价等。

对算术性修正结果,评标委员会应通过招标人向投标人进行书面澄清。投标人对修正结果进行书面确认的,其投标文件可参加详细评审。投标人对修正结果有不同意见或未做书面确认的,评标委员会应重新复核算术性修正结果。如果确认算术性修正无误,应对该投标文件作废标处理;如果发现算术性修正存在差错,应做出及时调整并重新进行书面澄清。

(三)合理性分析

对总造价、分部分项工程量清单、措施项目费、其他项目费、清单综合单价、材料单价等的价格分析为评标提供横向、纵向与形式多样的对比参考数据,提供可自由设定范围,自由设定基准价的偏差比较放大,为评标委员会确定合理价提供大量数字依据。

按上述评审,评标委员会列出被否决的不合格投标或者界定为废标的,确定合格的投标文件。

六、详细评审

(一)资信评审

根据招标文件要求,对所有投标单位都必须进行资信评审,对招标文件进行实质性响应。审查的内容主要包括营业执照、安全生产许可证、资质等级、财务状况、类似项目业绩、信誉、项目经理、其他要求和联合体投标人等。

(二)技术部分评审

技术部分对施工项目而言即是施工组织设计。在通过市场竞争形成工程造价的计价体系下,施工组织设计是投标报价的重要基础文件,决定着投标报价的竞争力。过去认为投标文件中的施工组织设计是规划性的,在新的计价体系下,其操作性的成分已经大大提高,否则,投标人会面临成本风险。因此,技术部分的评审应当综合考虑技术和经济因素,还要考虑其合理性和可操作性,且评审中发现的不合理之处,需要反映到对投标报价的评审中。

技术标评审部分主要有两种评审方式:通过式和打分制。

采用合理最低价中标的技术标评审一般采用通过式,通过式就是对整份标书通过整体考虑是否通过,不通过的就作为废标处理。

采用综合评分法的技术标评审应采用打分制。对"技术标"进行评审和打分时,可自行确定评分规则,通常技术标评审时多采用百分制。评标文件事先确定技术标各部分的分值,技术评审专家按照评标办法独立评定各项分数,最后统计汇总得出各投标企业技术标的最后分值。

技术标评审也可以采用分级评定,如:各评审项目(评分因子)的标准分值大于(不含)5分时,设优、良、中、差;各评审项目(评分因子)的标准分值小于(不含)5分时,设优、良、差三个档次。

优:方案科学、合理、安全,考虑周全,措施到位,针对性强,完全能够满足招标工程的施工需要。

良:方案基本科学、合理、安全,考虑比较周全,措施基本到位,针对性强,可以满足招标工程的施工需要,但有个别细节需要进一步完善或提高。

中:方案在科学、合理、安全性方面一般,考虑不够周全,措施不够到位,针对性不强,虽然能够基本满足招标工程的施工需要,但有很多方面需要进一步完善甚至重新考虑。

差:方案在科学、合理、安全性方面差,考虑非常不周,措施基本不到位,没有针对性,不能满足招标工程的施工需要。

技术部分评审一般包括下列内容:

(1)施工方案和施工现场总平面布置。
(2)项目经理及项目部组成人员。
(3)确保工期的技术组织措施。
(4)施工进度表或施工网络图。
(5)确保工程质量的技术组织措施。
(6)确保安全生产的技术组织措施。
(7)确保文明施工的技术组织措施及环境保护措施。
(8)施工机械设备或材料投入计划。
(9)劳动力安排计划及劳务分包情况表。
(10)主要设备、材料、构件的用量计划。
(11)其他施工组织措施。

(三)商务标评审

只有合格的投标才有资格进入商务部分评审阶段。商务部分评审首先是判断各投标人是否低于成本。为实现这一目的,商务部分评审可分为下列步骤:

(1)算术性错误分析和修正。
(2)错漏项分析和修正。

(3)分部分项工程量清单部分价格合理性分析和修正。

(4)措施项目工程量清单和其他项目工程量清单部分价格合理性分析和修正。

(5)企业管理费合理性分析和修正。

(6)利润水平合理性分析和修正。

(7)法定税金和规费的完整性分析和修正。

(8)不平衡报价分析和修正(如果招标文件中有规定)。

2008年7月9日,住房和城乡建设部第63号公告发布国家标准《建设工程工程量清单计价规范》(GB 50500—2008),自2008年12月1日起实施。工程量清单计价以国家标准形式发布,并作为今后工程计价的主要模式被规范起来。

工程量清单计价规范报价均采用综合单价形式,综合单价包含工程直接费、工程间接费、利润和各种税费等。不像以往定额计价那样有定额直接费表,再有各种费、税、材料价差表;最后才能知道工程造价。相比之下,工程量清单计价规范报价显得简单明了,更适合工程的施工招投标。

工程量清单计价规范报价要求投标单位根据市场行情和自身实力报价,从而打破了工程造价形成的单一性和垄断性,呈现出有高有低的多样性报价。建设工程的招投标,很大程度是工程单价的竞争,若仍采用以往的定额计价模式,竞争就不能真正体现。

工程量清单计价规范报价具有合同化的法定性,工程量清单为投标人提供了一个平等的报价基础,结算时按照招标文件规定的计量方法计量实际完成数量,也就是说数量是可调整的。

投标单位报价的多样性,有利于逐渐推行经评审最低投标价中标法,从而达到降低工程造价、节约投资的目的。

案例

本案例是杭州市某工程项目招标实例的节选。

27.评标会议

27.1　开标会议结束后,召开评标会议,评标会议采用保密方式进行。评标由评标委员会负责。

27.2　评标委员会由招标人依据有关法律规定组织。

28.评标过程的保密

28.1　公开开标后,直到授予中标人合同为止,凡属于对投标文件的审查、澄清、评价和比较的有关资料以及中标候选人的推荐情况,与评标有关的其他任何情况均应严格保密。

28.2　在投标文件的评审和比较、中标候选人推荐以及授予合同的过程中,投标人如有试图向招标人和评标委员会施加影响的任何行为,都将会导致其投标被拒绝。

28.3　合同授予后,招标人不对未中标人就评标过程情况以及未能中标原因作任何解释。未中标人不得向评委或其他有关人员处获取评标过程的情况和材料。

29.资格后审

29.1　本工程采用资格后审,评标委员会应按照资格后审评标办法审查其是否有能力和条件有效地履行合同义务。

30.投标文件的澄清

30.1　为了有助于投标文件的审查、评价和比较,评标委员会可以用书面形式要求投标人对投标文件含义不明确的内容作必要的澄清或者说明。有关澄清说明与答复,投标人应以书面形式进行,但对投标报价和实质性的内容不得更改。根据本须知第32条,凡属于评标委员会在评标中发现的算术错误进行核实的修改不在此列。

31. 投标文件的符合性鉴定

31.1 开标后,投标文件经审查符合本须知第26.1条规定的投标文件由评标委员会进行评审。

31.2 评标时,评标委员会将首先评定每份投标文件是否在实质上响应了招标文件的要求,所谓实质上响应是指投标文件应与招标文件的所有实质性条款、条件和规定相符,无显著差异或保留,或者对合同中约定的招标人的权利和投标人的义务方面造成重大的限制,纠正这些显著差异或保留将会对其他实质上响应招标文件要求的投标文件的投标人的竞争地位产生不公正的影响。

31.3 如果投标文件实质上不响应招标文件各项要求,评标委员会将予以拒绝,并且不允许投标人通过修改或撤销其不符合要求的差异或保留,使之成为具有响应性的投标。

32. 错误的修正

32.1 评标委员会将对确定为实质上响应招标文件要求的投标文件进行校核,看其是否有计算、累计或表达上的错误,修正错误的原则如下:

(1)如果数字表示的金额和用文字表示的金额不一致时,应以文字表示的金额为准。

(2)当单价和数量的乘积与合价不一致时,以单价为准,除非评标委员会认为单价有明显的小数点错误,此时应以标出的合价为准,并修改单价。

(3)合计累计金额与小计(合计)金额不一致的,以小计(合计)金额为准,并修改合计累计金额及总报价。

当评标委员会按照上述原则修正错误,发现其错误达到或超过原总报价的0.5%时,将认定其投标文件质量较差,其错误不予修正,作废标处理。

32.2 按上述修正错误的原则及方法调整或修正投标文件的投标报价,投标人同意后,调整后的投标报价对投标人起约束作用。如果投标人不接受修正后的报价,则其投标将被拒绝并且其投标保证金或投标保函也将被没收,并不影响评标工作。

33. 投标文件的评估和比较

33.1 评标委员会将按照本须知第31条规定仅对确实为实质上响应招标文件要求的投标文件进行评估和比较。

33.2 在评审过程中,评标委员会可能要求投标人就投标文件中的内容进行答辩,招标人将以书面形式通知投标人,投标人应按要求进行答辩。

33.3 评标委员会依据前附表第20项规定的评标标准和方法进行评审和比较,向招标人提交评标报告并推荐中标候选人。

33.4 评标方法和标准

经评审最低投标价法:能满足招标文件的实质性要求,通过经评审最低投标价的投标,为中标候选人。

33.5 中标人的确定

使用国有资金投资或者国有资金占控股或者主导地位的项目施工招标,确定中标人须严格按照国家计委等7部委第12号令、建设部89号令和市政府杭政〔2001〕18号文件中有关规定执行。

33.6　本条适用于电子招标项目

电子招投标项目,评标专家在评审过程中将借助杭州市建设工程计算机辅助评标系统分析判断投标书的偏差及报价的合理性。

知识延伸

工程量清单计价规范报价招标投标的评审

《招标投标法》第三十三条规定,"投标人不得以低于成本价的报价竞标";第四十一条规定中标人的投标应符合"满足招标文件的实质性要求,并经评审的投标价格最低;但是投标价低于成本价除外";建设部令第107号规定,施工图预算、招标标底和投标报价由成本(直接费、间接费)、利润和税金构成。

按工程量清单计价规范报价,要求企业在投标报价时应注意"社会平均成本价"与"企业自身个别成本价"的差别。企业定额是落实《招标投标法》"合理低价中标,并且不低于成本价"的关键。企业只有依据企业定额和自身的特点、优势及发展要求,才能在工程量清单计价规范招标投标中做出合理的、具有竞争力的投标方案。

能够满足招标文件的实质性要求,并且经评审的投标价格最低;但是投标价格低于成本的除外。《评标委员会和评标方法暂行规定》(国家计委等七部委第12号令)第二十一条规定:"在评标过程中,评标委员会发现投标人的报价明显低于其他投标报价或者在设有标底时明显低于标底的,使得其投标报价可能低于其个别成本的,应当要求该投标人作出书面说明并提供相关证明材料。投标人不能合理说明或者不能提供相关证明材料的,由评标委员会认定该投标人以低于成本报价竞标,其投标应作废标处理。"根据上述法律、规章的规定,投标人的投标报价不得低于成本。

实行工程量清单招标,招标人在招标文件中提供工程量清单,其目的是使各投标报价中具有共同的竞争平台。因此,要求投标人在投标报价中填写的工程量清单的项目编码、项目名称、项目特征、计量单位、工程量必须与招标人招标文件中提供的一致。

（四）重大偏差

在对投标人的财务能力、技术能力、管理水平和以往施工业绩及履约信誉进行详细评审的过程中,如发现投标人的投标文件有以下情况之一的,则属于重大偏差,按废标处理。

(1)没有按照招标文件要求提供投标担保或者所提供的投标担保有瑕疵。

(2)投标文件没有投标人授权代表签字和加盖公章。

(3)投标文件载明的招标项目完成期限超过招标文件规定的期限。

(4)明显不符合技术规格、技术标准的要求。

(5)投标文件载明的货物包装方式、检验标准和方法等不符合招标文件的要求。

(6)投标文件附有招标人不能接受的条件。

(7)不符合投标文件中规定的其他实质性要求。

招标文件中存在的其他问题应视为细微偏差,评标委员会可要求投标人进行澄清,或对投标文件进行不利于该投标人的评比量化,但不得作废标处理。

（五）细微偏差

细微偏差是指投标文件在实质上响应招标文件要求,但在个别地方存在漏项或者提供不完整资料,不会对其他投标人造成不公平的结果。细微偏差不影响投标文件的有效性。评标委员会视投标文件中的下列偏差为细微偏差:

(1)在算术性复核中发现的算术性差错。

(2)在招标人给定的工程量清单中漏报了某个工程细目的单价和合价。

(3)在招标人给定的工程量清单中多报了某个工程细目的单价和合价,所报单价增加或减少了报价范围。

(4)在招标人给定的工程量清单中修改了某些支付号的工程数量。

(5)除强制性标准规定外,拟投入本合同段的施工、检测设备、人员不足。

(6)在施工组织设计(含关键工程技术方案)不够完善。

(7)施工业绩及履约信誉等证明材料涉嫌造假。

评标委员会对投标文件中的细微偏差按如下规定处理:评标委员会应当书面要求存在细微偏差的投标人在评标结束前予以补正。拒不补正的,在详细评审时可以对细微偏差作不利于该投标人的量化,量化标准应当在招标文件中规定,一般其最终评定分值应在经评定的相应评分项目的应得分值基础上折减去10%。

七、对投标文件的质疑和澄清

评标委员会应当对技术部分和商务部分需要投标人澄清、说明、确认或提供进一步证明的事项,确定质疑目的,讨论确定书面质疑问题以及投标人对质疑问题进行澄清的具体要求,并以书面形式通知相关投标人质疑问题和有关澄清要求,包括书面回复的内容、回复时间(应给投标人留出必要的回复时间)、递交方式等。

拒绝对质疑问题进行澄清、说明或补正或不能提供有关证明的,评标委员会可以直接否决其投标。如果评标委员会对投标人提交的质疑问题的澄清、说明或补正依然存在疑问,评标委员会可以进行进一步质疑,投标人对这种进一步质疑应相应地进一步澄清、说明或补正,直至评标委员会认为全部质疑都得到澄清、说明或补正。

投标文件错误修正原则:

(1)当以数字表示的金额与文字表示的金额有差异时,以文字表示的金额为准。

(2)当单价与数量相乘不等于合价时,以单价计算为准,以文字表示的金额为准。

(3)当各细目的合价累计不等于总价时,应以各项目合价累计数为准,修正总价。

(4)当单价与工程量的乘积与合价(金额)虽然一致,但单价有明显的小数点错位(数量级有明显错误而投标人不能提供正当的理由),应同时修改单价和合价。

在评标过程中,评标委员会发现投标人以他人名义投标、串通投标,以行贿手段谋取中标或者以其他弄虚作假方式投标的,该投标人的投标应作废标处理。

八、废标条件

投标文件出现下列情形之一的,由评标委员会评审后按废标处理:

(1)投标人的企业资质、营业执照等条件不满足招标文件载明的强制性要求的。

(2)投标人未按照招标文件的要求提供投标保证金的。

(3)被市级及以上招标投标行政监督管理部门通报限制投标且在限制期内的。

(4)投标报价高于预算价乘以最高限价上限系数的。

(5)未按招标文件的要求签署和盖章的(仅限于单位印章和法定代表人或其委托代理人签字或盖章)。

(6)投标文件未按规定的格式填写,内容不全或关键字字迹模糊、无法辨认的。

(7)投标人递交两份或多份内容不同的投标文件,或在一份投标文件中对同一招标项目报有两个或多个报价,且未声明哪一个有效的。

(8)质量、工期不满足招标文件要求的。

(9)项目管理班子配备不能满足要求的。

(10)关键施工技术方案不可行的。

(11)生产措施存在重大安全隐患的。

(12)主要施工机械设备不能满足施工需要的。

(13)改变招标人提供的工程量清单内容或招标文件规定的投标暂定价的。

(14)评标委员会一致认为未实质性响应招标文件要求的。

评标委员会根据本规定相关条款的规定否决不合格投标或者界定为废标后,因有效投标不足三个使得投标明显缺乏竞争的,评标委员会可以否决全部投标;投标人少于三个或者所有投标被否决的,招标人应当依法重新招标。

九、评标方法

评标委员会成员应当编制供评标使用的相应表格,认真研究招标文件,至少应了解和熟悉以下内容:

(1)招标的目的。

(2)招标项目的范围和性质。

(3)招标文件中规定的主要技术要求、标准和商务条款。

(4)招标文件规定的评标标准、评标方法和在评标过程中应考虑的相关因素。

招标人或者其委托的招标代理机构应当向评标委员会提供评标所需的重要信息和数据。

评标方法,是运用评标标准评审、比较投标的具体方法,包括经评审的最低投标价法、综合评估法或者法律法规允许的其他方法。

评标委员会按照评标办法、评标因素、标准和程序对投标文件进行评审。中华人民共和国《标准施工招标文件》(2007版)中规定,评标可采用以下两种方式。(以下内容为标准文件格式)

评标办法一 经评审的最低投标价法

评标办法前附表 3.1

条款号		评审因素	评审标准
2.1.1	形式评审标准	投标人名称	与营业执照、资质证书、安全生产许可证一致
		投标函签字盖章	有法定代表人或其委托代理人签字或加盖单位章
		投标文件格式	符合第八章"投标文件格式"的要求
		联合体投标人	提交联合体协议书,并明确联合体牵头人(如有)
		报价唯一	只能有一个有效报价
		……	……

条款号		量化因素	量化标准
2.1.2	资格评审标准	营业执照	具备有效的营业执照
		安全生产许可证	具备有效的安全生产许可证
		资质等级	符合第二章"投标人须知"第1.4.1项规定
		财务状况	符合第二章"投标人须知"第1.4.1项规定
		类似项目业绩	符合第二章"投标人须知"第1.4.1项规定
		信誉	符合第二章"投标人须知"第1.4.1项规定
		项目经理	符合第二章"投标人须知"第1.4.1项规定
		其他要求	符合第二章"投标人须知"第1.4.1项规定
		联合体投标人	符合第二章"投标人须知"第1.4.2项规定(如有)
		……	……
2.1.3	响应性评审标准	投标内容	符合第二章"投标人须知"第1.3.1项规定
		工期	符合第二章"投标人须知"第1.3.2项规定
		工程质量	符合第二章"投标人须知"第1.3.3项规定
		投标有效期	符合第二章"投标人须知"第3.3.1项规定
		投标保证金	符合第二章"投标人须知"第3.4.1项规定
		权利义务	符合第四章"合同条款及格式"规定
		已标价工程量清单	符合第五章"工程量清单"给出的范围及数量
		技术标准和要求	符合第七章"技术标准和要求"规定
		……	……
2.1.4	施工组织设计和项目管理机构评审标准	施工方案与技术措施	……
		质量管理体系与措施	……
		安全管理体系与措施	……
		环境保护管理体系与措施	……
		工程进度计划与措施	……
		资源配备计划	……
		技术负责人	……
		其他主要人员	……
		施工设备	……
		试验、检测仪器设备	……
		……	……
2.2	详细评审标准	单价遗漏	……
		付款条件	……
		……	……

1.评标方法

本次评标采用经评审的最低投标价法。评标委员会对满足招标文件实质要求的投标文件,根据本章第2.2款规定的量化因素及量化标准进行价格折算,按照经评审的投标价由低到高的顺序推荐中标候选人,或根据招标人授权直接确定中标人,但投标报价低于其成本的除外。经评审,投标价相等时,投标报价低的优先;投标报价也相等的,由招标人自行确定。

2.评审标准

2.1　初步评审标准

2.1.1　形式评审标准:见评标办法前附表3.1。

2.1.2　资格评审标准:见评标办法前附表3.1(适用于未进行资格预审的)。

2.1.2　资格评审标准:见资格预审文件第三章"资格审查办法"详细审查标准(适用于已进行资格预审的)。

2.1.3　响应性评审标准:见评标办法前附表3.1。

2.1.4　施工组织设计和项目管理机构评审标准:见评标办法前附表3.1。

2.2　详细评审标准

详细评审标准:见评标办法前附表3.1。

3.评标程序

3.1　初步评审

3.1.1　评标委员会可以要求投标人提交第二章"投标人须知"第3.5.1项至第3.5.5项规定的有关证明和证件的原件,以便核验。评标委员会依据本章第2.1款规定的标准对投标文件进行初步评审。有一项不符合评审标准的,作废标处理。(适用于未进行资格预审的)评标委员会依据本章第2.1.1项、第2.1.3项、第2.1.4项规定的标准对投标文件进行初步评审。有一项不符合评审标准的,作废标处理。当投标人资格预审申请文件的内容发生重大变化时,评标委员会依据本章第2.1.2项规定的标准对其更新资料进行评审。(适用于已进行资格预审的)

3.1.2　投标人有以下情形之一的,其投标作废标处理:

(1)第二章"投标人须知"第1.4.3项规定的任何一种情形的。

(2)串通投标或弄虚作假或有其他违法行为的。

(3)不按评标委员会要求澄清、说明或补正的。

3.1.3　投标报价有算术错误的,评标委员会按以下原则对投标报价进行修正,修正的价格经投标人书面确认后具有约束力。投标人不接受修正价格的,其投标作废标处理。

(1)投标文件中的大写金额与小写金额不一致的,以大写金额为准。

(2)总价金额与依据单价计算出的结果不一致的,以单价金额为准修正总价,但单价金额小数点有明显错误的除外。

3.2　详细评审

3.2.1　评标委员会按本章第2.2款规定的量化因素和标准进行价格折算,计算出评标价,并编制价格比较一览表。

3.2.2　评标委员会发现投标人的报价明显低于其他投标报价,或者在设有标底时明显低于标底,使得其投标报价可能低于其成本的,应当要求该投标人作出书面说明并提供相应的证明材料。投标人不能合理说明或者不能提供相应证明材料的,由评标委员会认定该投标人以低于成本报价竞标,其投标作废标处理。

3.3　投标文件的澄清和补正

3.3.1　在评标过程中,评标委员会可以书面形式要求投标人对所提交的投标文件中不明确的内容进行书面澄清或说明,或者对细微偏差进行补正。评标委员会不接受投标人主动提出的澄清、说明或补正。

3.3.2 澄清、说明和补正不得改变投标文件的实质性内容(算术性错误修正的除外)。投标人的书面澄清、说明和补正属于投标文件的组成部分。

3.3.3 评标委员会对投标人提交的澄清、说明或补正有疑问的,可以要求投标人进一步澄清、说明或补正,直至满足评标委员会的要求。

3.4 评标结果

3.4.1 除第二章"投标人须知"前附表授权直接确定中标人外,评标委员会按照经评审的价格由低到高的顺序推荐中标候选人。

3.4.2 评标委员会完成评标后,应当向招标人提交书面评标报告。

评标办法二 综合评估法
评标办法前附表 3.2

条款号		评审因素	评审标准
2.1.1	形式评审标准	投标人名称	与营业执照、资质证书、安全生产许可证一致
		投标函签字盖章	有法定代表人或其委托代理人签字或加盖单位章
		投标文件格式	符合第八章"投标文件格式"的要求
		联合体投标人	提交联合体协议书,并明确联合体牵头人
		报价唯一	只能有一个有效报价
		……	……
2.1.2	资格评审标准	营业执照	具备有效的营业执照
		安全生产许可证	具备有效的安全生产许可证
		资质等级	符合第二章"投标人须知"第1.4.1项规定
		财务状况	符合第二章"投标人须知"第1.4.1项规定
		类似项目业绩	符合第二章"投标人须知"第1.4.1项规定
		信誉	符合第二章"投标人须知"第1.4.1项规定
		项目经理	符合第二章"投标人须知"第1.4.1项规定
		其他要求	符合第二章"投标人须知"第1.4.1项规定
		联合体投标人	符合第二章"投标人须知"第1.4.2项规定
		……	……
2.1.3	响应性评审标准	投标内容	符合第二章"投标人须知"第1.3.1项规定
		工期	符合第二章"投标人须知"第1.3.2项规定
		工程质量	符合第二章"投标人须知"第1.3.3项规定
		投标有效期	符合第二章"投标人须知"第3.3.1项规定
		投标保证金	符合第二章"投标人须知"第3.4.1项规定
		权利义务	符合第四章"合同条款及格式"规定
		已标价工程量清单	符合第五章"工程量清单"给出的范围及数量
		技术标准和要求	符合第七章"技术标准和要求"规定
		……	……

续表

条款号	评审因素	评审标准
2.2.1	分值构成 （总分100分）	施工组织设计：_____分 项目管理机构：_____分 投 标 报 价：_____分 其他评分因素：_____分
2.2.2	评标基准价计算方法	
2.2.3	投标报价的偏差率 计算公式	$偏差率＝100\%\times\dfrac{（投标人报价－评标基准价）}{评标基准价}$
2.2.4(1)	施工组织设计评分标准	内容完整性和编制水平 ……
		施工方案与技术措施 ……
		质量管理体系与措施 ……
		安全管理体系与措施 ……
		环境保护管理体系与措施 ……
		工程进度计划与措施 ……
		资源配备计划 ……
		…… ……
2.2.4(2)	项目管理机构评分标准	项目经理任职资格与业绩 ……
		技术负责人任职资历格与业绩 ……
		其他主要人员 ……
		……
2.2.4(3)	投标报价评分标准	
2.2.4(4)	其他因素评分标准	

1.评标方法

本次评标采用综合评估法。评标委员会对满足招标文件实质性要求的投标文件，按照本章第2.2款规定的评分标准进行打分，并按得分由高到低的顺序推荐中标候选人，或根据招标人授权直接确定中标人，但投标报价低于其成本的除外。综合评分相等时，以投标报价低的优先；投标报价也相等的，由招标人自行确定。

2.评审标准

2.1 初步评审标准

2.1.1 形式评审标准：见评标办法前附表3.2。

2.1.2 资格评审标准：见评标办法前附表3.2(适用于未进行资格预审的)。

2.1.2 资格评审标准：见资格预审文件第三章"资格审查办法"详细审查标准(适用于已进行资格预审的)。

2.1.3 响应性评审标准：见评标办法前附表3.2。

2.2　分值构成与评分标准

2.2.1　分值构成

(1)施工组织设计:见评标办法前附表3.2。

(2)项目管理机构:见评标办法前附表3.2。

(3)投标报价:见评标办法前附表3.2。

(4)其他评分因素:见评标办法前附表3.2。

2.2.2　评标基准价计算

评标基准价计算方法:见评标办法前附表3.2。

2.2.3　投标报价的偏差率计算

投标报价的偏差率计算公式:见评标办法前附表3.2。

2.2.4　评分标准

(1)施工组织设计评分标准:见评标办法前附表。

(2)项目管理机构评分标准:见评标办法前附表。

(3)投标报价评分标准:见评标办法前附表。

(4)其他因素评分标准:见评标办法前附表。

3.评标程序

3.1　初步评审

3.1.1　评标委员会可以要求投标人提交第二章"投标人须知"第3.5.1项至第3.5.5项规定的有关证明和证件的原件,以便核验。评标委员会依据本章第2.1款规定的标准对投标文件进行初步评审。有一项不符合评审标准的,作废标处理。(适用于未进行资格预审的)评标委员会依据本章第2.1.1项、第2.1.3项规定的评审标准对投标文件进行初步评审。有一项不符合评审标准的,作废标处理。当投标人资格预审申请文件的内容发生重大变化时,评标委员会依据本章第2.1.2项规定的标准对其更新资料进行评审。(适用于已进行资格预审的)

3.1.2　投标人有以下情形之一的,其投标作废标处理:

(1)第二章"投标人须知"第1.4.3项规定的任何一种情形的。

(2)串通投标或弄虚作假或其他违法行为的。

(3)不按评标委员会要求澄清、说明或补正的。

3.1.3　投标报价有算术错误的,评标委员会按以下原则对投标报价进行修正,修正的价格经投标人书面确认后具有约束力。投标人不接受修正价格的,其投标作废标处理。

(1)投标文件中的大写金额与小写金额不一致的,以大写金额为准。

(2)总价金额与依据单价计算出的结果不一致的,以单价金额为准修正总价,但单价金额小数点有明显错误的除外。

3.2　详细评审

3.2.1　评标委员会会按本章第2.2款规定的量化因素和分值进行打分,并计算出综合评估得分。

(1)按本章第2.2.4(1)目规定的评审因素和分值对施工组织设计计算出得分 A。

(2)按本章第2.2.4(2)目规定的评审因素和分值对项目管理机构计算出得分 B。

(3)按本章第2.2.4(3)目规定的评审因素和分值对投标报价计算出得分 C。

(4)按本章第2.2.4(4)目规定的评审因素和分值对其他部分计算出得分D。

3.2.2　评分分值计算保留小数点后两位,小数点后第三位"四舍五入"。

3.2.3　投标人得分＝A＋B＋C＋D。

3.2.4　评标委员会发现投标人的报价明显低于其他投标报价,或者在设有标底时明显低于标底,使得其投标报价可能低于其个别成本的,应当要求该投标人做出书面说明并提供相应的证明材料。投标人不能合理说明或者不能提供相应证明材料的,由评标委员会认定该投标人以低于成本的报价竞标,其投标作废标处理。

3.3　投标文件的澄清和补正

3.3.1　在评标过程中,评标委员会可以书面形式要求投标人对所提交投标文件中不明确的内容进行书面澄清或说明,或者对细微偏差进行补正。评标委员会不接受投标人主动提出的澄清、说明或补正。

3.3.2　澄清、说明和补正不得改变投标文件的实质性内容(算术性错误修正的除外)。投标人的书面澄清、说明和补正属于投标文件的组成部分。

3.3.3　评标委员会对投标人提交的澄清、说明或补正有疑问的,可以要求投标人进一步澄清、说明或补正,直至满足评标委员会的要求。

3.4　评标结果

3.4.1　除第二章"投标人须知"前附表授权直接确定中标人外,评标委员会按照得分高到低的顺序推荐中标候选人。

3.4.2　评标委员会完成评标后,由应当向招标人提交书面评标报告。

评分办法举例

评标办法主要是由招标单位根据当地规定设置的。不同的地区,不同的招标工程所提供的评分标准可以是不一样的。例如:

1.商务标(最高分80分),投标报价(基本分65分)

(1)投标报价等于标的,得基本分65分。

(2)投标报价每低于标的1%,在基本分的基础上加1分,最高加15分。

(3)投标报价每高于标的1%,在基本分的基础上减1分。

(4)投标报价低于标的15%(不含15%),只得基本分;每再低于标的1%,在基本分的基础上减2分。

2.技术标(最高分9分)

(1)施工质量保证措施(基本分3分),凡所报质量保证措施详细、得力、可行的,得基本分3分;有质量保证措施但不完整的,得1分;无质量保证措施的不得分。

(2)安全文明施工保证措施(基本分3分),制定的责任目标明确、保障设施完善、措施可行的,得基本分3分;有安全文明施工保证措施但不完整的,得1分;无安全文明施工保证措施的不得分。

(3)工期保证措施(基本分3分),有详细的施工进度计划,且切实可行、合理的,得基本分3分;有施工进度计划但不完整的,得1分;无施工进度计划的不得分。

3.其他(最高分11分)

(1)企业资格等级(基本分3分),项目主管部门颁发的一级资格等级,得基本分3分;企业资格等级每降低一级,得分减少1分。

（2）企业注册资金（基本分3分），根据采购项目规模、性质及具体要求，企业注册资金可划分为3个档次，档次最高者得基本分3分，每低一个档次，依次递减1分。

（3）投标文件的整体符合性，含实质性优惠和售后服务承诺（基本分2分），完全对投标文件实质性响应得基本分2分；一般响应招标文件的得1分；完全不响应的不得分。

（4）企业的综合实力和信誉（基本分3分），评标委员会根据投标人的技术、设备状况、近期业绩等综合实力，在1~3分间给出得分。

说明：

1.标的计算：去掉一个最高报价，去掉一个最低报价，剩余报价的算术平均值为复合标的。

2.在计算过程中，保留到小数点后两位，以后数字四舍五入。

3.所有评委单项指标的有效打分，均去掉一个最高分，去掉一个最低分，按所剩有效票的平均分为准。

4.得分最高者为中标人（成交供应商），第二名为中标候选人（候选供应商）。

十、评标报告

评标委员会对评审合格的投标文件按投标报价高于且最接近评标基准价的投标人推荐为第一中标候选人。

评标委员会应根据评标情况和结果，向招标人提交书面评标报告。评标报告由评标委员会起草，按少数服从多数的原则通过。评标委员会全体成员应在评标报告上签字确认，评标专家如有保留意见可以在评标报告中阐明。

评标报告应包括以下内容：

（1）开标记录。

（2）通过初步评审的投标一览表。

（3）废标情况说明及依据。

（4）经评审的价格一览表。

（5）经评审的投标人排序。

（6）推荐的中标候选人名单与签订合同前要处理的事项。

（7）询标澄清、说明、补正事项纪要。

项目三　建设工程定标

问题提出

按照合理最低价评标办法，某施工企业已经为中标人，但是此后该企业发觉所报的中标价有重大漏项，故想在签订合同的时候增加价款，否则就不予签订合同。此种情况下该施工企业能够获得自己希望的利益吗？

提示与分析

该施工企业的想法不可取。招标人将有充分的理由废除合同，并没收其投标保证金，给招标人造成的损失超过投标保证金数额的,还应当对超过部分予以赔偿。招标工程如要求中标人提交履约担保的,招标人也将在中标人提交履约担保的同时向中标人提供同等数额的工程款支付担保。所以施工企业已经没有商谈余地,只有通过自身的采购和优化管理,合理索赔等,达到获得合理的利润的目的。否则将要承担巨大的经济和法律风险。

知识链接

一、中标候选人的确定

对投标人的报价分和技术分相加,得出投标人的综合评分值。在综合评分值中按降序排出中标候选人的名次,排名第一者(即综合评分值最高者)为推荐的第一中标候选人,排名第二者为推荐的第二中标候选人,并按以下原则确定中标价:

(1)中标人的中标价为通过了初步评审和详细评审,并经细微偏差澄清和补正后经投标人确认的投标报价。

(2)如果推荐的第一中标候选人放弃中标,或第一中标候选人不能提供履约担保,或因不可抗力无法签署合同,或业主不接受推荐的第一中标候选人,则按推荐的中标候选人排名顺序依次确定中标人。

中标人的投标应当符合下列条件:

(1)能够最大限度满足招标文件中规定的各项综合评价标准。

(2)能够满足招标文件的实质性要求,并且经评审的投标价格最低;但是投标价格低于成本的除外。

二、中标通知书

在投标有效期内,招标人将向中标人发出中标通知书;招标人将在发出中标通知书的同时,将中标结果以书面形式通知所有未中标的投标人。

三、合同协议书的签订

招标人与中标人将于中标通知书发出之日起30日内,按照招标文件和中标人的投标文件签订建设工程施工合同。

中标人如不按本投标须知的规定与招标人签订合同,则招标人将有充分的理由废除授标,并没收其投标保证金或投标保函,给招标人造成的损失超过投标担保数额的,还应当对超过部分予以赔偿,同时依法承担相应法律责任。

中标人应当按照合同约定履行义务,完成中标项目施工,不得将中标项目施工转让(转包)给他人。

四、履约担保

合同协议书签署后7天内,中标人应按投标须知规定的金额向招标人提交履约担保。

如果中标人不能按投标须知的规定执行,招标人将有充分的理由废除合同,并没收其投标保证金,给招标人造成的损失超过投标保证金数额的,还应当对超过部分予以赔偿。

招标工程如要求中标人提交履约担保的,招标人也将在中标人提交履约担保的同时向中标人提供同等数额的工程款支付担保。提供支付担保金额在前附表中的规定。

项目四　计算机辅助评标系统(品茗电子评标软件)

背景资料

现在,计算机辅助评标系统已经较为广泛地应用于建设工程招投标。投标人在购买标书时,同时拿到固定格式的投标光盘,投标人都用招标人给定的工程量清单做投标的商务标部分,完成投标报价,招标人运用计算机辅助系统来进行部分评标,以提高评标工作效率,降低招投标成本。运用计算机辅助评标系统有利于减少评标过程中的人为因素干扰,提高评标的公正性和公平性。

评标一般按照初审和终审两个阶段进行,计算机系统可以完成商务部分的初步评审、详细评审以及商务部分、技术部分辅助评分和汇总报表等辅助评标功能,也可以进行资格审查、技术部分的符合性评审等工作。

建设工程招投标是依据中华人民共和国《标准施工招标文件》(2007版)中规定的办法,而不同的地区和招标单位,有着不同的习惯做法和规定,所以需要与软件公司合作开发建立计算机辅助评标系统。如浙江省主要是采用品茗电子评标软件,并且逐步做到不仅采用"品茗报价软件",而且与"广联达"等概预算软件接口联结。

问题提出

如果你在杭州去投采用电子招标的建设工程的标,应该注意哪些方面?

提示与分析

(1)招标人使用的电子标书光盘,有统一的"杭州市电子招标投标电子标书"标识,由通过认证的招投标系统软件开发单位提供。投标人不提供刻录于招标人提供的专用光盘上的电子标书,或自行复制的,其投标将被拒绝。

(2)招标人当众将投标人投标书中拆封的电子光盘文档导入辅助评标系统,并设置密码,待到评标时间且输入密码后方可在评标室打开数据进行评审。原始电子标书作为招投标资料存档。

(3)为保证电子标书能够顺利导入"评标系统",投标人应当使用通过符合性测试的清单计价软件,学习并掌握电子标书操作规程。因电子投标书编制不规范导致投标文件内容无法导入"评标系统"的,该标书为无效标书。

(4)投标人提供的投标电子文件须与纸质投标文件一致,不一致时,按最不利于投标人的原则处理;投标人提供的纸质文档标书,必须是从"电子标书专用光盘"内置功能打印出来的带序列号或水印码的文本标书,否则视为废标。

(5)未尽事项根据杭建市发〔2006〕589号《关于在杭州市本级招标项目中推行电子标书和计算机辅助评标系统的通知》及其他有关杭州市电子招投标系统推行的文件精神执行。

一、计算机辅助评标系统(品茗电子评标软件)

(一)软件运行环境

【硬件平台】

• CPU:英特尔 PⅢ 550MHz/赛扬 800MHz 或以上处理器(建议采用英特尔 PⅢ 1GHz 以上)。

• 内存:Windows 98/ME 至少 64MB 内存;Windows 2000/XP 至少 128MB 内存(建议采用 256MB 以上的内存)。

• 硬盘:600MB 可用的硬盘空间。

• VGA 显示器并设置为 1024×768 256 色模式(推荐设置)。

【软件环境】

• 操作系统:Windows 9X/Me,Windows NT,Windows 2000/XP,推荐使用 WinXP。

(二)操作流程

1.新建工程

双击桌面或"开始"→程序菜单内的评标软件快捷方式,如图 3.2 所示。

图 3.2 评标软件快捷方式

进入软件,输入密码,如图 3.3 所示。

注意:用户名与密码都为"001"。

单击"登录"进入软件界面:

××市建设工程招投标计算机辅助评标系统。

单击工具栏上"新建"或"文件"菜单内的"新建"→输入工程名称,新建评标工程。

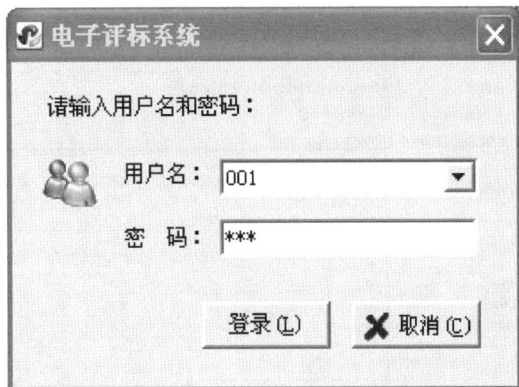

图 3.3　输入密码

2.评标准备

(1)新建好工程后,软件界面如图 3.4 所示,定位在"初步评审"导航条内的"工程信息"插页。

图 3.4　软件界面

工程信息要手工输入;招标人信息可以不输入,如果不输入,在开标时导入的标书是自动填入的,如果手工输入,以手工输入的为准,导入时不会更改输入内容。

"工程信息"导航条内还有"取费项目符合性检查最低费率设置"插页,如图 3.5 所示。

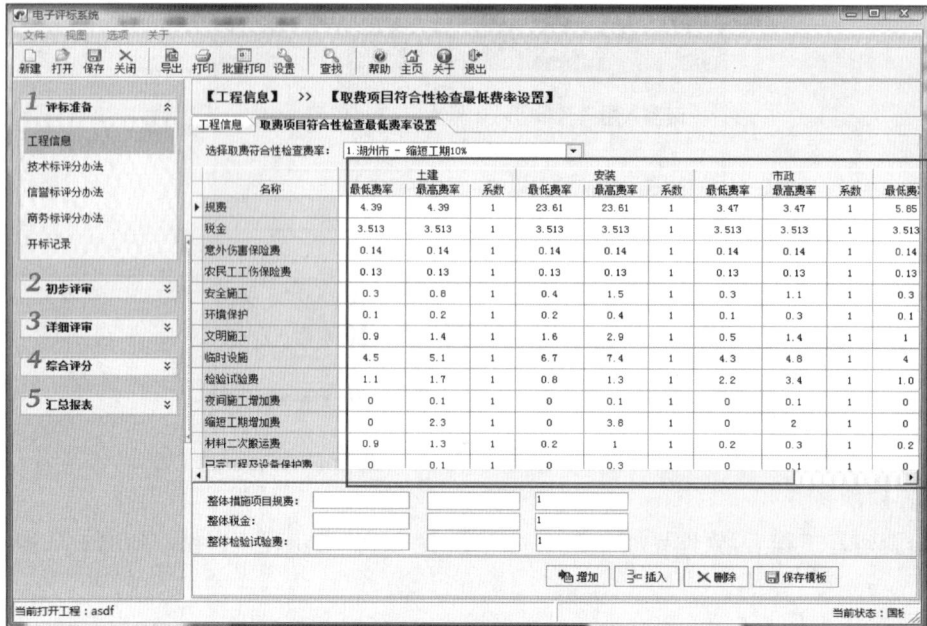

图 3.5 "取费项目符合性检查最低费设置"插页

"取费项目符合性检查最低费率设置"插页内设置工程各项取费项目的最低费率,用于检查各投标单位的取费项目是否按规定计取。操作步骤:选择工程类型,可以修改最低费率与系数。

(2)设置商务标评分办法,如图 3.6 所示。

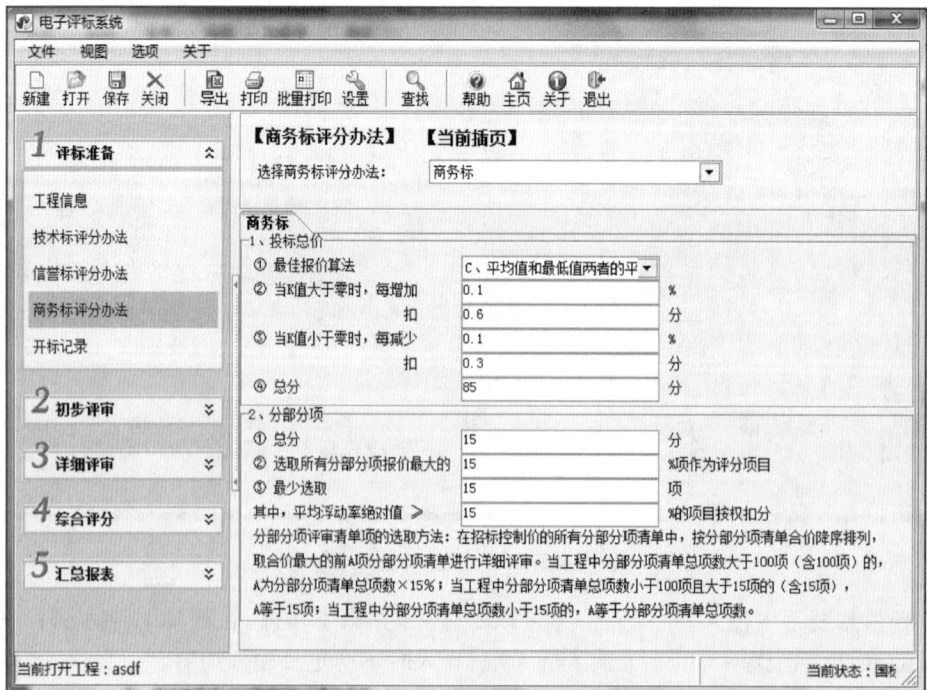

图 3.6 商务标评分办法设置

注意:评分参数可以根据实际工程作修改。

（3）开标:单击"开标记录",如图 3.7 所示。

图 3.7　开标记录

①先放入招标光盘到光驱,然后单击"导入清单"→在弹出窗口内打开光驱→打开"招标文件"文件夹→选择后缀名为 PM 的招标文件→单击"打开"导入招标清单。如图 3.8 所示。

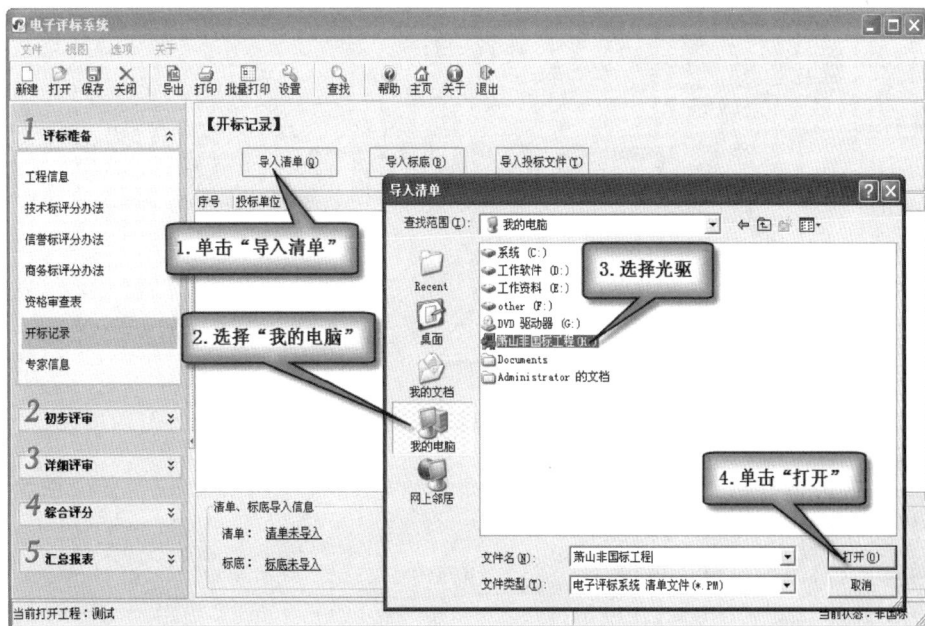

图 3.8　导入招标清单

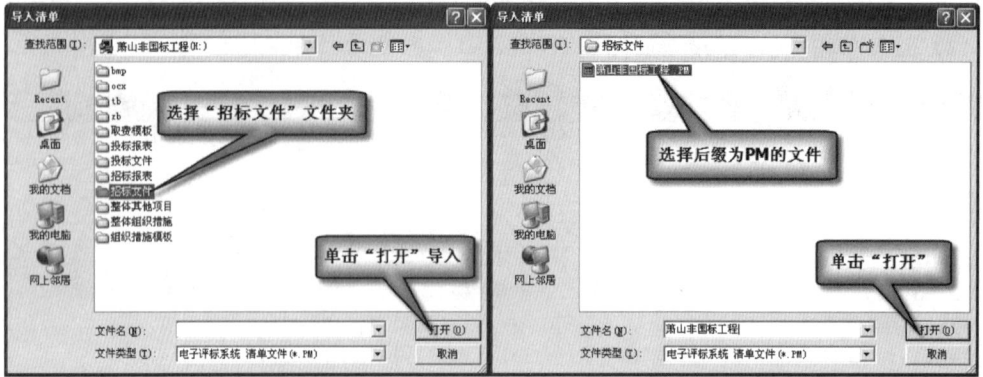

图 3.8(续)　导入招标清单

招标清单导入完成后,显示如图 3.9 所示对话框。

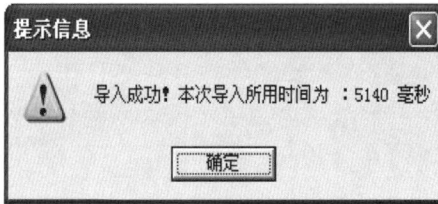

图 3.9　招标清单导入完成

单击"确定",软件显示"清单已导入",如图 3.10 所示。

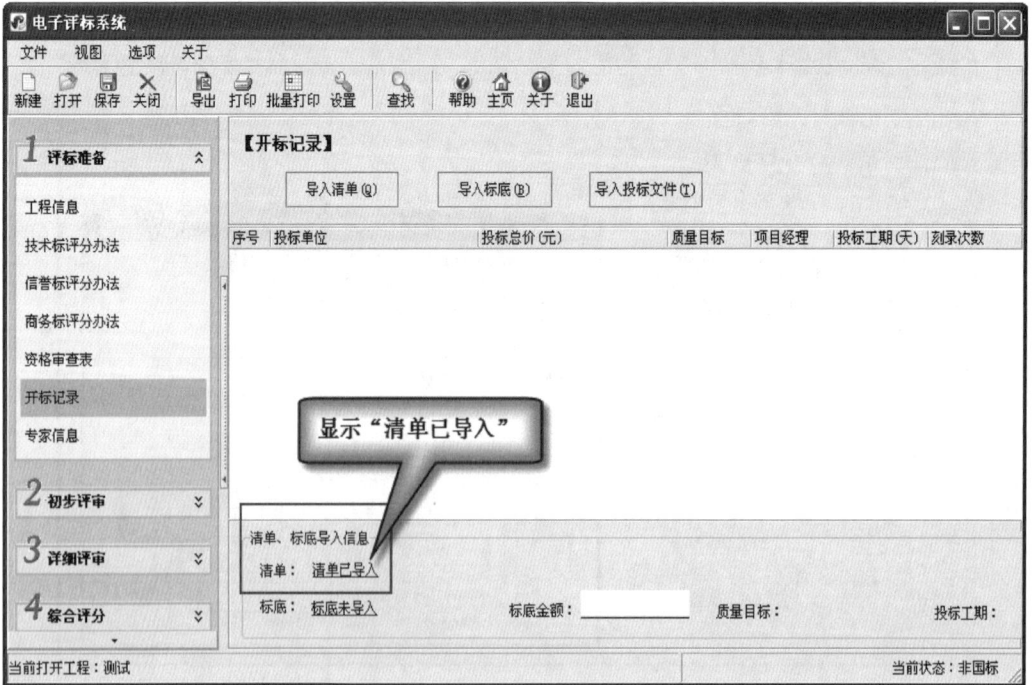

图 3.10　显示"清单已导入"

注意:招标清单一定要在导入标底与导入投标文件之前导入。

②放入标底单位制作的电子标底光盘到光驱,单击"导入标底"→在弹出窗口内打开光驱→打开"投标文件"文件夹→选择后缀名为 PM 的标底文件→单击"打开"导入标底。如图 3.11 所示。

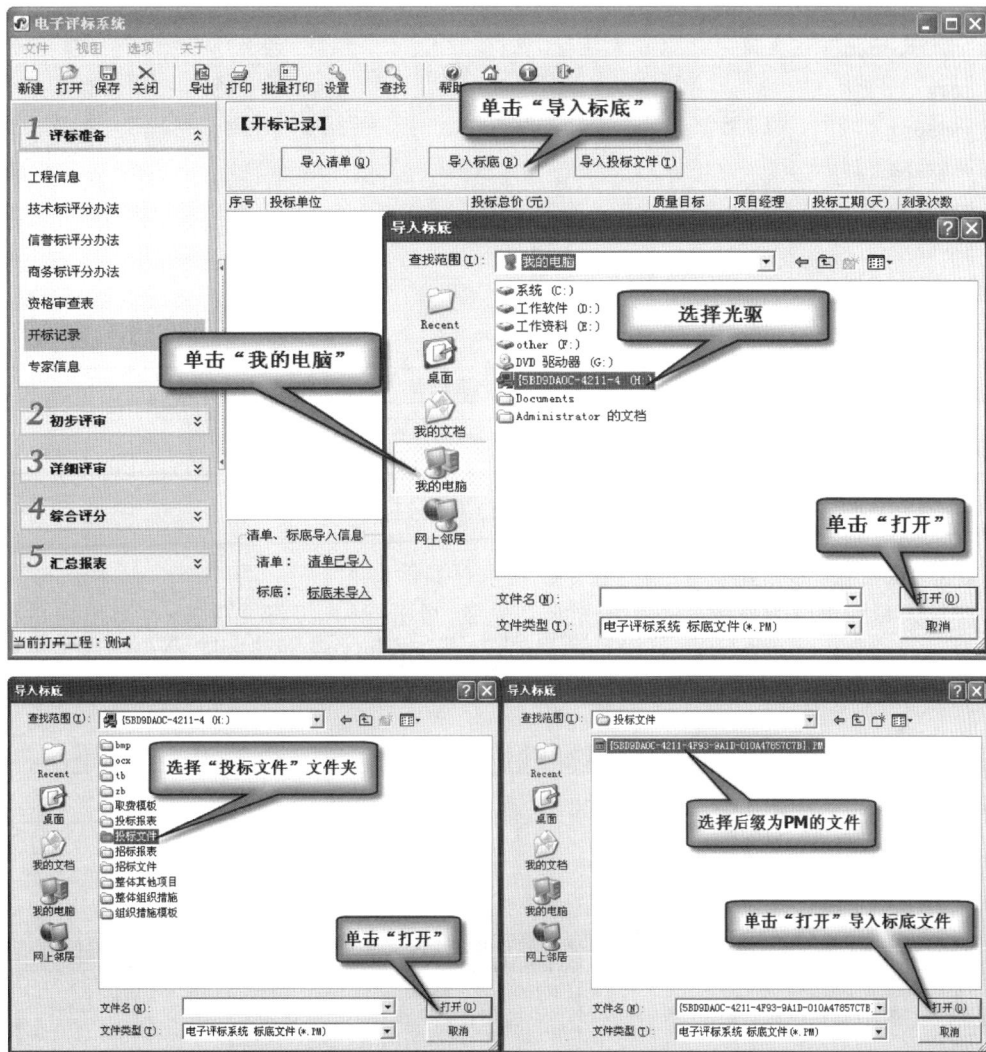

图 3.11　导入标底

导入标底完成后,显示如图 3.12 所示对话框。

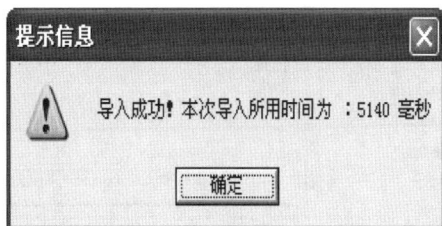

图 3.12　导入标底完成

单击"确定",软件显示标底信息,如图 3.13 所示。

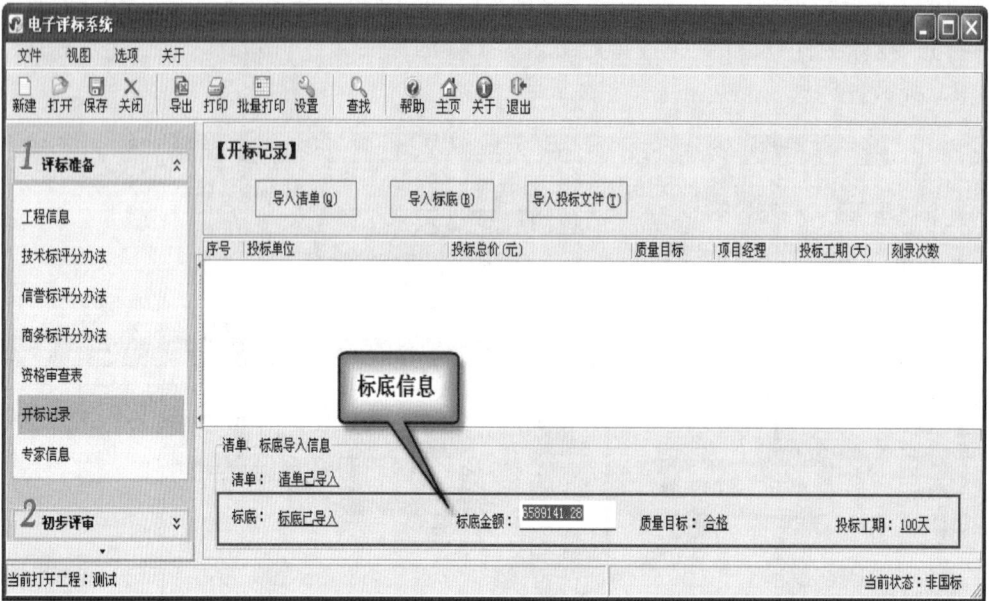

图 3.13　标底信息

注意:也可在"标底金额"位置直接手工输入标底价格。

③放入投标单位制作的电子投标光盘到光驱,单击"导入投标文件"→在弹出窗口内打开光驱→打开"投标文件"文件夹→选择后缀名为 PM 的投标文件→单击"打开"导入投标文件。如图 3.14 所示。

图 3.14(1)　导入投标文件

图 3.14(2) 导入投标文件

导入投标文件完成后,显示如图 3.15 所示对话框。

图 3.15 导入投标文件完成

单击"确定",软件显示信息,如图 3.16 所示。

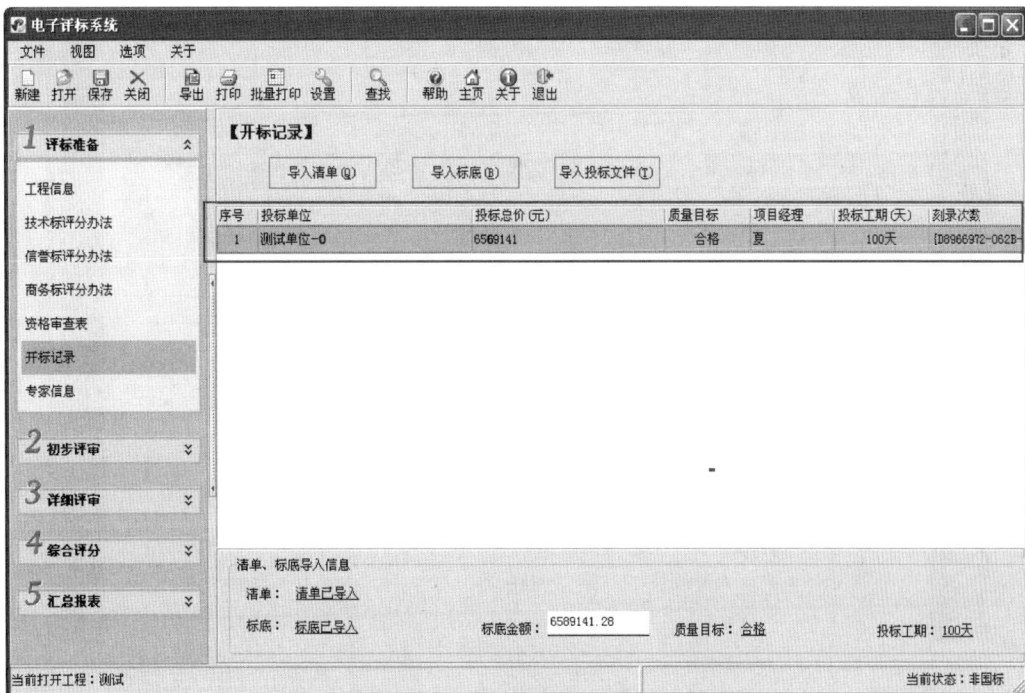

图 3.16 软件显示信息

注意：有多家投标单位的投标文件导入，重复③操作步骤完成全部投标文件的导入。

导入所有投标单位封报的投标报价文件后，软件界面如图 3.17 所示。

图 3.17　软件界面

如要打印图 3.17 界面的内容，单击工具栏上的"打印"按钮后出现浏览界面，单击打印图标打印报表。如图 3.18 所示。评标专家在评审过程中将借助建设工程计算机辅助评标系统分析判断投标书的偏差及报价的合理性。

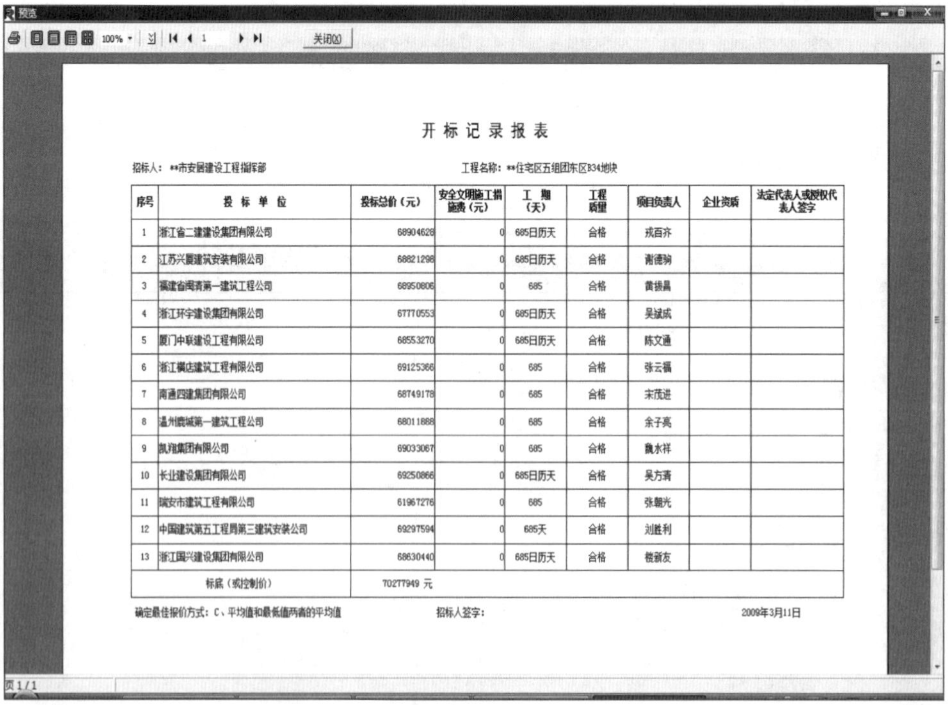

图 3.18　打印报表

注意:在导入投标文件的过程中,对投标单位的投标文件初步检查已经完成。汇总报表内的部分报表已经有内容了(如符合性检查报表)。

(三)初步评审

导入所有投标单位封报的投标报价文件后,要对投标单位的投标文件进行初步评审。单击"初步评审"导航条,初步评审内容包含如图3.19所示。

图 3.19 初步评审内容

(1)有效标判定。按照招标文件的规定,进行有效标的初步判定。单击"有效标判定"导航条,在右边窗口选择本工程招标文件内规定的有效标判定方法,自动判定有效标或根据专家的意见判定有效标,设定对比分析的计算方法。如图3.20所示。

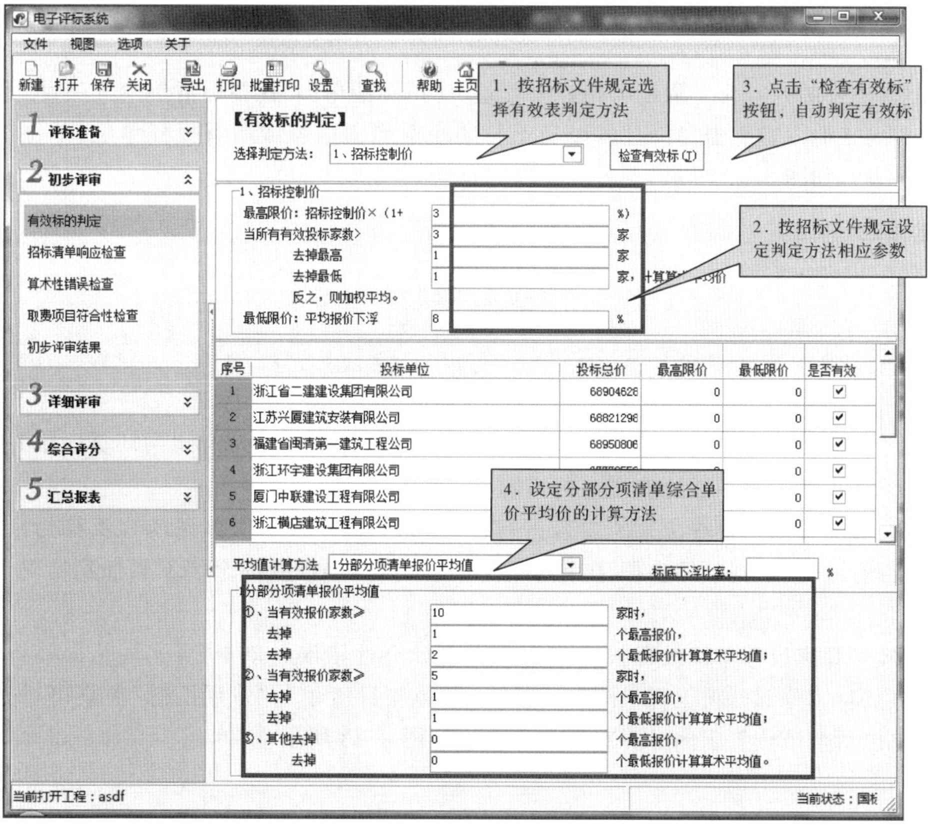

图 3.20 有效标判定

（2）查看投标单位投标的商务标投标文件是否响应招标文件发放的清单内容。单击"招标清单响应检查"导航条,在右边窗口"分部分项工程量清单"插页可以查看每家投标单位每个单位工程的无响应的项目。如图3.21所示。

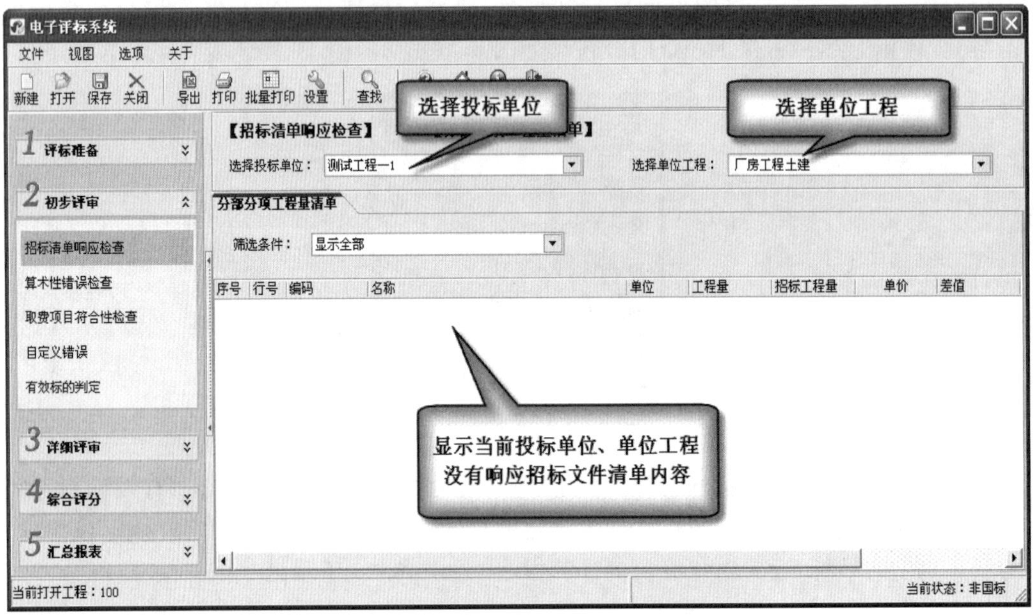

图 3.21　显示"没有响应招标文件清单内容"

注意:检查的内容为工程量≠招标工程量、比招标清单多、比招标清单少等项目。

检查出来的内容点击"打印"可以马上打印当前界面内容或所有投标单位、单位工程批量打印报表。如图3.22所示。

图 3.22　打印报表

选择"当前页",打印当前所选投标单位、单位工程、界面内容;选择"循环页"打印所有投标单位、单位工程当前界面检查出来的内容。

注意:专家可以对检查出来的内容进行评审,如专家一致认为该条内容不算为错误,可以在"是否有效"列上把"√"去掉,则该条记录将被打印,但涉及的金额不累加到错误金额合计内。

（3）检查每家投标单位投标报价文件是否有计算性错误。单击"算术性错误检查"导航条,在右边窗口"分部分项工程量清单"、"技术措施项目清单"、"费用汇总"插页可以查看每家投标单位每个单位工程内计算有误的项目。如图3.23所示。

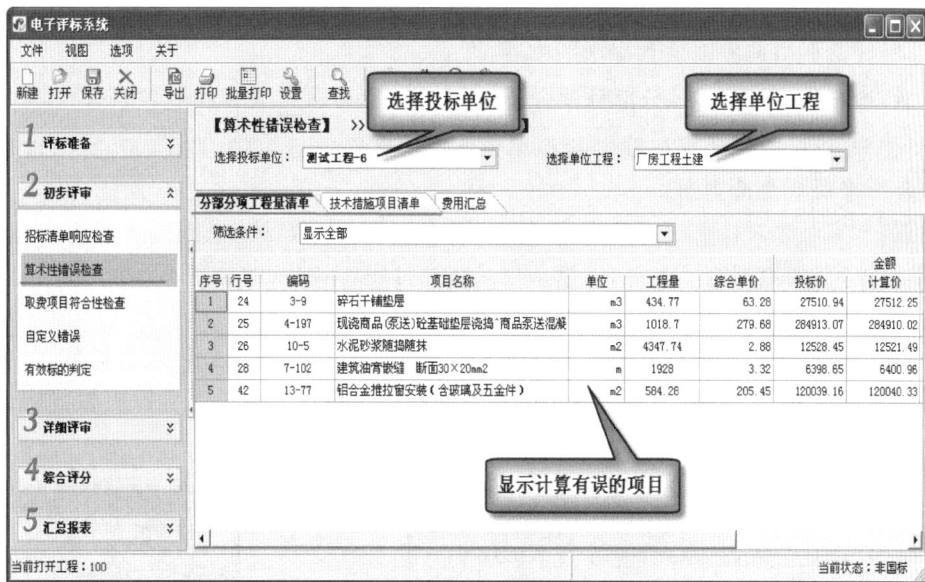

图 3.23　检查是否有计算性错误

注意:检查的内容为工程量×单价≠合价、没有报价等项目。

选择"费用汇总"插页可以查看每家投标单位每个单位工程内费用计算有误的项目。如图 3.24 所示。

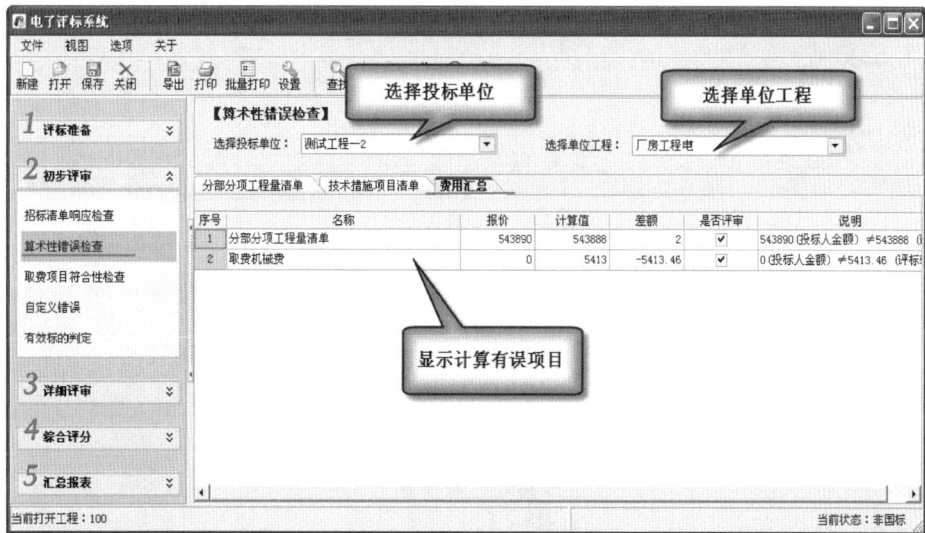

图 3.24　查看费用计算有误的项目

检查出来的内容点击"打印"可以马上打印当前界面内容或所有投标单位、单位工程批量打印报表。如图 3.25 所示。

图 3.25　打印报表

选择"当前页",打印当前所选投标单位、单位工程、界面内容;选择"循环页"打印所有投标单位、单位工程当前界面检查出来的内容。

注意:检查的内容为 $\sum$ 分部分项合价 $\neq$ 直接工程费、$\sum$ 技术措施项目合计 $\neq$ 技术措施费、税金 $\neq$ 投标单位计算基数 $\times$ 投标单位所填费率等项目。总的来说,汇总表、取费表内的每项金额来源都要检查到。

注意:专家可以对检查出来的内容进行评审,如专家一致认为该条内容不算为错误,可以在"是否评审"列上把"√"去掉,则该条记录将被打印,但涉及的金额不累加到错误金额合计内。

(4)检查每家投标单位投标报价文件内的取费项目是否按规定进行取费计算。单击"取费项目符合性检查"导航条,在右边窗口查看每家投标单位每个单位工程没有按规定进行取费的计算项目。如图 3.26 所示。

图 3.26　检查是否按规定进行取费计算

检查出来的内容点击"打印"可以马上打印当前界面内容或所有投标单位、单位工程批量打印报表。如图 3.27 所示。

图 3.27　打印报表

选择"当前页",打印当前所选投标单位、单位工程、界面内容;选择"循环页"打印所有投标单位、单位工程当前界面检查出来的内容。

注意:检查的内容为每项取费内容按投标单位提供的取费基数、评标准备内设定额最低费率计算与投标单位填报的投标价进行比较,显示投标单位填报的投标价小于评标软件计算金额的项目。

注意:专家可以对检查出来的内容进行评审,如专家一致认为该条内容不算为错误,可以在"是否评审"列上把"√"去掉,则该条记录将被打印,但涉及的金额不累加到错误金额合计内。

(5)初步评审结果:将招标清单响应检查、算术性错误检查、取费项目符合性检查的评审中需要废标的单位在此处作废标处理。操作方法:如图 3.28 所示,选择要废标的单位,在下方的"废标理由列表"中选取废标理由,并在该单位对应的"处理意见"中选择"废标"。

图 3.28　选择"废标"

如要打印上面界面的内容,单击工具栏上的"打印"按钮打印当前界面内容。

注意: 定要点击"检查有效标"后才能进行详细评审。

(四)详细评审

(1)查看每家投标单位投标报价文件分部分项内是否存在不平衡报价项目,用于专家询标或提供给甲方签订合同时参考用。单击"分部分项清单分析"导航条,在右边窗口选择过滤条件,过滤需要注意不平衡报价项目。如图 3.29 所示。

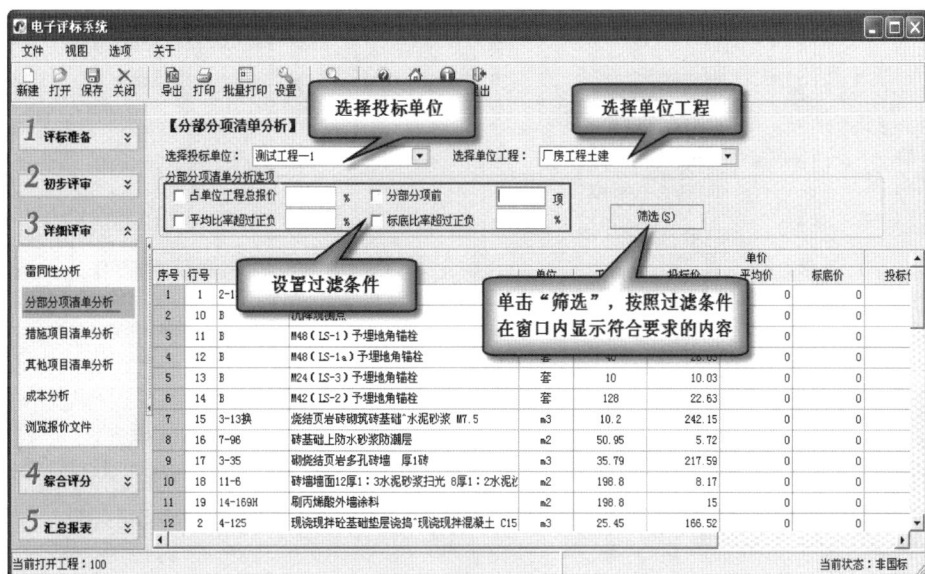

图 3.29　过滤

注意：

①占单位工程总报价＿＿＿％：是指单位工程内的清单项，按合价大小的顺序排序，取每项合价累加达到占单位工程总报价输入的比例为止的项目，用于专家判定有没有不平衡报价、需要询标的项目；也就是对每项清单抓大放小的过滤方法。

②分部分项前＿＿＿项：是指单位工程内的清单项，按合价大小的顺序排序，取输入数值的项目，用于专家判定有没有不平衡报价、需要询标的项目；也是抓大放小的过滤方法。

③平均比率超过正负＿＿＿％：投标单位分部分项每项报价与平均值的比较值，绝对值大于输入数值的项目，用于专家判定有没有不平衡报价、需要询标的项目。

④标底比率超过正负＿＿＿％：投标单位分部分项每项报价与标底值的比较值，绝对值大于输入数值的项目，用于专家判定有没有不平衡报价、需要询标的项目。

这四项过滤条件可以任意组合。

在实际评标过程中，操作人员只需点击该插页，系统会自动按照设定的分部分项工程量清单综合单价评审办法，选取适当的评审项目，并自动扣分，并形成如图 3.30 所示的报表。

预览 100% ▼ |◀ ◀ 1 ▶ ▶| 关闭(X)

分部分项工程量清单综合单价详细评审明细表

招标人：**市安居建设工程指挥部　　　　　　　　　工程名称：**住宅区五组团东区b34地块

所有分部分项清单项数　1810　项　　　　　　参与分部分项清单综合单价详细评审的项数　272　项

投标单位：浙江省二建建设集团有限公司

序号	项目编码	项目名称	单价	平均值	平均值浮动率(%)	扣分	单位工程名称
1	010203004002	锚杆支护：坡面挂钢筋网Φ6.5*250*250 (HPB235)，Φ14 (HRB335)钢筋网骨架，喷射100厚C20细石砼，喷射混凝土配合比为水泥：石子：砂=1:2:2(重量比)，Φ48*2.5钢管锚管注浆，注浆配合比为水泥：砂=1:4(重量比)，锚管注浆量大于35kg/m。详见基坑支护图纸图04中剖面1-1。	448.45	322.50	39.06	0.05515	瑶溪住宅区五组团东区(b34地块)地下室
2	补001	打圆木桩：桩长4m，桩木梢径110，桩顶标高-7.40m。	58.74	95.63	-38.58	0.05515	瑶溪住宅区五组团东区(b34地块)地下室
3	补003	坑外土体沉降及水平位移监测点	10398	1314.01	691.32	0.05515	瑶溪住宅区五组团东区(b34地块)地下室
4	010702003001	屋面刚性防水：1.20厚1:3水泥砂浆找平层；2.厚合成高分子防水涂膜一道；3.1.5厚合成高分子防水卷材一道；4.上铺200g聚酯纤维高层；5.40厚C20细石砼弹性防水兼保护层，内配Φ4@200双向。	64.82	101.45	-36.10	0.05515	瑶溪住宅区五组团东区(b34地块)地下室
5	020201001001	墙面一般抹灰　1:3墙面；2.20厚1:2.5水泥砂浆找平层；3.1.5厚合成高分子防水卷材；4.50厚架苯板保护层。	91.7	77.49	18.34	0.05515	瑶溪住宅区五组团东区(b34地块)地下室
6	020201001004	墙面一般抹灰　1:3墙面；2.14厚1:3水泥砂浆分层赶平，6厚1:2.5水泥砂浆；3.砼柱梁铺钉500宽钢丝网。	23.01	11.85	94.16	0.05515	瑶溪住宅区五组团东区(b34地块)地下室
7	010203004001	锚杆支护：坡面挂钢筋网Φ6.5*250*250 (HPB235)，Φ14 (HRB335)钢筋网骨架，喷射100厚C20细石砼，喷射混凝土配合比为水泥：石子：砂=1:2:2(重量比)，Φ48*2.5钢管锚管注浆，注浆配合比为水泥：砂=1:4(重量比)，锚管注浆量大于35kg/m。详见基坑支护图纸图04中剖面2-2。	477.79	354.92	34.62	0.05515	瑶溪住宅区五组团东区(b34地块)地下室

页 1 / 103

图 3.30　形成报表

（2）查看每家投标单位的投标报价文件内容。单击"浏览报价文件"→弹出浏览窗口→选择投标单位→单击"显示"→查看投标单位的投标文件→有必要可以打印投标文件。如图3.31所示。

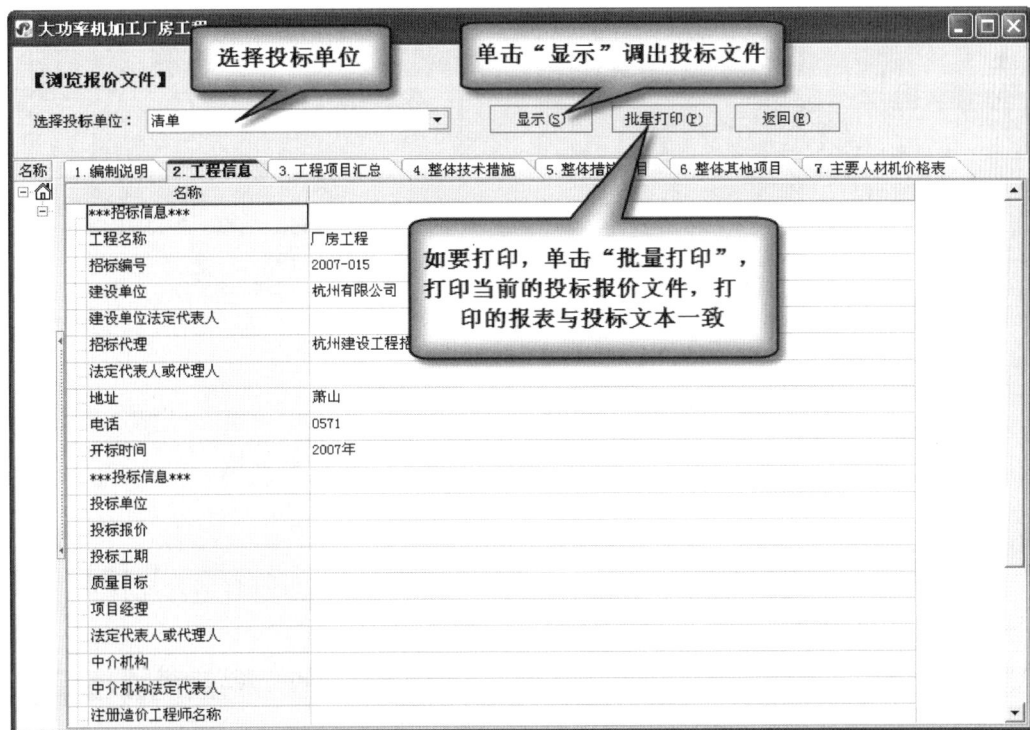

图3.31　查看投标报价文件内容

（五）综合评分

专家对每家投标单位进行评审后，最后对每家投标单位进行打分。

（1）每位参与技术标评分的专家对参与技术标评分的投标单位分别进行打分。单击"技术标评分"，在右边窗口内设置专家一致确定的评分档次，每位参与技术标评分的专家对参与技术标评分的投标单位分别进行打分，按评标准备内设定的技术标评分办法计算每家投标单位技术标分值。如图3.32所示。

若要打印上面界面的内容，单击工具栏上的"打印"按钮或单击"输出报表"打印当前界面内容。

（2）每位参与信誉标评分的专家对参与信誉标评分的投标单位分别进行打分。操作方法同技术标。

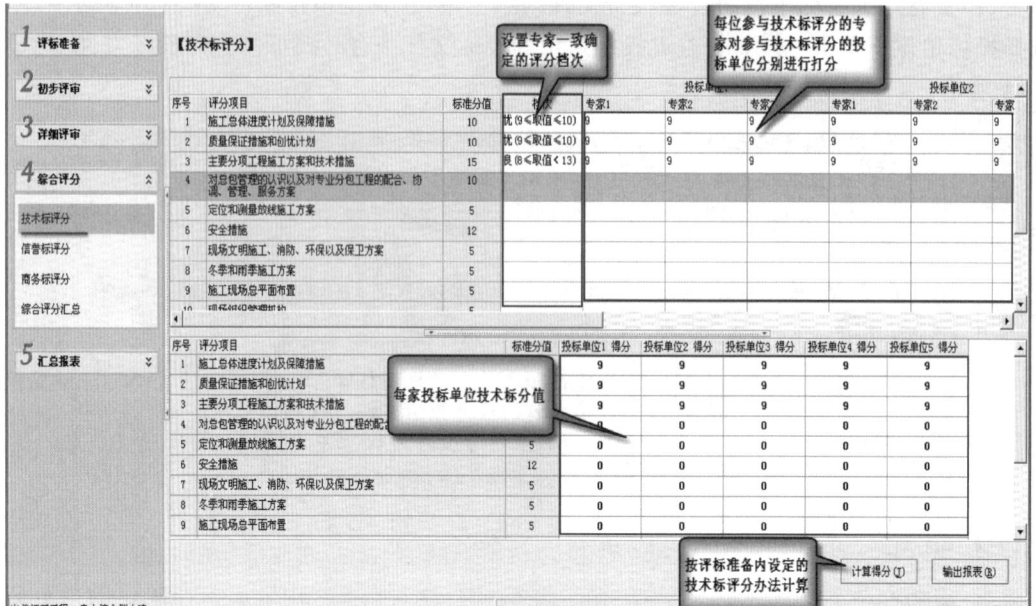

图 3.32　技术标评分

(3)商务标评分,按照评标准备内设定的商务标评标办法软件进行商务标打分。如图 3.33 所示。

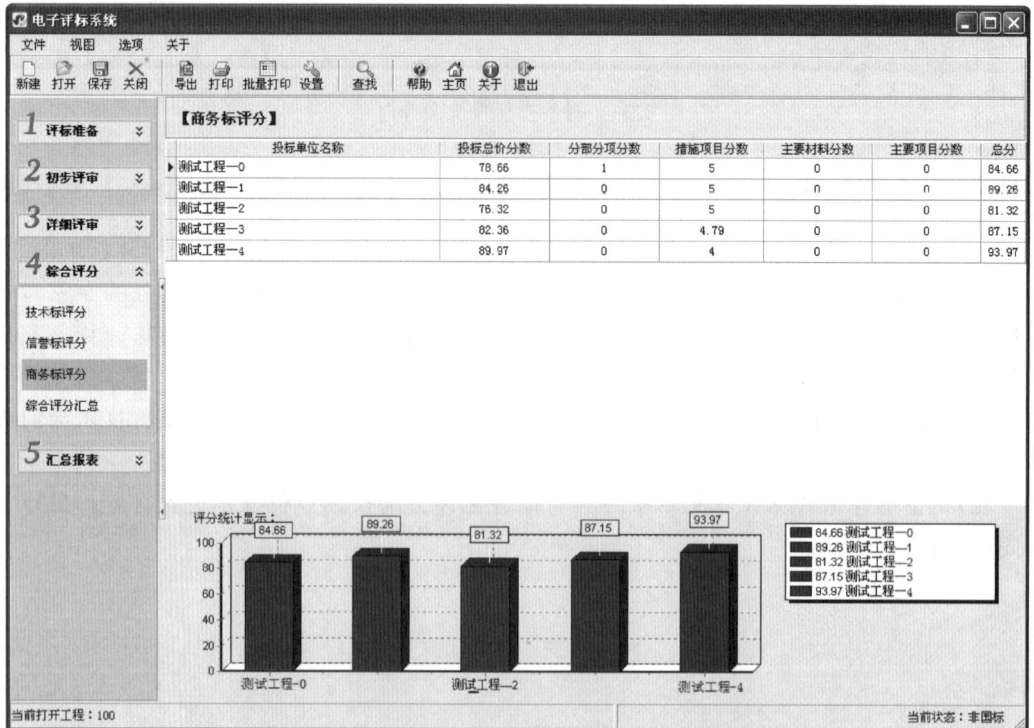

图 3.33　商务标打分

（4）软件按技术标、信誉标、商务标设置的比例综合评分。单击"综合评分汇总"→设置技术标、信誉标、商务标所占权重→计算每家投标单位的得分。如图 3.34 所示。

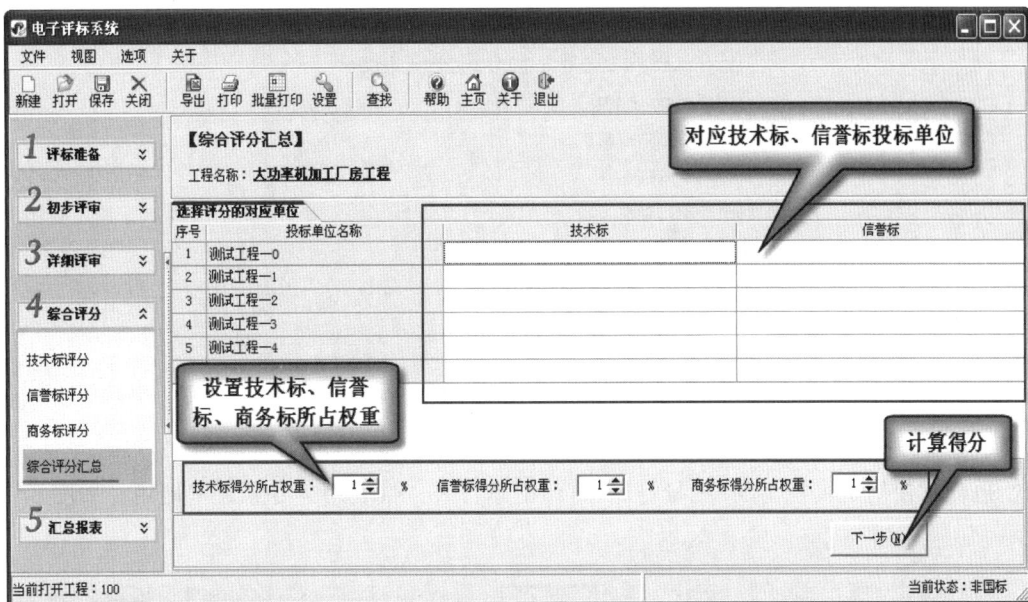

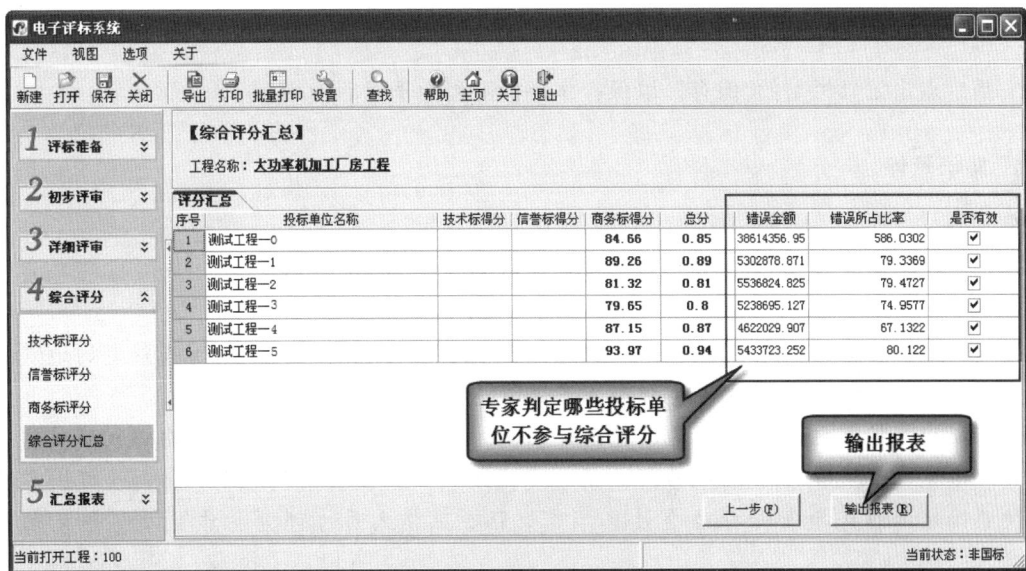

图 3.34 综合评分

若要打印上面界面的内容,单击工具栏上的"打印"按钮或单击"输出报表"打印当前界面内容。

（六）汇总报表

可以成批打印本工程的评审报表。如图 3.35 所示。

做完"开标记录"、"有效标判定"、"详细评审"三个工作,就可以打印汇总报表内的报表,

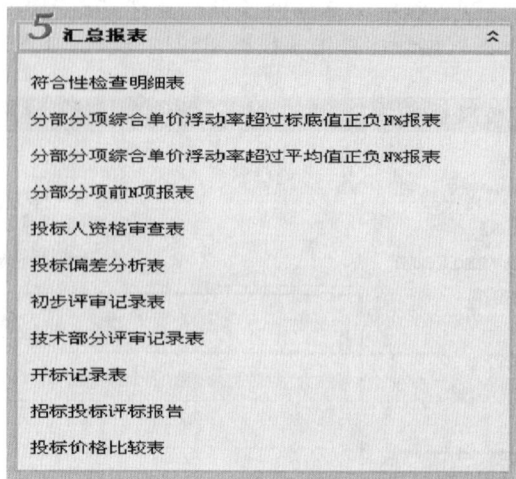

图 3.35 汇总报表

也可以使用工具栏上的"批量打印"打印汇总报表。报表用于专家评审使用。如图 3.36 所示。

图 3.36 批量打印

最后点击工具栏上的"保存",以保存本评标工程便于以后使用。

知识延伸

案例

××中路地段会所工程的开评、评标、定标

开 标

招标人在招标文件规定的投标截止时间(开标时间)和投标人须知前附表规定的地点公开开标,并邀请所有投标人的法定代表人或其委托代理人准时参加。

开标由招标人主持(在招标人委托招标代理机构代理招标时,开标也可由该代理机构主持),并邀请行政主管部门监督,投标人的法定代表人或其授权的代理人应准时出席。主持人按照规定的程序负责开标的全过程。其他开标工作人员办理开标作业及制作记录等事项。

开标程序

(一)宣布开标纪律。

(二)公布在投标截止时间前递交投标文件的投标人名称,并点名确认投标人是否派人到场。

(三)宣布开标人、唱标人、记录人、监标人等有关人员姓名。

(四)按照投标人须知前附表规定检查投标文件的密封情况。

(五)按照投标人须知前附表的规定确定并宣布投标文件开标顺序。

（六）设有标底的，公布标底。

（七）按照宣布的开标顺序当众开标，公布投标人名称、标段名称、投标保证金的递交情况、投标报价、质量目标、工期及其他内容，并记录在案。

（八）投标人代表、招标人代表、监标人、记录人等有关人员在开标记录上签字确认。

（九）开标结束。

评　　标

一、评标依据

(1)《中华人民共和国招标投标法》

(2)《评标委员会和评标方法暂行规定》（七部委令第 12 号）

(3)《工程建设项目施工招标投标办法》（国家发展计划委员会令第 29 号）

(4)《房屋建筑和市政基础设施工程施工招标投标管理办法》（建设部令第 89 号）

二、评标办法类型

本办法属于经评审的最低投标价法。

三、评标时间

为保证评标工作的实施和质量，招标人和评标委员会应根据评标工作的实际需要安排足够的评标时间。在递交投标文件的投标人数量超过 7 家时，评标时间不应少于 2 天。

四、评标原则

评标工作应遵循"公平、公正、科学、择优"的原则，严格评审，以选择标价合理、技术管理力量雄厚、业绩优良、信誉和履约记录良好、施工机械设备先进、财务能力足够、有较好赢利记录、综合评分最高的投标人作为中标人，签约承包本工程的施工，确保项目业主得到一个质量良好、工期可控、造价合理、项目投资得到有效控制的建筑产品。

任何单位或个人不得非法干预或影响评标过程和结果。

五、评标程序

（一）评标准备工作

1. 组建评标委员会

(1)评标由招标人依法组建的评标委员会负责。评标委员会由招标人或其委托的招标代理机构熟悉相关业务的代表，以及有关技术、经济等方面的专家组成，成员人数为 5 人以上的单数，其中技术、经济等方面的专家不得少于成员总数的 2/3。评标委员会成员名单一般应于开标前确定。评标委员会成员名单在中标结果确定前应当保密。

(2)参加评标委员会的所有招标人应为熟悉相关业务的人员。

(3)所有受聘的技术、经济等方面的专家应符合有关法律法规的要求，由招标人从（有管辖权的当地建设行政主管部门）设立的专家库中随机抽取。

(4)评标委员会到达评标现场时应在签到表上签到，以证明其出席。

2. 分工并熟悉相关资料

评标委员会负责人由评标委员会成员推举产生或者由招标人确定，负责组织协调评标委员会开展评标工作，并将评标委员会分为技术组和商务组。

负责人应组织评标委员会成员认真研究招标文件，了解和熟悉招标的目的、招标范围、主要合同条件、招标项目的技术标准和工期要求、投标人资格条件，掌握评标标准和方法，熟悉办法包括评标表格的使用。

招标人或招标代理机构应向平板委员会提供评标所需的信息和数据,包括招标文件、未在开标会上当场拒绝的各投标文件、开标会记录、标底、工程所在地工程造价管理部门颁发的工程造价信息、清单定额、有关的法律法规、规章、国家标准以及招标人或评标委员会认为必要的其他信息和数据。

(二)组建清标工作组

1.如果评标委员会认为必要,在不影响评标委员会成员的法定权利的前提下,清标工作也可以由招标人专门成立的并经评标委员会授权委托的清标小组负责进行,书面授权委托书必须由评标委员会全体成员签名。

2.小组成员应为具备相应执业资格的专业人员,且应当符合有关法律法规对评标专家的回避规定和要求,不得与任何投标人有利益、上下级等关系,不得代行应当依法由评标委员会及其成员行使的权利和义务。

3.清标工作在不改变投标人投标文件实质性内容的前提下,对投标文件进行分析,从而发现其中可能存在的对招标范围理解的偏差、投标报价的算术性错误、错漏项、投标报价构成不合理、不平衡报价等问题,并就这些问题整理出质疑问卷。评标委员会对质疑问卷审议后,决定是否需要投标人书面澄清。

4.投标人在接到评标委员会发出的质疑问卷后,应按评标委员会的要求提供书面澄清资料并按要求进行密封,在规定的时间递交到指定地点。投标人递交的书面澄清资料由评标委员会开启。

(三)运用计算机辅助软件进行标书检查

1.资信评审

根据招标文件要求,对所有投标单位都必须进行资信评审,对招标文件进行实质性响应。审查的内容主要包括营业执照、安全生产许可证、资质等级、财务状况、类似项目业绩、信誉、项目经理、其他要求、联合体投标人等。对于投标人资格审查不合格的投标,按废标处理,不再进行任何后续评审。

2.初步评审

初步评审包括符合性审查和算术性修正。

(1)符合性检查的内容

①投标文件所列投标人名称、项目(总监)负责人与资格预审时不一致。

②未按招标文件的要求缴纳投标担保或缴纳投标担保未达到招标文件规定的额度。

③对同一招标项目出现两个或以上的投标报价,且没有申明哪个有效。

④投标报价未按招标文件依据国家规定所确定的收费范围。

⑤标书异常相同(由不同单位独立编制标书时不可能存在的相同)。

⑥分部分项和技术措施的清单符合性查询。对比招标人提供的工程量清单与投标人提供的工程量清单之间的一致性,快速、准确地发现任何不符合招标人要求的部分,并自动加以标记,并给出明确的不符合说明,包括清单编码、名称、单位、工程量的符合性检查。

(2)算术性修正

品茗软件对通过符合性审查的各投标文件的报价进行校核,自动检查投标报价的各种计算关系,自动判断计算是否准确。并对在算术上或累加运算上的差错给予修正。包括综合单价、合价,各清单项合计、清单项目费、措施项目费、其他项目费和总报价等。并且,软件会校验投标文件在取费里面的费率是否符合招标文件的要求,最终合价是否等于费率乘以它的取费基数。

3.技术部分的评审

投标文件中的技术部分分为"技术暗标"和"技术明标"两部分,"技术暗标"是指有暗标要求的部分;"技术明标"是指没有暗标要求或无法实现暗标要求的部分(如拟派项目人员的资料)。

评标委员会将根据招标文件中的要求以及投标人递交的投标文件中的相关内容进行技术部分的评审,并在软件里面根据评分标准进行量化打分。

对"技术暗标"进行评审和打分,各评审项目(评分因子)的标准分值大于(不含)5分时,设优、良、中、差;各评审项目(评分因子)的标准分值小于(不含)5分时,设优、良、差三个档次。

优:方案科学、合理、安全,考虑周全,措施到位,针对性强,完全能够满足招标工程的施工需要。

良:方案基本科学、合理、安全,考虑比较周全,措施基本到位,针对性强,可以满足招标工程的施工需要,但有个别细节需要进一步完善或提高。

中:方案在科学、合理、安全性方面一般,考虑不够周全,措施不够到位,针对性不强,虽然能够基本满足招标工程的施工需要,但有很多方面需要进一步完善甚至重新考虑。

差:方案在科学性、合理性、安全性方面差,考虑非常不周,措施基本不到位,没有针对性,不能满足招标工程的施工需要。

经过评标委员会对技术部分进行评分后,软件里面的技术部分就有分数了。

4.商务部分的评审

(1)算术性错误检查

评标委员会将对经投标人资格审查、初步评审和技术部分评审均被判定为合格的投标报价进行校核,并对算术上或累加运算上的错误予以修正。

原则如下:

①当数字表示的金额与文字表示的金额有差异时,以文字表示的金额为准。

②当单价与数量相乘不等于合价时,以单价计算为准,以文字表示的金额为准。

③当各细目的合价累计不等于总价时,应以各项目合价累计数为准,修正总价。

④当单价与工程量的乘积与合价(金额)虽然一致,但单价有明显的小数点错位(数量级有明显错误而投标人不能提供正当的理由),应同时修改单价和合价。

修正方式:

①对经投标人标价的工程量清单进行逐项分析。

②按照上述原则对存在算术错误的项目分别进行修正。

③计算修正后的差额,列出需要投标人确认说明或提供进一步证明的事项。

④汇总修正结果,将经修正后产生的价格差额记为A值,同时整理需要投标人澄清、说明或确认的事项。

(2)错漏项检查

错漏项是针对投标人报出的经投标人标价的工程量清单或预算书中的项目、子目列项而言的,是指经投标人标价的工程量清单或预算书中出现错项、缺漏项、多余项的现象。软件会自动根据招标文件提供的资料、标底(如果有),经投标人标价的工程量清单或预算书以及工程造价信息等来对投标文件进行筛选,找出各投标文件的错漏项情况。

(3)分部分项工程量清单部分价格合理性检查

参考依据:

①招标文件。

②标底(如果有)。

③经投标人标价的分部分项工程量清单。

④投标人的价格构成分析表。

⑤工程所在地工程造价管理部门颁布的工程造价信息。

⑥工程所在地市场价格水平。

⑦工程所在地工程造价管理部门颁布的定额或投标人企业内部定额。

⑧投标人所附证明资料。

⑨法律法规允许的和招标文件规定的参考依据等。

首先判断单价是否合理,最直接的方法就是将该单据与能代表合理价格水平的某一个"参考标准"相比较。参考标准如:其他投标人报出的该单据平均水平、当地工程造价管理部门发布的价格信息等,或者是超过×‰的被认为是合格项目。其次,看清单的合价是否等于单价乘工程量,检查是否有单价为0的项目以及检查各项目之和是否等于分部分项合计。

(4)措施项目工程量清单和其他项目工程量清单部分价格合理性检查

参考依据:

①招标文件。

②标底(如果有)。

③施工组织措施。

④工程量清单中经投标人标价的措施项目和其他项目清单。

⑤投标人的上述清单中价格的构成分析表,其中应按招标文件规定详列构成各单据的生产要素,包括(但不限于)人工、材料、机械、企业管理费、利润、税金和规费等。

⑥工程所在地工程造价管理部门颁布的工程造价信息(如果有)。

⑦投标文件中所附证明材料。

⑧其他法律法规允许的和招标文件规定的依据。

这部分的检查主要是针对措施项目工程量清单和其他项目清单中的价格而进行的,它的清单与分部分项清单共同构成投标人价格的载体。这部分价格不仅与市场价供求关系、投标人的自身资源状况有关,还与投标人的施工组织设计有着密切的关系。因此,相对于分部分项工程量清单中填报的单价而言,这部分价格的个性化因素更大。这部分有一半还得由评标委员会来确定。为了判断措施项目工程量清单和其他项目清单价格的合理性,还需要投标人提供证明资料。

在措施项目检查里面,还涉及四项费用的检查,要求是:投标文件里面的四项费用不得低于标底文件里面的四项费用,并且四项费用的费率不得低于最下限。

分部分项和措施项目两项共同产生人材机费用,因此在价差这两者时,还会检查主要材料的报价是否为0以及人材机的合价是否等于单价乘数量。

清单计价规范里,综合单价等于人工费、材料费、机械费,还包括管理费和利润。管理费的高低因投标人是其重要构成因素之一,故个性化因素很强。对这部分费用,需要通过对投标人的内部生产、经营管理以及财务状况的分析研究而得出。

(5)法定税金和规费的完整性检查

《建设工程工程量清单计价规范》以及政府造价管理部门制定的定额管理体系中,均对法定税金和规费的编制与填报有明确的规定。因为这部分费用是基于国家制定的法规政策而计算得出的,所以它属于非竞争性费用。因此软件会通过此项工作,找出投标人在法定税金和规费计算中的不合理因素,记录由此造成的投标报价的差异。

(6)汇总评审分析过程中的疑问事项和商务部分评审初步结果

对上述的评审结果(包括评标委员会评审的那一部分)进行汇总和整理。将其各自的代数值汇总,得出合计差额,并整理出需要投标人澄清、说明或进一步提供有关证明的全部事项。

同时,在评审商务标时,若投标报价高于所有有效投标人报价去掉最高价和最低价后的算术平均值的8%(含8%)时,该投标报价不进入复合价符合范围;若投标报价低于所有有效投标人报价去掉最高价和最低价后的算术平均值的8%(含8%)时,且在投标文件中没有充分合理说明时,由专家组认定该投标报价可以进入复合价符合范围。

有标底参与合成基准价时:

$$基准价=招标人标底×40\%+有效投标报价算术平均值×60\%$$

无标底时:

$$评标基准价=各有效投标报价中次低标×权重+复合价×(1-权重)$$

$$复合价=\frac{各有效投标人报价之和-最高报价-最低报价}{有效投标人数-2}$$

(四)评标委员会汇总商务标部分评审的初步意见,确定质疑问题和工作安排

评标委员会应当汇总需要投标人澄清、说明、确认或提供进一步证明的事项,确定质疑目的,讨论确定书面质疑问题以及投标人对质疑问题进行澄清要求,并以书面通知相关投标人质疑问题和有关澄清要求,包括书面回复的内容、回复时间(应给投标人留出足够的回复时间)、递交方式等。拒绝对质疑问题进行澄清、说明或补正或不能提供有关证明的,评标委员会可以直接否决其投标。

如果评标委员会对投标人提交的质疑问题的澄清、说明或补正依然存在疑问,评标委员会可以进一步质疑,投标人对这种进一步质疑应相应地进一步澄清、说明或补正,直至评标委员会认为全部质疑都得到澄清、说明或补正。

(五)书面质疑

评标委员会完成评标后,应当向招标人提出书面评标报告,并抄送有关行政监督部门。评标报告应当由全体评标委员会成员签字并如实记载以下内容:

(1)基本情况和数据表。

(2)评标委员会成员名单。

(3)开标记录。

(4)符合要求的投标一览表。

(5)废标情况说明(含投标人资格审查不合格的情况说明)。

(6)评标标准、评标方法或者评标因素一览表。

（7）经评审的价格或者评分比较一览表。

（8）经评审的投标人排序。

（9）推荐的中标候选人名单与签订合同前需要处理的事宜。

（10）澄清、说明、补正事项纪要。

（六）对质疑结果进行评审，得出最终评审结论（投标价格是否低于成本）

（七）将技术分值与商务分值相加作为投标人的最终分值（满分100分，其中商务部分占70%，技术部分占30%）。评审出三个不低于成本的投标

（八）评标委员会整理评审成果，编制评标报告并由评标委员会全体成员签字确认后向招标人提出评标报告。评标委员会在评标报告中将第八步中确定的三个不低于成本的投标人按投标价格由低到高的次序作为中标候选人向招标人推荐

（九）评标委员会解散，评标结束

定　　标

一、定标原则

能够满足招标文件的实质性要求，并且经评审的投标价格最低，但是投标价格低于成本价除外。

二、定标方法

按照上面的定标原则，招标人确定中标人的方法如下。

（1）原则上，招标人应当选择评标委员在评标报告中排名第一（按投标价格由低到高的次序排列）的中标候选人作为中标人。

（2）如果出现投标价格并列最低并且经过商务部分评审投标价格均不低于成本的情况，则技术部分得分最高者排序优先。

（3）如果排名第一的中标候选人放弃中标、因不可抗力提出不能履行合同，或者招标文件规定应当提交履约保证担保而在规定的期限内未能提交的，招标人可以选择排名第二的中标候选人为中标人。排名第二的中标候选人因上述规定同样的原因不能签订合同的，招标人可以选择排名第三的中标候选人为中标人。

复习思考题

1. 投标文件中有哪些情形招标人不予受理？

2. 投标文件中有哪些情形由评标委员会初审后按废标处理？

3. 简述建设工程开标程序。

4. 简述建设工程评标基本要求。

5. 简述评标程序。

6. 工程评标方法有哪些？

7. 简述综合评估法的过程。

项目实训

开　　标

1. 实训目的

开标、评标与定标组织工作过程是工程项目施工招标过程中重要的过程,了解施工开标、评标与定标组织工作过程是学生学习本门课程需要掌握的基本技能之一。国家对施工开标、评标与定标组织工作过程有特殊要求,通过本实训活动,进一步提高学生对开标、评标与定标组织工作过程的基本认识,提高学生编制招标文件的能力。

2. 实训准备

(1)实际在建工程或已完工程完整施工图及全套项目批准文件;

(2)施工图预算书;

(3)与当地招投标中心或建设工程交易中心联系确定现场观摩的时间地点。

3. 实训内容

通过现场观摩开标过程,完成下列问题。

(1)我国目前主体的评标方法有哪几种?各有什么优缺点?适用范围是什么?

(2)分组讨论目前我国招投标现状,针对存在的问题可能采取的解决措施。

4. 实训步骤

(1)分组完成,学生 4～5 人为一组;

(2)在各组完成的基础上,组与组之间开展辩论,形成各组的报告。

5. 评价标准

(1)内容完成的完整性;

(2)团队合作的创新性、协调性;

(3)专业术语采用的标准性。

模块四
建设工程施工合同订立

4

能力目标

1. 能够利用谈判技巧开展合同谈判工作
2. 能够正确选择建设工程施工合同文本,审查建设工程施工合同的效力

知识目标

1. 熟悉合同订立形式、过程、合同谈判的主要内容
2. 掌握《建设工程施工合同示范文件》核心内容
3. 了解合同无效后的处理原则

背景资料

　　浙江腾远建设有限公司创建于 1997 年,系国家房屋建筑工程施工总承包二级施工企业,主营工业与民用建筑工程施工总承包,兼营市政公用工程施工总承包、建筑装修装饰工程专业承包等。2005 年 10 月通过 ISO 9001:2000 国际质量体系认证。在公司员工共同努力下,近年来,公司业务不断扩展,社会信誉度好,连续几年被当地人民政府、银行、工商局评为重合同守信用单位、被省建筑业协会评为"诚信"企业。工程合格率达 100%。2019 年12 月,公司参加了台州某职业技术学院学生宿舍楼工程的投标。

　　该宿舍楼项目总建筑面积 18000m²,框架结构、项目包含两栋宿舍楼,发包范围为施工图纸范围内的土建、安装工程(包括给排水、强电等)。学院委托某咨询公司进行公开招标。咨询公司按照法定程序进行招标后,向招标人推荐了包括浙江腾远建设有限公司在内的3 名合格中标候选人,其中浙江腾远建设有限公司为第一中标候选人。2020 年 2 月 3 日,招标人确定浙江腾远建设有限公司为中标人,同日,发出中标通知书。中标工期为 200 天,中标价格为 2100 万元。

　　浙江腾远建设有限公司于 2 月 5 日收到中标通知书后,立即着手筹备项目的后续工作。

工作任务

　　根据背景资料里宿舍楼项目中标情况,利用校外实训基地,通过与一线合同相关人员的座谈、交流,搜集与合同订立过程相关的资料;分组扮演业主和承包方的角色进行合同谈判。

任务说明

工程施工合同是在工程施工阶段影响承包商利润和业主成本的最主要因素,而合同谈判和合同订立是双方获得自身尽可能大利益的最好机会。如何利用这个机会,签订对自己有利的合同,是业主和承包商共同关注的问题。通过合同订立过程的模拟实训,可以帮助学生更深入理解施工合同的形式、标准合同的核心内容以及合同订立的程序等,同时可以训练学生掌握一定的谈判技巧。

项目一　施工合同订立

问题提出

如果把招标人和投标人比作一对恋人的话,那么中标通知书的发出意味着他们的恋爱生活即将结束,另一段美好生活——婚姻——即将开始。在他们正式开始婚姻生活之前,还有一道手续要办。是什么手续呢?

提示与分析

中标通知书发出后,招标人要和中标人订立书面施工合同,施工合同订立并生效后,双方将分别以业主和承包商的身份开始协同工作。

知识链接

一、建设工程施工合同

(一)建设工程施工合同的含义

建设工程施工合同即建筑安装工程承包合同,是发包人(建设单位、业主或总包单位)与承包人(施工单位、承包商)之间为完成商定的建筑安装工程,明确双方权利和义务关系的合同。依据施工合同,承包人应完成一定的建筑、安装工程任务,发包人应提供必要的施工条件并支付工程价款。

建设工程施工合同是工程建设的主要合同,是工程建设质量控制、投资控制、进度控制的主要依据。施工合同的当事人是发包人和承包人,双方是平等的民事主体,双方签订施工合同,必须具备相应资质条件和履行施工合同的能力。对合同范围内的工程实施建设时,发包人必须具备组织协调能力;承包人必须具备有关部门核定的资质等级并持有营业执照等证明文件。

发包人可以是建设单位也可以是取得建设项目总承包资格的项目总承包单位。作为业主的发包人可以是具备法人资格的国家机关、事业单位、国有企业、集体企业、私营企业、经济联合体和社会团体,也可以是依法登记的个人合伙、个体经营户或个人;承包人是指被发包人接受的具有工程施工承包主体资格的施工企业。

(二)建设工程施工合同的类型

建设工程施工合同按合同工作范围可分为以下一些类型。

1.施工总承包合同

施工总承包合同即承包商承担一个工程的全部施工任务,包括土建、水电安装和设备安装等。

2.单位工程施工承包合同

这是最常见的工程承包合同,包括土木工程施工合同、电气与机械工程承包合同等。在工程中,业主可以将专业性很强的单位工程分别委托给不同的承包商。这些承包商之间为平行关系。

3.分包合同

分包合同是施工承包合同的分合同。承包商可以将承包合同范围内的一些工程或工作委托给另外的承包商来完成。分包合同包括劳务分包合同和专业分包合同。

(三)《建设工程施工合同(示范文本)》简介

为了规范和指导合同当事人双方的行为,完善合同管理制度,解决施工合同中存在的合同文本不规范、条款不完备、合同纠纷多等问题,国家建设部和国家工商行政管理局曾于1991年3月31日发布了《建设工程施工合同(示范文本)》(GF 1991—0201),1999年12月24日颁发了《建设工程施工合同(示范文本)》(GF 1999—0201)。2007年11月1日,国家发改委联合建设部等9个部委联合制定了《标准施工招标文件》(2007版),在《标准施工招标文件》中提出了新的建设工程施工合同通用条款。随后,各地依据《标准施工招标文件》内容对原《建设工程施工合同》进行了修订。由于新的全国性建设施工合同示范文本尚未出台,各地区新修订的《建设工程施工合同》只是依据《标准施工招标文件》的精神对原施工合同中的通用条款进行了简单修改,因此,这里我们仍以1999年版示范文本为主进行介绍。

《建设工程施工合同(示范文本)》(GF 1999—0201)(下简称《施工合同示范文本》)是在1991年3月31日发布的《建设工程施工合同示范文本》(GF 1991—0201)的基础上,根据新颁布和实施的工程建设有关法律法规,结合我国施工合同示范文本推行的经验及工程建设施工的实际情况,借鉴国际上广泛使用的土木工程施工合同条件(特别是FIDIC土木工程施工合同条件)的成熟经验和有效做法进行修订的。该文本适用于土木工程,包括各类公用建筑、民用住宅、工业厂房、交通设施及线路、管道的施工和设备安装等。

《施工合同示范文本》是由《协议书》、《通用条款》和《专用条款》三部分组成的,并附有三个附件。

1.协议书

协议书是《施工合同示范文本》中的总纲性文件,它规定了合同当事人双方最主要的权利义务,规定了组成合同的文件及合同当事人对履行合同义务的承诺,合同当事人要在这份文件上签字盖章,因此具有很强的法律效力。协议书主要包括以下10个方面的内容。

(1)工程概况。工程名称、工程地点、工程内容、群体工程应附承包人承揽工程项目一览表、工程立项批准文号和资金来源等。

(2)工程承包范围。

(3)合同工期。包括开工日期、竣工日期、合同工期总日历天数(包括法定节假日)。

(4)质量标准。

(5)合同价款。分别用大小写表示。

(6)组成合同的文件。

（7）本协议书中有关词语含义与通用条款中分别赋予它们的定义相同。

（8）承包人向发包人承诺按照合同约定进行施工、竣工并在质量保修期内承担工程质量保修责任。

（9）发包人向承包人承诺按照合同约定的期限和方式支付合同价款及其他应当支付的款项。

（10）合同生效。合同订立时间（年月日）、合同订立地点、双方约定生效的时间。

2.通用条款

通用条款是根据《合同法》《建筑法》《建设工程施工合同管理办法》等法律法规对承发包双方的权利和义务做出的规定，具有很强的通用性，基本适用于各类建设工程。除双方协商一致对其中某些条款做出修改、补充或取消外，双方都必须履行。

3.专用条款

考虑到建设工程的内容各不相同，工期、造价也随之变动，承包人、发包人各自的能力、施工现场的环境和条件也各不相同，通用条款不能完全适用于各个具体工程，因此配之以专用条款对其作必要的修改和补充，使《通用条款》和《专用条款》成为双方统一意愿的体现。专用条款的条款号与通用条款的相一致，但主要是空格的填写内容，由当事人根据工程的具体情况予以明确或者对通用条款进行修改、补充。具体内容、格式见附录。

4.附件

附件是对施工合同当事人权利义务的进一步明确，并且使当事人的有关工作一目了然，便于执行和管理。一般有三个附件：承包人承揽工程项目一览表、发包人供应材料设备一览表和工程质量保修书。

（四）《施工合同示范文本》文件的组成及解释顺序

除专用条款另有约定外，《建设工程施工合同》由下列文件组成。

（1）双方签署的合同协议书。

（2）中标通知书。

（3）投标书及其附件。

（4）本合同专用条款。它是发包人与承包人根据法律、行政法规规定，结合具体工程实际，经协商达成一致意见的条款，是对通用条款的具体化、补充或修改。

（5）本合同通用条款。它是根据法律、行政法规规定及建设工程施工的需要而订立，通用于建设工程施工的条款。它代表我国的工程施工惯例。

（6）本工程所适用的标准、规范及有关技术文件。

（7）图纸。

（8）工程量清单。

（9）工程报价单或预算书。

合同履行中，双方有关工程的洽商、变更等书面协议或文件视为本合同的组成部分。

上述合同文件应能互相解释、互相说明。当合同文件中出现不一致时，上面的顺序就是合同的优先解释顺序。当合同文件内容含糊不清或不相一致时，在不影响工程正常进行的情况下，按合同有关争议的约定处理。

合同正本一式两份，具有同等效力，由合同双方分别保存一份。副本份数，由双方根据需要在专用条款内约定。

（五）FIDIC 施工合同条件简介

1. FIDIC 简介

FIDIC 是"国际咨询工程师联合会"的法文名称 Fédé ration International Des Ingénieurs-Conseils 的前 5 个字母。其英文名称是 International Federation of Consulting Engineers。

FIDIC 于 1913 年由欧洲五国独立的咨询工程师协会在比利时成立,现在瑞士洛桑。FIDIC 成立 90 多年来,对国际上实施工程建设项目,以及促进国际经济技术合作的发展起到了重要作用。由该会编制的《业主与咨询工程师标准服务协议书》(白皮书)、《土木工程施工合同条件》(红皮书)、《电气与机械工程合同条件》(黄皮书)、《工程总承包合同条件》(橘黄皮书)被世界银行、亚洲开发银行等国际和区域发展援助金融机构作为实施项目的合同和协议范本。这些合同和协议文本,条款内容严密,对履约各方和实施人员的职责义务作了明确的规定;对实施项目过程中可能出现的问题也都有较合理的规定,以利于遵循解决问题。这些协议性文件为实施项目进行科学管理提供了可靠的依据,有利于保证工程质量、工期和控制成本,使雇主、承包人以及咨询工程师等有关人员的合法权益得到尊重。

该会制定的承包商标准资格预审表、招标程序、咨询项目分包协议等都具有很实用的参考价值,在国际上受到普遍欢迎,得到了广泛承认和应用。

中国工程师咨询协会代表我国于 1996 年 10 月加入了该组织。

2. 1999 版 FIDIC 施工合同条件(又称新红皮书)文本内容

FIDIC 出版的所有合同文本结构,都是以通用条件、专用条件和其他标准化文件的格式编制。

(1)通用条件。所谓"通用",其含义是工程建设项目不论属于哪个行业,也不管处于何地,只要是土木工程类的施工均可适用。条款内容涉及:合同履行过程中业主和承包商各方的权利与义务,工程师(交钥匙合同中为业主代表)的权利和职责,各种可能预见事件发生后的责任界限,合同正常履行过程中各方应遵循的工作程序,以及因意外事件而使合同被迫解除时各方应遵循的工作准则等。

(2)专用条件。专用条件是相对于"通用"而言的,在使用时要根据准备实施的项目的工程专业特点,以及工程所在地的政治、经济、法律、自然条件等地域特点,把通用条件中某些条款的规定加以具体化,可以相应对通用条件中的规定进行补充完善、修订或取代其中的某些内容,以及增补通用条件中没有规定的条款。专用条件中条款序号应与通用条件中要说明的条款序号对应,通用条件和专用条件内相同序号的条款共同构成对某一问题的约定责任。如果通用条件内的某一条款内容完备、适用,专用条件内可不再重复列此条款。

(3)标准化的文件格式。FIDIC 编制的标准化合同文本,除了通用条件和专用条件以外,还包括标准化的投标书、协议书等格式文件。投标人只需要在投标书格式文件里填写投标报价并签字后,即可与其他材料一起构成有法律效力的投标文件。投标书附件列出了通用条件和专用条件内涉及工期和费用内容的明确数值,与专用条件中的条款序号和具体要求相一致,以使承包商在投标时予以考虑。这些数据经承包商填写并签字确认后,合同履行过程中作为双方遵照执行的依据。协议书是业主与中标承包商签订施工承包合同的标准化格式文件,双方只要在空格内填入相应内容,并签字盖章后合同即可生效。

3. FIDIC 施工合同条件的适用及特点

该合同条件适用于建设项目规模大、复杂程度高、雇主提供设计的项目。新红皮书基本继承了原红皮书的"风险分担"原则,即雇主愿意承担比较大的风险。因此,雇主希望提供几乎全部设计;雇用工程师管理合同,管理施工以及签证支付;希望在工程施工的全过程中持续得到全部信息,并能作变更等;希望支付根据工程量清单或通过的工作总价。而承包商仅根据雇主提供的图纸资料进行施工。当然,承包商有时要根据要求承担结构、机械和电气部分的设计工作。

该合同具有以下特点:

(1)新红皮书放弃了原红皮书第四版的框架,继承了 1995 年橘皮书的格式,合同条件分为 20 个标题,与新版黄皮书、银皮书合同条件的大部分条款一致,同时加入了一些工程合同管理新的定义,便于使用和理解。

(2)新红皮书对雇主的职责、权利、义务有了更严格的要求,如对雇主资金安排、支付时间和补偿、雇主违约等方面的内容进行了补充和细化。

(3)对承包商的工作提出了更严格的要求,如承包商应将质量保证体系和月进度报告的所有细节都提供给工程师,在何种条件下将没收履约保证金,工程检验维修的期限等。

(4)索赔、仲裁方面,增加了与索赔有关的条款并丰富了细节,加入了争端委员会的工作程序,由 3 个委员会负责处理那些工程师的裁决不被双方认可的争端。

二、建设工程施工合同订立

(一)施工合同订立的原则

《合同法》规定了合同当事人在合同的签订、执行、解释和争执的解决过程中应当遵守的基本原则:自愿、守法、诚实信用和公平。施工合同作为合同的一种,也必须遵循这些基本原则,否则,合同可能无效或可撤销。

1. 自愿原则

自愿原则是《合同法》重要的基本原则,也是一般国家的法律准则。自愿原则体现了签订合同作为民事活动的基本特征。

平等是自愿的前提。当事人无论具有什么身份,在合同关系中相互之间的法律地位是平等的,都是独立的、平等的当事人,没有高低从属之分。

自愿原则贯彻于合同全过程,在不违反法律、行政法规、社会公德的情况下,当事人有如下权力。

(1)当事人依法享有自愿签订合同的权力。合同签订前,当事人通过充分协商,自由表达意见,自愿决定和调整相互权利义务关系,取得一致而达成协议。双方对自己的行为负责。签订合同必须是当事人双方的自愿行为。不容许任何一方违背对方意志,以大欺小,以强凌弱,将自己的意见强加于人,或通过胁迫、欺诈手段签订合同。

(2)在订立合同时,当事人有权选择对方当事人。

(3)合同构成自由。合同的形式、内容、范围由双方在不违法的情况下自愿商定。

(4)在合同履行过程中,当事人可以通过协商修改、变更、补充合同的内容,也可以通过协商解除合同。

(5)双方可以约定违约责任,在发生争议时,当事人可以自愿选择解决争议的方式。

2.守法原则

施工合同的订立和履行不仅仅是当事人之间的事情,它可能涉及社会公共利益和社会的经济秩序。因此,遵守法律、行政法规,不得损害社会公共利益是合同订立的重要原则。具体体现在:

(1)合同不能违反法律,工程实施和合同管理必须在法律所限定的范围内进行。超越这个范围,会导致合同无效。

(2)签订合同的当事人在法律上处于平等地位,享有平等权利和义务。

(3)法律保护合法合同的签订和实施。签订合同是一个法律行为,依法成立的合同对当事人具有法律约束力,合同以及双方的权益受法律保护。

3.诚实信用原则

合同是在双方诚实信用基础上签订的,合同目标的实现必须依靠合同相关各方真诚的合作。如果双方都缺乏诚实信用,或在合同签订和实施中出现"信任危机",则合同不可能顺利实施。而且在实际工程中,如果出现违反诚实信用原则的欺诈行为,合同当事人可以提出索赔,甚至可以提出仲裁,直至诉讼。

4.公平原则

《合同法》规定:"当事人应当遵循公平原则确定各方的权利和义务。"公平是民事活动应当遵循的基本原则。合同调节双方民事关系,应不偏不倚,维持合同双方在工程中公平合理的关系。将公平作为合同当事人的行为准则,有利于防止当事人滥用权力,保护和平衡合同当事人的合法权益,能更好地履行合同义务,实现合同目的。

(二)施工合同订立应具备的条件

(1)初步设计已经批准。

(2)工程项目已经列入年度建设计划。

(3)有能够满足施工需要的设计文件和有关技术资料。

(4)建设资金和主要建筑材料设备来源已经落实。

(5)对于招投标工程,中标通知书已经下达。

(三)施工合同订立的形式和过程

1.施工合同订立的形式

合同形式主要包括口头合同和书面合同。建设工程施工合同由于标的物价值大,合同持续时间长,容易发生纠纷,因此,《合同法》规定,建设工程施工合同应采用书面形式合同。

书面形式的合同由当事人经过协商达成一致后签署。如果委托他人代签,代签人必须事先取得委托书作为合同附件,证明具有法律代表资格。

2.施工合同订立的过程

合同的签订过程也就是合同的形成过程,是合同的协商过程。订立合同的具体方式多样,有的是通过协商谈判,有的是采取招标投标等。但不管采取什么方式,都必然经过两个步骤,即要约和承诺。《合同法》规定:"当事人订立合同,采取要约、承诺方式。"

(1)要约。要约是当事人一方向另一方提出订立合同的愿望。提出订立合同建议的当事人被称为"要约人",接受要约的一方被称为"受要约人"。要约的内容必须具体明确,表明只要经受要约人承诺,要约人即接受要约法律的约束力。

要约邀请是希望他人向自己发出要约的意思表示。

在工程招投标中,招标公告和招标文件是要约邀请,投标文件是要约,中标通知书是承诺。

要约是一种法律行为,它在到达受要约人时生效。要约生效后,在要约的有效期内,要约人不得随便反悔(撤回)。

要约可以撤回或撤销,但撤回要约的通知应当在要约到达受要约人之前或与要约同时到达受要约人;撤销要约的通知应当在受要约人发出承诺通知前到达受要约人。

(2)承诺。承诺即接受要约,是受要约人同意要约的意思表示。

承诺也是一种法律行为,"要约"一经"承诺",就被认为当事人双方已协商一致,达成协议。

承诺一般以通知的方式做出,承诺通知到达要约人时承诺生效;承诺生效时合同成立。

承诺也可以撤回。但承诺人撤回承诺的通知应在承诺通知到达要约人之前,或与承诺通知同时到达要约人。

通常在合同订立过程中,当事人双方对合同条款要反复磋商、谈判,其中可能存在多次"新要约",最终才达成一致,签订合同。

具体到建设工程施工合同来说,合同订立一般经历以下环节:

(1)建设单位发布招标公告、发售招标文件。

(2)施工企业递交投标文件。

(3)建设单位发出中标通知书。

(4)合同谈判,即在合同签订前对合同内容进行审查,在法律许可范围内就某些具体条款进行磋商。

(5)合同签订,中标通知书发出后30日内,双方应签订合同。

(6)合同备案,施工合同签订后15日内(浙江省规定)应报县级以上建设行政主管部门备案。

知识延伸

案例

某城市拟新建一大型火车站,各有关部门组织成立建设项目法人,在项目建议书、可行性研究报告、设计任务书等经市计划主管部门审核后,报国家计委、国务院审批并向国务院计划主管部门申请国家重大建设工程立项。审批过程中,项目法人以公开招标方式与3家中标的一级施工单位签订《建设工程总承包合同》,约定由该3家建筑单位共同为车站主体工程承包商,承包形式为一次包干,估算工程总造价18亿元人民币。但合同签订后,国务院计划主管部门公布该工程为国家重大建设工程项目,批准的投资计划中主体工程部分仅为15亿元人民币。因此,该计划下达后,委托方(项目法人)要求施工单位修改合同,降低包干造价,施工单位不同意,委托方诉至法院,要求解除合同。

课堂讨论

你认为法院应该怎么判?

案例评析

本案例中,车站建设项目属2亿元以上大型建设项目,并被列入国家重大建设工程,应经国务院有关部门审批并按国家批准的投资计划订立合同,不得任意扩大投资规模。根据《合同法》第二百七十三条规定:"国家重大建设工程合同,应当按照国家规定的程序和国家批准的投资计划、可行性研究报告等文件订立。"本案合同双方在审批过程中签订建筑合同,签订时并未取得有审批权限主管部门的批准文件,缺乏合同成立的前提条件,合同金额也超出国家批准投资的有关规定,扩大了固定资产投资规模,违反了国家计划,故法院应认定合同无效,过错方承担赔偿责任。

项目二　合同谈判

问题提出

1997年2月28日某世界博览会的建设方与中标方就中标合同的签署进行谈判,双方因对合同文本理解不同,使合同签署受阻。具体涉及以下问题。

中标单位在2月25日的投标书里报了一个总价,但在投标截止时间前一小时又书面承诺:总承包价以2月25日报价为基础下浮4.9%。在合同谈判中建设方提出为保证工程质量,钢筋、水泥、木材由建设方提供,中标单位同意。但双方对下浮价格范围存在争议,建设方认为三大材(钢筋、水泥、木材)应列为下浮范围。

在合同谈判中,建设方又提出,招标文件中明确提出"工程必须建成优良工程",而中标方投标书提出质量标准为优质工程(应另外增加优质工程奖),因此,工程建成验收被评为优良工程,不应给予奖励。

建设方认为,为保证工程使用,工程合同工期定为200天,若能按期完成已属创造了奇迹,同时,该世界博览会场地不可能提前使用。因此,建设方不要求工期提前,但延期应受罚。承包商提出合同内容应体现奖罚对等,要求提前有奖,延期受罚。

你觉得招投标工程在中标通知发出后,双方是否可以进行谈判?假如你是中标方或建设方,你应该怎么来谈判?

提示与分析

谈判在合同订立过程中是一个普遍存在而又十分重要的问题。

按照法律规定,在中标通知书发出后,招标人和中标人应当"按照招标文件和中标人的投标文件订立书面合同"。按照招标、投标文件订立合同,并不是说不可以再进行协商谈判,因为在订立合同时,总会存在一些在招投标文件里没包括或存在疑问的东西需要双方共同确认,确认后再以书面合同的形式固定下来。因此,大型建设项目在中标通知发出后,施工合同签订前,一般会留出一段时间用来进行合同谈判。不过,通过招投标方式订立的施工合同的谈判与其他合同谈判相比,法律上的限制条件要多一些,一般是不允许就招投标文件里的实质性内容进行谈判的。

知识链接

一、合同谈判的原则与技巧

（一）合同谈判的原则

谈判是签订合同的前奏，有些时候谈判过程就是签订合同的过程。一个善始善终的谈判对合同的签订及其内容起着至关重要的作用。因此，谈判时应遵循一定的原则，才能实现谈判的目的。

1.客观性原则

要求谈判人全面搜集信息材料；客观分析信息材料；寻求客观标准，如法律规定、国际惯例等；不屈从压力，只服从事实和真理。

2.求同存异的原则

谈判的前提是各方需要和利益的不同，但谈判的目的不是扩大分歧，而是弥合分歧，使各方成为谋求共同利益、解决问题的伙伴。

3.公平竞争的原则

谈判是为了谋求一致，谈判需要合作，但合作并不排斥竞争。要做到公平竞争，第一，各方地位要平等。第二，标准要公平。这个标准不应以一方认定的标准判断，而应以各方都认同的标准为准。第三，给人以选择机会，即从各自提出的众多方案中筛选出最优的方案——最大限度满足各方需要的方案，没有选择就无从谈判。第四，协议公平。只有公平的协议，才能保证协议的真正履行。强权之下达成的不平等协议是没有持久约束力的。

4.妥协互补原则

所谓妥协就是用让步的方法避免冲突或争执。但妥协不是目的，而是求得利益互补，在谈判中会出现许多僵局，而唯有某种妥协才能打破僵局，使谈判得以继续，直至协议达成。

至于妥协，有根本妥协和非根本妥协之分。谈判各方的利益都不是单一的，这表现在谈判方案的多项条款中，其中某些主要条款必须是志在必得、不得放弃的，妥协只能在非根本利益上的条款中体现。有时即使谈判破裂也在所不惜，因为这时在非根本利益上得到补偿，也不足以弥补根本的损失。

5.依法谈判的原则

国与国之间的谈判要依据国际法和国际惯例，国内合同谈判，自然应遵守我国有关的法律和法规。

（二）谈判的策略和技巧

合同谈判和其他谈判一样是一种综合艺术，需要经验和技巧。下面介绍一些简单的常用谈判技巧。

1.掌握谈判进程，合理分配各议题的时间

工程建设的谈判涉及诸多需要讨论的事项，而各谈判事项的重要性并不相同，谈判双方对同一事项的关注程度也不相同。谈判者要善于掌握谈判进程，在充满合作气氛的阶段，展开自己所关注的议题，从而达成有利于己方的协议；而在气氛紧张时，则引导谈判进入双方具有共识的议题，一方面缓和气氛，另一方面缩小双方差距，推进谈判进程。同时，谈判者应懂得合理分配谈判时间。对于各议题商讨时间的分配应得当，不要过多拘泥于细节性问题。

这样可以缩短谈判时间,降低交易成本。

2.分配谈判角色

任何一方的谈判团都由众多人士组成,谈判中应根据各人不同的性格特征扮演不同的角色,有的唱红脸,有的唱白脸,这样可以达到事半功倍的效果。

3.注意谈判氛围

谈判各方往往存在利益冲突,要兵不血刃即获成功是不现实的。但有经验的谈判者会在双方分歧严重、交锋激烈时采取润滑措施,舒缓压力。在我国最常见的方式是饭桌式谈判。

4.充分利用专家的作用

科技的高速发展致使个人不可能成为各方面的专家,而工程项目谈判又涉及广泛的学科领域,因此充分发挥各领域专家的作用,既可以在专业问题上获得技术支持,又可以利用专家的权威给对方以心理压力。

5.拖延和休会

当谈判遇到障碍、陷入僵局的时候,拖延和休会可以使明智的谈判方有时间冷静思考,在客观分析形势后提出替代方案。在一段时间的冷处理后,各方都可以进一步考虑整个项目的意义,进而弥合分歧,将谈判从低谷引向高潮。

6."最后一分钟策略"

这是谈判中常见的方法之一,如宣称:如果同意这一让步条件就签约,否则就终止谈判或用限期达成协议要挟对方等。遇到僵持的情况要冷静,通常应采用回旋的方法说明理由或缓和气氛,并通过场内外结合,动员对方相互妥协,或提出折中办法等。

7.抓大放小

诸如工作范围、价格、工期、支付条件和违约责任等不轻易让步,但对一些次要问题和细节问题可以让步或留待以后解决。

8.谈判一定要坚持双方均作记录

一般在每次谈判结束前双方对达成一致意见的条款或结论要进行确认。谈判结束后,双方确认的所有内容均应以文字方式写进合同,并以文字说明该"会议纪要"或"合同补遗"是构成合同的一部分。

9.坚持"统一表态"和"内外有别"

任何时候都不应把内部意见分歧在谈判会上暴露出来。

二、建设工程施工合同谈判

(一)合同谈判的目的

1.发包人的谈判目的

(1)通过谈判与中标人代表和相关技术人员接触,进一步确认中标人在技术、经验以及资金、人力资源、物力资源和管理能力等方面的实力,确保其圆满实施承包合同所规定的工作。

(2)在评标过程中可能对承包人的标价进行了修正,但仍需承包人正式确认。

(3)讨论并共同确定某些局部变更,包括设计的局部变更、技术条件或合同条件的变更,可能采用中标人的建议方案,或发包人有意改变一些商务和技术条款,这都可能导致合同基本条件及价格、质量标准和工期的变动。为此有必要与中标人通过谈判确定下来。

（4）将过去双方业已达成的协议进一步确认和具体化。

（5）发包人可能提出要求承包人降价，可在双方自愿的基础上就价格进行调整。

2.承包人的谈判目的

（1）与发包人澄清投标书中迄今尚未澄清的一些商务和技术条款，并说明自己对该条款的理解和自己的报价基础，力争使发包人接受对自己有利的解释并予以确认。

（2）争取尽可能改善合同条件，谋求公正，使自己的合法利益得到保护。

（3）对项目实施中可能遇到的问题（如劳务进口、关税、支付期限、图纸审查和批准等）提出要求，力争将其写入合同条款，避免或减少今后实施中的风险。

（4）如果在谈判中，发包人对技术和商务做出变更，承包人要相应提出价格调整。

从双方的目的来看既一致又有矛盾。双方都明白，一旦签订了合同，对双方都构成了事实上的法律约束。因此，双方在谈判的过程中都很慎重。另一方面，经过相当长时间的投标和评标过程，承包人和发包人都花费了不少的精力和财力，到了这个阶段，双方都不希望轻易使谈判失败，都希望谈判成功。因此，双方既斗争又相互妥协。

投标文件的所有商务和技术条款是双方合同谈判的基础，任何一方均有理由拒绝另一方提出的超出原投标条件的要求，因为投标前即应对投标文件中的合同条款进行认真的研究，并在投标书中给予确认。承包人在合同谈判中的主要目的应是在一定条件下尽可能改善合同条件，防止产生意外损失，而不能寄希望于通过合同谈判解决所有问题。

（二）合同谈判的准备

鉴于合同谈判的重要性，发包人和承包人都要认真做好合同谈判的各项准备工作。这里主要从承包人角度讲述合同谈判的准备工作。

1.组建谈判小组

谈判小组应由熟悉建设工程合同条款，并参加了该项目投标文件编制的技术人员和商务人员组成，谈判小组的每一个人都应充分熟悉原招标文件的商务和技术条款，同时还要熟悉自己投标文件的内容。

小组负责人即首席谈判代表，是决定合同谈判是否成功的关键人物，应认真选定。该负责人应具有合同谈判经验、良好的协调能力和社交经验，具有一定的口才以及良好的心理素质。另外，聘请熟悉工程合同的专业律师参加谈判小组有时是必要的，因为在谈判合同商务条款和敲定合同文字时，往往对方出面谈判的人员中也有律师。

2.合同审查分析

招标人在招标文件里往往已给出了要选用的合同文本和合同的主要条款，中标人在开始合同谈判前首先要研究合同文本结构，分析其中的主要条款。一般来说，合同分析要从以下方面入手。

（1）合同的法律基础。即合同签订和实施的法律背景。通过分析，承包商了解适用于合同的法律的基本情况（范围、特点等），用以指导整个合同实施和索赔工作。对合同中明示的法律应重点分析。在国际工程承包中，合同的法律基础分析是很重要的。

（2）合同类型。即所签订的合同的类型。通常，按合同关系可分为工程承（分）包合同、联营合同和劳务合同等；按计价方式可分为固定总价合同、单价合同和成本加酬金合同等。不同类型的合同，其性质、特点、履行方式不一样，双方的责权利关系和风险分配不一样。这直接影响合同双方责任和权利的划分,影响工程施工中的合同管理和索赔(反索赔)。

(3)合同文件和合同语言。主要包括对合同文件的范围和优先次序的分析。在国际工程承包中,要注意合同文本所采用的语言。如果使用多种语言,则要定义主导语言。

(4)承包商的主要任务。这是合同总体分析的重点之一,主要分析承包商的合同责任和权力,分析内容通常有:

①承包商的总任务,即合同标的。包括承包商在设计、采购、生产、试验、运输、土建、安装、验收、试生产和缺陷责任期维修等方面的主要责任,施工现场的管理,给业主的管理人员提供生活和工作条件等责任。

②工作范围。它通常由合同中的工程量清单、图纸、工程说明和技术规范所定义。工程范围的界限应很清楚,否则会影响工程变更和索赔,特别是对固定总价合同来说。

③关于工程的规定。这在合同实施后的合同管理和索赔处理中极为重要,要重点分析,包括:

● 工程变更程序。

● 工程变更的补偿范围,通常以合同金额的一定百分比表示。例如某承包合同规定,工程变更在合同价的5%范围内为承包商的风险或机会。在这范围内,承包商无权要求任何补偿。通常这个百分比越大,承包商的风险越大。

● 特殊的规定。例如有一承包合同规定,业主有权指令进行工程变更,业主对所指令的工程变更的补偿范围是,仅对重大的变更,且仅按单个建筑物和设施地平以上体积变化量计算补偿费用。这实质上排除了工程变更索赔的可能。

● 工程变更的索赔有效期,由合同具体规定,一般为28天,也有14天的。一般这个时间越短,对承包商管理水平的要求越高,对承包商越不利。

(5)发包人责任。这里主要分析发包人的权利和合作责任。业主的合作责任是承包商顺利完成合同所规定任务的前提,同时又是进行索赔的理由和推卸工程拖延责任的托词;而业主的权利又是承包商的合同责任,是承包商容易产生违约行为的地方。通常这一部分的分析包括以下几个方面:

①监理工程师(工程师)的权限与责任。

②及时做出承包商履行合同所必需的决策,如下达指令,履行各种批准手续,做出认可、答复请示,完成各种检查和验收手续等,主要应分析它们的实施程序和期限。

③提供施工条件,如及时提供设计资料、图纸、施工场地和道路等。

④工程款支付、已完工程的接收等。

(6)合同价格。应重点分析:

①合同所采用的计价方法及合同价格所包括的范围,如固定总价合同、单价合同、成本加酬金合同或目标合同等。

②工程量结算方法和程序,工程款结算(包括进度付款、竣工结算、最终结算)方法和程序。

③合同价格的调整,即费用索赔的条件、价格调整方法、计价依据、索赔有效期规定等。

④拖欠工程款的合同责任。

(7)施工工期。在实际工程中,工期拖延极为常见和频繁,而且对合同实施和索赔的影响很大,所以要特别重视。这里要重点分析合同规定的开竣工日期、主要工程活动的工期、工期的影响因素、获得工期补偿的条件和可能等。

(8)违约责任。如果合同一方未遵守合同规定，造成对方损失，应受到相应的合同处罚。这是合同分析的重点之一。

3.事先了解谈判对手

不同的发包人由于背景不同、价值观念不同、思维方式不同，在谈判中采取的方法也不尽相同。事先了解这些背景情况和对方的习惯做法等，对取得较好的谈判结果是有利的。

4.确定基本谈判计划

谈判小组应搜集信息，分析发包人方面可能提出的问题，并对其认真进行研究和分析；此外还应尽量搜集潜在竞争对手的投标情况并进行分析；对关键问题制订出希望达到的上、中、下目标。

5.认真准备提交的文件

一般情况下，如果发包人首先提出了谈判要点，承包人最好就此准备一份书面材料进行答复。

6.谈判的心理准备

除上述实质性准备外，对合同谈判还要有足够的心理准备，尤其是对于缺乏经验的谈判者。

(1)与任何谈判一样，合同谈判是一个艰苦的过程，不会是一帆风顺的。对此一定要有充分的心理准备，为达到自己的既定目标要有力争成功的执着信念，还要有足够的"韧性"。

(2)平等地位，平和协商。合同双方法律地位是平等的，要按照"有理、有利、有节"的原则，通过解释自己的理由，说服谈判对手，不能企图强压对手；反之，当对方采取强压方式的时候，又要敢于拒绝、婉言提醒对方，按公平合理原则办事。

(3)怕谈判失败而失去签约机会的想法是不必要的。应当看到，发包人只有当他认为无论在价格上还是在其他方面这个投标人是比较理想的时候，他才会确定授标并进行合同谈判的，因此这时候承包人实际上是处于有利地位的。一般来说，发包人的谈判代表并不愿意使谈判真正陷入僵局或失败，因为谈判一旦失败，发包人也会因浪费时间和金钱而陷入被动。

(三)合同谈判内容

合同谈判的内容因项目情况和合同性质、原招标文件规定、发包人的要求而异。一般来讲，合同谈判会涉及合同的商务、技术所有条款，其主要内容可分为以下几个方面。

1.关于工程内容和范围

(1)在签订合同前的谈判中，必须首先共同确认合同规定的工程内容和范围。承包人应当认真重新核实投标报价的工程项目内容与合同中表述的内容是否一致，合同文字的描述和图纸的表达都应当准确，不能模糊含混。中标人应当查实自己的标价有没有任何只凭推测和想象计算的成分，如果有，则应当通过谈判予以澄清和调整。应当力争删除或修改合同中出现的诸如"除另有规定外……"、"承包人可以合理推知需要提供的为本工程实施所需的一切辅助工程"之类含混不清的合同词句。

对于在谈判讨论中经双方确认的内容及范围方面的修改或调整，应和其他所有在谈判中双方达成一致的内容一样，以文字方式确定下来，并以"合同补充"或"会议纪要"方式作为合同附件，同时说明该合同附件是构成合同的一部分。

（2）发包人提出增减工程项目或要求调整的工程量和工程内容时，务必在技术和商务等方面重新核实，确有把握方可应允。同时以书面文件、工程量表或图纸予以确认，其价格亦应通过谈判确认并填入工程量清单。

（3）对于原招标文件中的"可供选择的项目"和"临时项目"应力争说服发包人在合同签订前予以确认，或商定确认的最后期限。

（4）对于一般的单价合同，如发包人在原招标文件中未明确工程量变更部分的限度，则谈判时应要求与发包人共同确定一个"增减量幅度"（FIDIC 第四版建议为 15%），当超过该幅度时，承包人有权要求对工程单价进行调整。

2.关于技术要求、技术规范和施工技术方案

技术方面的要求是发包人极为关切而承包人也应更加注意的问题，一般在合同谈判及签订时要考虑以下一些方面：

（1）质量标准。

（2）采用的规范、图集。

（3）施工方案。

（4）技术措施。

（5）场地交付条件。

（6）施工图纸份数、交付时间。

（7）竣工图纸要求。

合同谈判内容还包括价格调整方法、合同款支付方式、工期和维修期、争端的解决方式和违约责任等。

项目三　合同效力

问题提出

2008 年 3 月，浙江某村委会（以下简称业主）把村委办公楼工程承包给某施工单位（以下简称承包商）。双方因给付工程款发生争议，承包商于 2009 年 3 月向法院起诉，请求判决业主给付 200 万元工程款。业主辩称承包商没有取得施工资质，双方所签合同为无效合同，且工程质量不合格，请求人民法院驳回承包商的诉讼请求。人民法院经审理查明，双方约定工程总造价 800 万元，业主尚欠承包商 200 万元工程款，承包商没有取得施工资质，经依法鉴定，该工程质量合格。业主坚持合同无效，拒付 200 万元工程款。

你认为这份施工合同有效吗？业主该不该支付 200 万元的工程款？

提示与分析

这个案例涉及合同效力问题。《合同法》第五十二条第（5）项规定，"其他违反法律、行政法规强制性规定的"合同无效。考虑到建设工程施工合同的特殊性，最高司法专门对此出台了具体司法解释。根据解释规定，承包人未取得建筑施工企业资质或者超越资质等级而签订的施工合同是无效的。但同时解释又提出：建设工程施工合同无效，但建设工程经竣工验收合格，承包人请求参照合同约定支付工程价款的，应予支持。

因此，该施工合同是无效的，但业主应该支付 200 万元的工程款。

🔍 **知识链接**

一、合同效力概述

(一)合同的生效要件

已经成立的合同,必须具备一定的生效要件,才能产生法律拘束力,合同的生效要件是判断合同具有法律效力的标准。

合同的一般生效要件包括下列四个条件。

1.行为人具有相应的民事行为能力

行为人具有相应的民事行为能力的要件,通常又称为有行为能力原则或主体合格的原则。由于任何合同都是以当事人的意思表示为基础,并且以产生一定的法律效果为目的。因此,行为人必须具备正确地理解自己的行为性质和后果、独立地表达自己意思的能力。

不具备相应的民事行为能力,就不能相应地独立进行意思表示,即使订立了合同也将会使自己遭受损失。因此,各国民法大多将行为人有无行为能力作为区别法律行为有效和无效的条件。

我国《民法典》规定:8周岁以上的未成年人和不能完全辨认自己行为的精神病人是限制民事行为能力人;未满8周岁的未成年人和不能辨认自己行为的精神病人是无行为能力人,他们的民事活动需由其法定代理人代理实施民事法律行为。

2.意思表示真实

所谓意思表示真实,是指表意人的表示行为应当真实地反映其内心的效果意思。效果意思是指意思表示人欲使其表示内容引起法律上效力的内在意思要素,在不同的国家它又被称为"效力意思"、"法效意思"、"设立法律关系的意图"等。表示行为是指行为人将其内在意思以一定的方式表示于外部,并足以为外界所客观理解的要素。意思表示真实要求表示行为应当与效果意思相一致。

在大多数情况下,行为人表示于外部的意思同其内心真实意思是一致的。但有时行为人做出的意思表示与其真实意思不相符合,例如:A单位拟同B单位签订供货合同,因B单位产品价格过高,本不想签约,但迫于B单位的压力或威胁不得已而与之签订了供货合同。此种情况称为"非真实的意思表示"、"意思缺乏"或"意思表示不真实"。

一般以为,在意思表示不真实的情况下,一方面,不能仅以行为人表示于外部的意思为根据,而不考虑行为人的内心意思。如行为人在受胁迫、受欺诈的情况下做出的意思表示,与其真实意思完全不符。如果不考虑行为人的真实意思,而使其外部的意思表示有效,并认为因欺诈、胁迫等订立的合同有效,既不利于保护行为人的利益,也会纵容胁迫、欺诈等违法行为,而且会破坏法律秩序。另一方面,也不能仅以行为人的内心意思为依据,而不考虑行为人的外部表示。因为行为人的内心意思往往是局外人无从考察的,如果行为人随时以意思表示不真实为理由主张合同无效,就会使合同的效力随时受到影响,使对方当事人的利益受到损害。所以,在合同成立后,任何当事人都不能借口自己考虑不周、估计不足、不了解市场行情等而推翻合同效力。

合同一旦成立,就要在当事人之间产生拘束力,如果当事人是在被胁迫、受欺诈以及重大误解等法律规定的情况下做出的与其真实意思不符的意思表示,那么,根据法律规定,可以由人民法院或者仲裁机关依法撤销该行为,并根据情况追究过错的一方或双方当事人的责任。

3.不违反法律和社会公共利益

不违反法律是指不违反法律和行政法规的强制性规定。不违反社会公共利益,就是指不违反公序良俗。

4.合同必须具备法律所要求的形式

当事人可以选择合同所采用的形式,但如果法律对合同形式有特殊规定的,应当遵守法律的规定。《合同法》第四十四条规定:法律、行政法规规定应当办理批准、登记手续生效的,依照其规定。

(二)效力待定合同

1.效力待定合同的概念

效力待定合同是指虽已成立,但是否发生法律效力尚不确定的合同。该类合同的效力处于悬而未决的状态,它欠缺权利人的同意,经权利人追认方可自始有效,权利人拒绝追认,合同归于无效。

2.效力待定合同的类型

效力待定合同主要包括以下三种类型。

(1)限制民事行为能力人订立的依法不能独立订立的合同。

(2)无权代理订立的合同。

(3)无权处分合同。其中无权代理主要有以下几种情况:①根本无权代理。②授权行为无效的代理。③超越代理权范围进行的代理。④代理权消灭以后的代理。

无权处分行为系指无处分权人处分他人财产而订立的合同。《合同法》第五十一条规定:无处分权人处分他人财产,经权利人追认或者无处分权人订立合同后取得处分权的,该合同有效。

(三)无效合同

1.无效合同的概念

无效合同是指欠缺合同生效要件,虽已成立却不能依当事人意思发生法律效力的合同。

无效合同具有如下特征:

(1)无效合同的违法性。

(2)对无效合同的国家干预。

(3)无效合同具有不得履行性。

(4)无效合同自始无效。

2.无效合同的范围

根据《合同法》规定,无效合同的范围主要包括以下几种:

(1)一方以欺诈、胁迫的手段订立合同,损害国家利益。

(2)恶意串通,损害国家、集体或第三方利益。

(3)以合法形式掩盖非法目的。

(4)损害社会公共利益。

(5)违反法律、行政法规的强制性规定。

（四）可撤销合同

1. 可撤销合同的概念和特征

可撤销合同，又称为可撤销、可变更的合同，它是指当事人在订立合同时，因意思表示不真实，法律允许撤销权人通过行使撤销权而使已经生效的合同归于无效。例如，因重大误解而订立的合同，误解的一方有权请求法院撤销该合同。

可撤销合同与无效合同是不同的，其法律特征表现为：

（1）可撤销合同主要是意思表示不真实的合同。

（2）必须由撤销权人主动行使撤销权，请求撤销合同。

（3）可撤销合同在未被撤销以前仍然是有效的。

（4）可撤销合同在《民法典》中称为可变更、可撤销的合同，也就是说此类合同，撤销权人有权请求予以撤销，也可以不要求撤销，而仅要求变更合同的内容。

2. 撤销权的行使

撤销权通常由因意思表示不真实而受损害的一方当事人享有，如重大误解中的误解人、显失公平中的遭受重大不利的一方。

撤销权的行使，不一定必须通过诉讼的方式。如果撤销权人主动向对方做出撤销的意思表示，而对方未表示异议，则可以直接发生撤销合同的后果；如果对撤销问题，双方发生争议，则必须提起诉讼或仲裁，要求人民法院或仲裁机构予以裁决。

从鼓励交易的需要出发，撤销权人有权提出变更合同，《合同法》第五十四条规定：当事人请求变更的，人民法院或仲裁机构不得撤销。因此，请求变更的权利也是撤销权人享有的一项权利。

撤销权人必须在规定的期限内行使撤销权。《合同法》第五十五条规定：具有撤销权的当事人自知道或者应当知道撤销事由之日起 1 年内没有行使撤销权或具有撤销权的当事人知道撤销事由后明确表示或者以自己的行为放弃撤销权，则撤销权消失。

3. 可撤销合同的种类

可撤销合同通常包括以下四种类型：

（1）因重大误解订立的合同。

（2）在订立合同时显失公平的。

（3）因欺诈、胁迫而订立的合同。

（4）乘人之危订立的合同。

（五）合同被确认无效或被撤销的后果

合同被确认无效或被撤销的后果有两种，即返还财产和赔偿损失。

1. 返还财产

《合同法》第五十八条规定：合同无效或者被撤销后，因该合同取得的财产，应当予以返还；不能返还或者没有必要返还的，应当折价补偿。

所谓返还财产，是指一方当事人在合同被确认无效或被撤销以后，对其已交付给对方的财产享有返还请求权，而已经接受对方交付的财产的一方当事人则负有返还对方的义务。

2. 赔偿损失

《合同法》第五十八条规定：合同无效或者被撤销后……有过错的一方应当赔偿对方因此所受到的损失，双方都有过错的，应当各自承担相应的责任。

二、建设工程施工合同的效力

(一)无效施工合同

1.无效施工合同的种类

根据相关法律法规规定,除了在《合同法》里规定的四种情形下合同无效外,建设工程施工合同在以下几种情形下也是无效的。

(1)承包人未取得建筑施工企业资质或超越资质等级承揽建设工程的合同无效。

这里的承包人主要是指建筑施工企业,包括施工总承包企业、施工承包企业和建筑专项分包企业。由于工程质量是建设工程的核心所在,而施工企业的建筑施工能力则是保证工程质量的基本条件,所以《建筑法》通过采用资质强制性管理制度对建筑施工企业实行主体准入管理,禁止建筑施工企业超越本企业资质等级许可的业务范围或者以任何形式用其他建筑施工企业的名义承揽工程。最高法在其《解释》里明确提出此类合同无效。

不过,考虑到建筑施工企业资质等级的取得需要一定的审批时间,对已经具备一定建设能力、正在申报相应资质等级而尚未获得批准的建筑企业,由于其承揽的建设工程质量能够得到相应保证,对其取得资质之前签订的建设合同予以认可也不会违背建筑法的立法本意。因此,最高人民法院于2004年10月26日公布的《关于审理建设工程施工合同纠纷案件适用法律问题的解释》第五条又规定,承包人超越资质等级许可的业务范围签订建设工程施工合同,在建设工程竣工前取得相应资质等级,当事人请求按照无效合同处理的,不予支持。也就是说,承包人在签订施工合同时没有资质或资质不够,但只要在竣工前取得相应的资质,那么其签订的施工合同应该是有效的。

(2)没有资质的实际施工人使用有资质的施工企业名义承揽工程的合同无效。

在实践中,由于建筑市场的高额回报,吸引了相当一部分不具备对应资质的企业通过各种方法借用具有法定资格的企业名义对外承揽工程。这一现象在起步规模小、资金不足的民营企业中显得尤为突出。这类现象在实际中往往以挂靠、内部承包、名义联营等行为出现,各地方政府出于现实的考虑,对此类现象基本上都是持默许的态度。

(3)建设工程必须进行招标而未招标或者中标无效的合同无效。

《招标投标法》第三条规定,在中华人民共和国境内进行下列工程建设项目,包括项目的勘察、设计、施工、监理以及与工程建设有关的重要设备、材料等的采购,必须进行招标:①大型基础设施、公用事业等关系社会公共利益、公众安全的项目;②全部或者部分使用国有资金投资或者国家融资的项目;③使用国际组织或者外国政府贷款、援助资金的项目。按该法规定,中标是发包单位与承建单位签订建设施工合同的前提条件。中标无效必然导致建设工程施工合同无效。评断中标无效的裁判标准则是《招标投标法》第五十条、第五十二条、第五十三条、第五十四条、第五十五条以及第五十七条的规定。

(4)承包人非法转包、违法分包建设工程的合同无效。

按照国务院于2000年1月30日发布的《建设工程质量管理条例》第七十八条第二款规定,违法分包是指:①总承包单位将建设工程分包给不具备相应资质条件的单位的;②建设工程总承包合同中未有约定,又未经建设单位认可,承包单位将其承包的部分建设工程交由其他单位完成的;③施工总承包单位将建设工程主体结构的施工分包给其他单位的;④分包单位将其承包的建设工程再分包的。转包是指承包单位承包建设工程后,不履行合同约定的责任和义务，直接将其承包的全部建设工程转包给他人。

需要注意的是，劳务分包和专业分包不属于此类情形的范围。

2.无效施工合同的处理

(1)合同无效但建设工程经竣工验收合格的处理。

根据《合同法》有关规定，合同无效后，该合同取得的财产应当返还；不能返还的，应当折价补偿。但建设工程施工合同的特殊之处在于，建设工程的施工过程也就是承包人将劳务、建筑材料等物化到建设工程的过程。因此，合同无效后，发包人取得的财产实际上就是承包人承建的工程，故无法适用恢复原状、返还财产的法律责任。如折价补偿，必会涉及按工程定额或市场价格信息作为计价标准计算工程造价成本，进而有了鉴定问题，不仅耗时长，而且达不到良好的社会效果。同时，目前我国建筑市场属于发包人市场，发包工程款往往低于工程定额标准或市场价格信息标准，如折价补偿，就会造成承包人获取的工程款高于约定工程款，这与无效合同的处理原则和促进建筑业健康发展的司法目的相悖。鉴于工程质量是建筑工程的生命线，且为了平衡各方之间利益关系，最高法《司法解释》规定，建设工程施工合同无效，但建设工程验收合格的，可以参照合同约定支付工程价款。

(2)合同无效且工程验收不合格的处理。

①建设工程可以修复并经再次验收合格，可按双方约定工程价款基数支付，但承包人应减少报酬。工程能否修复，应由专业技术部门做出认定，而减少的报酬应当以建设工程的修复费用为尺度。

②修复后的建设工程经验收不合格，无法通过修复予以弥补工程质量的，建设工程已完全丧失使用价值，只能铲除重新进行建设的，发包人可不支付工程款，发包人有责任的除外。

(二)"黑白合同"的效力

黑白合同实际上是两个合同，一个是白合同，另一个是黑合同。所谓白合同，就是经过招投标备案的合同。而在这个备案的合同之外，双方又签订了一个补充协议。这个补充协议，实际上就是黑合同。黑白合同之所以在我国建筑业界广泛存在，主要是由于代表发承包双方真实意思表示的合同无法在行政主管部门备案。比如说在上海，合同有垫资条款的无法备案，在这样的情况下，发承包双方就会签订两个合同，一个合同用于备案，另一个作为实际履行的合同，这样黑白合同就形成了。

如果严格从法理上来分析的话，黑合同和白合同都是无效的。我们这里不讨论两者在法理上的效力情况，只关注在实践中黑白合同效力问题的处理。

在2005年1月1日《最高人民法院关于审理建设工程施工合同纠纷案件适用法律问题的解释》(下简称《司法解释》)生效前，关于黑白合同的效力纠纷，如果双方上诉至法院的话，各地法院的认定是不同的，有的以白合同为有效合同，有的以黑合同为有效合同。但是在《司法解释》生效以后，关于此类合同纠纷，就只能以白合同为有效合同进行处理了。因为，《司法解释》第二十一条规定：当事人就同一建设工程另行订立的建设工程施工合同与经过备案的中标合同实质性内容不一致的，应当以备案的中标合同作为结算工程价款的根据。

也就是说，实践中的黑白合同效力纠纷，如果交由法院处理的话，黑合同是无效的。因此，在实践中如果遇到黑白合同现象，我们需要考虑它可能带来的风险。

建设工程招投标与合同管理

知识延伸

案例 1

2001年12月18日，中建八局通过招投标的方式取得上海化工区自来水有限公司（简称自来水公司）在上海化学工业区20万吨水厂工程的总承包权。之后双方签订了总承包合同，约定总价为4971万元，且是闭口价；施工图可以变更，变更后价款超过原合同价款的5%以上部分不作调整。合同签订后原告按照合同约定进场施工。翌年8月，上海化工区中法水务有限公司继承了自来水公司在总承包合同中的全部权利和义务。由于当初自来水公司在招投标时没有施工图，仅以初步设计进行招标，因此签约时不具备计价条件，但双方却在总承包合同中约定了固定造价。在施工过程中，施工图进行了多次变更，导致实际完成工程造价5793万元，超出合同价款822万元。施工单位根据上海市"九三定额"对自来水公司提供的施工图纸进行了造价估算，发现其工程造价高达8357万元，如果继续按照施工图进行施工，将会损失3386万元。为此，施工单位多次与自来水公司和其后的受让方被告协商解决总包合同中不平等的条款，始终未果。

课堂讨论

你认为施工单位应该怎么办？

案例评析

由案例叙述可看出，该施工单位与自来水公司双方约定的合同造价是显失公平的，如果继续履行合同将会严重损害施工单位的利益。显失公平的合同条款是可以申请撤销的。施工单位可向法院提出申请，要求撤销显失公平的条款，并要求赔偿损失。

事实上，2002年12月20日，施工单位在距撤销权的诉讼时效仅剩7天的时间时，向法院提起诉讼，请求法院依法对总承包合同中不平等的条款行使撤销权。在诉讼中，水务公司主动向建筑单位提出愿意协商解决。最终，建筑单位得到水务公司支付的工程补偿金1200万元后而申请撤诉。

案例 2

海南省某市某中学宿舍楼工程，建筑面积4000m²，六层框架结构，工程预算造价280万元，项目通过招标发包。该项目业主发出的中标通知书写明中标价299万元。随后，业主与中标人签订的施工合同写明合同价格为269万元。

课堂讨论

你认为该项目做法有哪些不妥？

案例评析

该项目所签合同与中标价格不符，实际上形成了两份价格不一致的合同——即俗称的"阴阳合同"或"黑白合同"。这说明招标人和中标人双方当事人在中标以后就合同的实质性内容——价格，进行了协商并达成一致，改变了投标人在投标文件中的要约，也推翻了招标人在中标通知书中的承诺。这一点违反了《招标投标法》关于招标人和中标人应当按照招标文件和中标人的投标文件订立书面合同，且不得再行订立违背合同实质性内容的其他协议的规定。

《招标投标法》第五十九条规定:"招标人与中标人不按照招标文件和中标人的投标文件订立合同的,或者招标人、中标人订立背离合同实质性内容的协议的,责令改正;可以处中标项目金额千分之五以上千分之十以下的罚款。"

以上规定的含义是,招标人与中标人双方订立的合同,仅仅是将招标文件(含合法澄清、修改内容)、投标文件(含所有合法补充、修改及非实质内容的澄清或说明)的规定、条件、条款以书面文本固定下来,不得要求投标人承担招标文件以外的任务或修改投标文件的实质内容。

国家发展和改革委员会等八部委联合发布的《工程建设项目勘察设计招标投标办法》规定:①招标人以压低勘察设计费、增加工作量、缩短勘察设计周期等作为发出中标通知书的条件;②招标人无正当理由不与中标人订立合同的;③招标人向中标人提出超出招标文件中主要合同条款的附加条件,以此作为签订合同的前提条件;④中标人无正当理由不与招标人签订合同的;⑤中标人向招标人提出超出其投标文件中主要条款的附加条件,以此作为签订合同的前提条件;⑥中标人拒不按照要求提交履约保证金的等情况,属于招标人与中标人不按照招标文件和中标人的投标文件订立合同(因不可抗力造成上述情况的,不适用)。

国家发展计划委员会等七部委联合发布的《工程建设项目施工招标投标办法》第五十九条规定:招标人不得向中标人提出压低报价、增加工作量、缩短工期或其他违背中标人意愿的要求,以此作为发出中标通知书和签订合同的条件。

项目四　合同签订

能力训练

以本章背景资料里的宿舍楼项目作为实训项目,分组扮演招标人、中标人和招标管理机构,模拟进行合同谈判与合同签订。

实训说明

1. 实训准备

(1)现行标准施工合同文本及相关合同附件若干套(依据班级分组情况而定),建筑施工合同备案表,合同签订所需双方印章等。

(2)班级人员分组,分别扮演招标人和中标人以及招标管理机构。

(3)有条件的可提供实训室。

2. 实训内容

(1)合同订立前的合同审查、合同谈判。

(2)合同订立、合同备案。

3. 步骤

(1)招、中标双方熟悉并研读施工合同文本,草拟专用合同条件,结合工程实际情况,准备谈判内容。

(2)双方谈判代表进行谈判。

(3)合同内容填写、签字、盖章。

(4)合同备案。

（5）指导教师做总结、点评。

4.实训时间

课余完成。

5.评价标准

（1）内容完成的完整性、合同条款的熟悉程度。

（2）团队合作的创新性、协调性。

（3）谈判技巧应用的熟练程度。

知识链接

合同备案

建设工程施工合同签订后,须向县级以上建设行政主管部门登记备案。《浙江省招标投标条例》第四十一条规定:招标人应当在签订合同之日起15日内将合同报有关行政监督部门备案;属于政府投资项目的,有关行政监督部门应当将备案情况及时告诉财政部门。

建设工程施工合同备案的受理部门是各市地县的招投标管理办公室。备案时需准备的资料有招标文件、中标通知书、施工合同、担保合同等。有些地方还有合同审查的要求,即申请合同备案时,要对合同内容进行审查,合乎要求的才给予备案。一般合同审查的内容主要包括:

（1）施工合同是否采用国家标准示范文本,内容是否齐全。

（2）施工合同约定的计价办法、工程造价、工程质量、工期、安全文明施工条款,是否符合国家法律法规以及招标文件要求,是否符合工程建设规范标准。

（3）施工合同约定价与经备案的中标通知书的中标价是否一致。

复习思考题

1.为什么说招标是要约邀请,投标人的投标是要约,建设单位的决标是承诺?

2.如何在合同谈判中恰当地使用谈判策略与技巧? 除了教材中所述的内容外你认为在谈判时还应该注意什么问题?

3.能在哪些方面识别一个合同的有效性? 除了有效合同与无效合同外你还知道什么效力的合同? 如何进行区分?

4.《建设工程施工合同(示范文本)》是一个什么样的合同文本? 它主要有哪些内容?

5.对一个施工企业而言什么样的合同才算是一个好的合同?

6.造成建设工程施工合同风险的原因有哪些? 你认为有哪些有效的措施可以减少风险的发生?

项目实训

建设工程施工合同的订立

1.实训目的

理解施工合同的概念及作用,合同的分类和管理;了解施工合同的谈判和签订;知道承包商的强制义务;掌握违约责任;理解合同双方的权力义务。

2.实训准备

(1)湖州职业技术学院建艺实训大楼施工图纸;

(2)湖州职业技术学院建艺实训大楼招标文件。

3.实训内容

(1)你现在所在的部门是项目部,请为你的部门设计一个施工合同订立过程中的业务流程图,并告诉你的团队成员:你们在这项工作中的任务是什么? 你对团队的成员有什么要求?

(2)你所在的学习团队与另一个学习团队分别扮演招标人与投标人,请你为自己的团队策划一个谈判计划,并与你的团队成员讨论如何实施这个计划。

(3)现在你所在的企业已被告知中标,请参照《建设工程施工合同(示范文本)》起草一份建设工程施工合同,并与你的伙伴们讨论条款的合法性、合理性。

4.实训步骤

(1)任务布置及知识引导;

(2)分组学习讨论;

(3)学生集中汇报;

(4)教师点评或总结。

5.评价标准

(1)团队合作精神及积极性、主动性与创造性的发挥度;

(2)成果的完整性、与国家统一的标准和规格的符合性;

(3)学习分享情况。

模块五
建设工程施工合同履行

5

能力目标

1. 能够协助项目经理开展施工合同交底工作
2. 能够罗列按照工程合同条款开展工程验收的条件和要求

知识目标

1. 熟悉建设工程施工合同履行业务流程
2. 熟悉施工项目管理质量控制、进度控制、成本控制和安全控制内容
3. 了解建设工程施工合同争议产生的原因和解决方法

背景资料

某省 S 建筑工程公司(简称 S 建)于 2020 年 1 月 22 日参加 H 大学学生公寓楼群施工项目的投标,该项目由 A 座、B 座、C 座三幢独立公寓楼组成"品"字形公寓楼群,建筑面积为 13500m²。2020 年 3 月 2 日 S 建以投标价 1080 万元,工期 135 天,工程质量合格等对招标文件实质性响应的投标,经招标文件中约定的综合评估法评标,以综合得分最高者身份中标,并于 2020 年 3 月 16 日就学生公寓楼承建工程与 H 大学签订了施工承包合同。

S 建为便于公寓群项目的实施,在公司建立了企业、项目部两级合同管理制。项目部任命姜军为合同管理员,负责本部所有合同的报批、保管和归档工作;参与选择分包商工作,在项目经理授权后负责分包合同起草、洽谈,制订分包的工作程序,以及总合同变更合同的洽谈,资料的搜集,定期检查合同的履约工作;负责须经企业经理签字方能生效的重大施工合同的上报审批手续等工作;监督分包商履行合同工作,以及向发包人、监理工程师、分包单位发送涉及合同问题的备忘录、索赔单等文件。

2020 年 4 月 24 日,工程师对 B 座地下防水工程验收时因检测仪器出现故障致使验收时间延长 2 天,影响了正常施工,事后验收结果表明该部位防水工程质量合格,但该工程的检验导致承包人增加相关费用 1.2 万元。2020 年 4 月 29 日进行工程部位验收时,工程师张春来发现:因承包人原因 C 座一层墙体砌筑工程质量没有达到约定的质量标准,工程师立即下达了返工指令。公寓群项目合同双方于 2020 年 10 月 9 日根据国家有关规定,签订"工程质

量保修书"。

2020 年 5 月 22 日,公寓群项目发包人提出卫生间的设计变更,该项变更使原来的工程量增加的同时由于应用材料的改变共增加费用 12 万元。项目部就该项目变更所产生的费用增加的具体事由于 2020 年 5 月 28 日向工程师提交了书面报告,并于提交报告后的 2009 年 5 月 30 日得到工程师的确认。合同履行期间的其他价款变更事宜均按合同约定解决。

2020 年 10 月 12 日,S 建项目部向发包人递交了竣工结算报告及完整的结算资料,双方按照协议书约定的合同价款及专用条款的合同价款调整内容进行工程竣工结算,最终工程结算价款为 1103 万元,同时按合同约定在结算中扣除 3% 的质量保修金。

省 S 建筑工程公司公寓群项目施工承包合同计划工期 135 天,实际工期 147 天。在实施施工合同过程中形成材料设备采购类合同 52 份,技术咨询服务类合同 7 份,工程分包类合同 3 份。在公寓群承包合同发行过程中与发包人因提供设计图纸、工程量计量、第三方关系障碍等问题产生的纠纷 4 项,与各供货单位因材料设备供应问题产生的纠纷 7 项。

工作任务

利用互联网和图书馆以及校外实训基地,根据××建设单位工程项目已签订的合同情况,拟定施工合同交底清单、拟定出工程验收条文和要求;调查施工承包企业在合同管理中有关质量控制、进度控制、成本控制、安全控制的主要条款及履行中出现的问题;了解施工承包企业合同争议产生的原因及解决的方法。

任务说明

建设工程施工合同是承发包双方行使权利、承担义务的依据,建设工程施工合同的履行关系到双方的切身利益,是建设工程项目管理活动的重要工作之一。通过本模块学习使学生熟悉建设工程施工合同履行业务流程;熟悉施工项目管理质量控制、进度控制、成本控制、安全控制内容;了解建设工程施工合同争议产生的原因和解决方法,并通过训练使学生能够协助项目经理开展施工合同交底工作;按照工程合同条款开展工程管理活动。

项目一　建设工程施工合同履行的准备

问题提出

S 建在与发包人签订了学生公寓群项目施工承包合同后,就要进入建设工程施工合同履行及项目的施工建造阶段,S 建人力资源部针对学生公寓群施工项目进行相关人员培训,在培训中的项目部技术员李永就刚完工的办公楼承建工程中出现的由于合同约定不明,在履行中产生的纠纷现象提出:生效合同履行中如存在约定不明确的条款怎么履行?项目部的成本核算员赵娜提出合同订立后,如遇到价格的变动该如何处理?负责进行结算的谭红提出:如何在合同履行过程中保护自身的合法利益?你认为合同管理人员在建设工程施工合同履行前要做哪些准备工作?

提示与分析

建设工程施工合同的履行是合同双方根据合同规定的时间、地点、方式、标准等要求完成各自合同义务的行为,是双方都应尽的义务,任何一方违反合同,不履行合同义务,或者未完全履行合同义务,给对方造成损失时都应当承担赔偿责任,因此合同签订后,当事人必须认真分析合同条款,向参与项目实施的有关责任人做好合同交底工作,以保证合同的顺利履行。

知识链接

一、合同履行的相关知识

建设工程项目施工前的准备是土建施工和设备安装得以顺利进行的基本保证,做好施工项目的施工准备工作,对于发挥企业优势、合理配置资源、加速施工速度、提高工程质量、降低工程成本、保证工程合同履约和增加企业经济效益,都是极为重要的。因此,做好工程项目施工准备工作是顺利进行施工的基本要求,其中包括做好施工技术准备,编制好施工组织设计;做好施工物资准备,编制好施工材料供应和设备需要计划;项目部应做好劳动力组织准备;做好施工现场内部和外部准备,为工程建设快节奏创造条件;施工合同交底;等等。

（一）合同履行

合同履行,是指债务人全面地、适当地完成其合同义务,债权人的合同债权得到完全实现,如交付约定的标的物,完成约定的工作成果并交付工作成果,提供约定的服务等。

人们之所以要磋商和订立合同,以自己的某种具有价值的东西去与别人交换,无非是期望获得更大的价值,创造更多的财富。而这一价值能否实现,完全依赖于双方订立的合同能否真正得以履行。因此,履行合同是实现合同目的最重要和最关键的环节,直接关系到合同当事人的利益。

合同生效以后,当事人就质量、价款或报酬、履行地点等内容没有约定或约定不明的,可以协议补充;不能达成补充协议的,按合同有关条款或交易惯例确定;按有关条款或交易惯例仍不能确定的,按法定规则履行。

合同履行中条款不明时的法定规则:

（1）质量要求不明确的,按国家标准、行业标准履行;没有国家、行业标准的,按通常标准或符合合同目的的特定标准履行。

（2）价款或报酬不明确的,按订立合同时履行地的市场价格履行;依法应当执行政府定价或政府指导价的,按规定履行。

（3）履行地点不明确,给付货币的,在接受货币一方所在地履行;交付不动产的,在不动产所在地履行;其他标的,在履行义务一方所在地履行。

（4）履行期限不明确的,债务人可以随时履行,债权人也可以随时要求履行,但应当给对方必要的准备时间。

（5）履行方式不明确的,按有利于实现合同目的的方式履行。

（6）履行费用负担不明确的,由履行义务一方负担。

合同订立后,价格变动的处理方法:执行政府定价或者政府指导价的,在合同约定的交付期限内政府价格调整时,按照交付时的价格计价。逾期交付标的物的,遇价格上涨时,按照原价格执行;价格下降时,按照新价格执行。逾期提取标的物或者逾期付款的,遇价格上涨时,按照新价格执行;价格下降时,按照原价格执行。

（二）合同履行中的抗辩权

双务合同履行中的抗辩权,是指在符合法定条件时,当事人一方对抗对方当事人的履行请求权,暂时拒绝履行其债务的权利。抗辩权的行使是对抗辩权人的一种保护,免除自己履行后对方不履行的风险。

《合同法》规定了当事人在履行合同过程中享有的三种抗辩权,如表5.1所示。

表5.1　合同履行中的抗辩权

同时履行抗辩权	后履行抗辩权	不安抗辩权
当事人互负债务,没有先后履行顺序,应当同时履行。一方在对方履行之前有权拒绝其履行要求;一方在对方履行债务不符合约定时,有权拒绝其相应的履行要求	当事人互负债务,有先后履行顺序。先履行一方未履行时,后履行一方有权拒绝其履行要求;先履行一方履行债务不符合约定的,后履行一方有权拒绝其相应的履行要求	有先后履行顺序的双务合同中,先履行一方当事人有确切证据证明对方有重大经济或信用危机而又未能履行合同或提供担保时,可以中止履行合同

规定不安抗辩权是为了保护当事人的合法权益,防止借合同进行欺诈,也可以促使对方履行义务。不安抗辩权一定要依法行使,绝不能滥用。

为了防止滥用,合同法对不安抗辩权的条件、程序、后果等,都作了明确具体的规定。

（三）合同履行的原则

合同履行的原则,是当事人在履行合同债务时所应遵循的基本准则。在这些基本准则中,有的是基本原则,例如诚实信用原则、公平原则、平等原则等;有的是专属合同履行的原则,例如适当履行原则、协作履行原则、经济合理原则、情事变更原则等。

1.实际履行原则

当事人订立合同的目的是为了满足一定的经济利益,满足特定的生产经营活动的需要。当事人一定要按合同约定履行义务,对于有效成立的合同,其标的规定是什么,义务人就应当履行什么。不能用违约金或赔偿金来代替合同的标的。

2.诚实信用原则

合同履行中的诚实信用原则具体来说,包括了适当履行原则和协作履行原则。

适当履行原则,是指当事人按照合同规定的标的及其质量、数量,由适当的主体在适当的履行期限、履行地点以适当的履行方式,全面完成合同义务的履行原则。协作履行原则,是指当事人不仅适当履行自己的合同债务,而且应协助对方当事人履行债务的履行原则。

对施工合同来说,发包人在合同实施阶段应当按合同规定向承包人提供施工场地,及时支付工程款,聘请工程师进行公正的现场协调和监理;承包人应当认真计划,组织好施工,努力按质、按量在规定时间内完成施工任务,并履行合同所规定的其他义务。在遇到合同文件没有作出具体规定,或规定矛盾或含糊时,双方应当善意地对待合同,在合同规定的总体目标下公正行事。

3.经济合理原则

经济合理原则要求在履行合同时,讲求经济效益,以最小的成本付出,取得最佳的合同利益。如,"当事人一方因另一方违反合同受到损失的,应当及时采取措施防止损失的扩大;没有及时采取措施致使损失扩大的,无权就扩大的损失要求赔偿。"

4.情事变更原则

在合同订立后,如果发生了订立合同时当事人不能预见且不能克服的情况,改变了订立合同时的基础,使合同的履行失去意义或者履行合同将使当事人之间的利益发生重大失衡,应当允许受不利情况影响的当事人变更合同或者解除合同。

情事变更原则实质上是按诚实信用原则履行合同的延伸,其目的在于消除合同因情事变更所产生的不公平后果。

二、建设工程施工合同管理工作

企业设立专职合同管理部门,在企业经理授权范围内负责制定合同管理的制度、组织企业所有施工项目的各类合同的管理工作;编写本企业施工项目分包、材料供应统一合同文本,参与重大施工项目的投标、谈判、签约工作;定期汇总合同的执行情况,向经理汇报、提出建议;负责基层上报企业的有关合同的审批、检查、监督工作,并给予必要的指导与帮助。

施工企业要根据拟建项目规模、结构特点和复杂程度,组建项目部。选派适应工程复杂程度和类型相匹配资质等级的项目经理,并配备项目副经理,技术管理、质量管理、材料管理、计划管理、成本管理和安全管理等人员。

（一）项目部的合同管理

项目部的组织工作具体包括以下几方面。

(1)按照施工合同中确定的开工日期和竣工日期及工程量计划,组织劳动力进场。

劳动力组织准备既要抓好各工种的合理配合和人员结构的比例,又要符合流水线施工组织要求,坚持优化合理、精干的原则。

如建立工程质量检查与验收制度、工程技术档案管理制度、建筑材料检查验收制度、施工图纸会审制度、施工材料出入库制度、施工机械设备安全操作制度和设备机具使用保养制度等,约束、规范施工管理人员和施工作业人员的行为。

(2)结合施工合同中施工要求加强对项目部人员的安全、质量和文明施工等教育。

(3)向参加合同履行的施工人员进行施工组织设计和技术交底,以保证工程项目严格按照要求进行施工。

(4)建立考核制度,调动职工的施工生产经营积极性和创造性,提高合同的履行效率。

(5)建立工地各项管理制度,保障合同的全面履行。

项目部履行施工合同应遵守下列规定:

(1)必须遵守《合同法》规定的各项合同履行原则。

(2)项目经理应负责组织施工合同的履行。

(3)依据《合同法》规定进行合同的变更、索赔、转让和终止。

(4)如果发生不可抗力致使合同不能履行或不能完全履行时,应及时向企业报告,并在委托权限内依法及时进行处置。

企业与项目部应对施工合同实行动态管理,跟踪收集、整理、分析合同履行中的信息,合理、及时地进行调整。对合同履行应进行预测,及早提出和解决影响合同履行的问题,以回避或减少风险。

(二)项目经理的合同管理

项目经理是建筑施工企业法人代表在项目上的委托代理人,是项目承包责任者、项目动态管理的体现者,是项目总合同、分合同的直接执行者和管理者,是项目生产要素合理投入和优化组合的组织者,直接对企业经理负责。

项目经理在施工合同的履行过程中应当完成以下职责:

(1)有权代表承包人向发包人提出要求和通知。承包人的要求和通知,以书面形式由项目经理签字后送交工程师,由工程师在回执上签署姓名和收到时间后生效。

(2)组织施工。项目经理按工程师认可的施工组织设计(或施工方案)和依据合同发出的指令、要求组织施工。在情况紧急且无法与工程师联系时,应当采取保证人员生命和工程财产安全的紧急措施,并在采取措施后 48 小时内向工程师送交报告。责任在发包人和第三方的,由发包人承担由此发生的追加合同价款,相应顺延工期;责任在承包人的,由承包人承担费用,不顺延工期。

三、建设工程施工合同交底

经过承发包双方签订后的工程建设合同,是履行施工任务的依据。如果已经签订了一个有利的好合同,那么为施工承包取得好的经济效果创造了非常重要的前提条件。但是,要把这个愿望变成现实,还得要靠执行合同的人。换言之,如果执行合同的人不了解合同中条款的内涵,不了解合同的前后背景,不了解双方在合同外的有关承诺,合同约定得再好,也难以取得好的效益。因此,合同"交底"是履行好合同的关键工作之一。

(一)建设工程施工合同交底的必要性

合同交底就是合同管理人员向项目部全体成员介绍合同意图、合同关系、合同基本内容、业务工作的合同约定和要求等内容。它包括合同分析、合同交底、交底的对象提出问题、再分析、再交底的过程。虽然不同的公司对其所属项目部成员的职责分工要求不尽一致,工作习惯和组织管理方法也不尽相同,但面对特定的项目,其工作都必须符合合同的基本要求和合同的特殊要求,必须用合同规范自己的工作。要达到这一点,合同交底也是必不可少的工作。

1.项目部技术和管理人员了解合同、统一理解合同的需要

由于项目部成员知识结构和水平的差异,加之合同条款繁多,条款之间的联系复杂,语言难以理解,因此难以保证每个成员都能吃透整个合同内容和合同关系,影响其在遇到实际问题时处理办法的有效性和正确性。因此,合同管理人员对项目部全体成员进行合同交底是必要的,特别是针对合同工作范围、合同条款的交叉点和理解的难点。

2.规范项目部全体成员工作的需要

界定合同双方当事人(发包人与监理、发包人与承包人)的权利义务界限,规范各项工程活动,提醒项目部全体成员注意执行各项工程活动的依据和法律后果,以便在工程实施中进行有效的控制和处理,规范项目部工作。

3.有利于发现合同问题,并利于合同风险的事前控制

合同交底有利于项目部成员领会意图,集思广益,思考并发现合同中的问题,如合同中可能隐藏着的各类风险、合同中的矛盾条款、用词含糊及界限不清条款等。合同交底可以避免因在工作过程中才发现问题带来的措手不及和失控,同时也有利于调动全体项目成员完善合同风险防范措施,提高他们的合同风险防范意识。

通过交底,可以让内部成员进一步了解自己权利的界限和义务的范围、工作的程序和法律后果,摆正自己在合同中的地位,有效防止由于权利义务的界限不清引起的内部职责争议和外部合同责任争议的发生,提高合同管理的效率。每个人的工作都与合同能否按计划执行完成密切相关,因此项目部管理人员都必须有较强的合同意识,在工作中自觉地执行合同管理的程序和制度,并采取积极的措施防止,减少工作失误和偏差。因此合同交底有利于提高项目部全体成员的合同意识,使合同管理的程序、制度及保证体系落到实处,为达到这一目标,在合同实施前进行详细的合同交底是必要的。

(二)建设工程施工合同交底的程序

合同交底是公司合同签订人员和精通合同管理的专家向项目部成员陈述合同意图、合同要点、合同执行计划的过程,通常可以分层次按一定程序进行。

这三个层次的交底内容和重点可根据被交底人的职责有所不同,并参考以下交底程序。

1.公司向项目部负责人交底。公司合同管理人员向项目负责人及项目合同管理人员进行合同交底,全面陈述合同背景、合同工作范围、合同目标、合同执行要点及特殊情况处理,并解答项目负责人及项目合同管理人员提出的问题,最后形成书面合同交底记录。

2.项目部负责人向项目职能部门负责人交底。项目负责人或由其委派的合同管理人员向项目部职能部门负责人进行合同交底,陈述合同基本情况、合同执行计划、各职能部门的执行要点、合同风险防范措施等,并解答各职能部门提出的问题,最后形成书面交底记录。

3.职能部门负责人向其所属执行人员交底。各职能部门负责人向其所属执行人员进行合同交底,陈述合同基本情况、本部门的合同责任及执行要点、合同风险防范措施等,解答提出的问题,最后形成书面交底记录。

4.各部门将交底情况反馈给项目合同管理人员,由其对合同执行计划、合同管理程序、合同管理措施及风险防范措施进行进一步修改完善,最后形成合同管理文件,下发各执行人员,指导其活动。

合同交底是合同管理的一个重要环节,需要各级管理和技术人员在合同交底前,认真阅读合同,进行合同分析,发现合同问题,提出合理建议,避免走形式,以使合同管理有一个良好的开端。

(三)建设工程施工合同交底的内容

建设工程施工合同交底是以合同分析为基础、以合同内容为核心的交底工作,因此涉及合同的全部内容,特别是关系到合同能否顺利实施的核心条款。建设工程施工合同交底表如表5.2所示。

表 5.2 建设工程施工合同交底表

编号:S—910—23   序号:07

工程名称	公寓群项目	合同编号	2020—23
建设单位	省 S 建筑工程公司	监理单位	浙建监理
工程类别	公寓	工程地点	复兴路 513 号
开工日期	2020 年 4 月 15 日	日历工期	135 天

顾客提供物资情况:按采购合同执行

工程款支付方式及途径:每月按进度分期付款

三通一平:完成

发包人的对口管理部门及人员:市

施工场地:平整

其他有关事项:无

交底部门:合同管理科 交底人: 朱红 日期:2020 年 3 月 25 日	工程项目部 参加人员:郑新 日期:2020 年 3 月 25 日

附件:建设工程施工合同(副本或复印件)

建设工程施工合同交底一般包括以下主要内容:

(1)中标工程报价交底表(见表 5.3)。

(2)工程承包范围的界定。

(3)合同价款的支付时间、方式,合同价款调整条件、方法,发生工程价款纠纷的处理方式。

(4)合同结算的方式、结算数额确认的时限。

(5)合同对工程的材料、设备采购、验收的规定。

(6)工期、质量的特别要求。

(7)合同中隐藏的各类风险及防范措施,用语含糊、界限不清的条款。

(8)合同双方的违约责任。

(9)索赔的机会和处理策略。

(10)合同风险的内容及防范措施,承担风险的范围(幅度)及超出风险范围(幅度)的调整方法。

(11)发包人的附加条件或限制条件。

(12)合同谈判中双方所关注的焦点、争议的问题,合同谈判中应在合同中体现而未体现的内容。

(13)合同文档管理的要求等。

表 5.3　中标工程报价交底表

一、交底内容

工程名称:公寓群项目　　　　工程地点:复兴路 513 号　　中标日期:2020 年 3 月 2 日

承包工程概况

工　　期:135 天(日历日)　　　　　　质　　量:合格

承包方式:公开招投标　　　　　　　　付款方式:每月按完成进度分期付款

原预算价及组成依据:见投标文件　　　中标价组成及调整方式:见协议书及专用条款

材料价格执行情况:执行 2020 年市场价　材料、机械当地资源情况:充分

发包人供料及结算:见附件一　　　　　发包人的其他限制:外墙装饰材料及装修外包

报价采用技巧:多方案报价

中标后的毛利水平(定量或定性):3%

其　　他:无

交底人:尚言　　　　　　　　　　　　参加交底人:郑新

市场部负责人:刘凯　　　　　　　　　交底日期:2020 年 3 月 25 日

二、借阅中标后工程资料

1.招标文件　　　　　　　　　　　　　2.投标预算及工程量计算书

3.答疑、会议纪要　　　　　　　　　　4.材料、机械设备资料

5.投标书　　　　　　　　　　　　　　6.其他

三、有关说明

1.交底应另附页详细说明

2.交底注重报价组成及报价技巧,注重中标后的毛利水平定性或定量测算

3.本交底为中标后一周内的交底

　　建设工程施工合同交底还必须做到全面、全员、全过程。对合同涉及的所有关系要交底,有利于合同目标的实现和管理目标的明确;对项目所涉及的所有合同内容要交底,包括招标书、投标书、询标文件、合同文本、其他承诺等。不仅签订了主合同以后要交底,在项目建设的整个过程中,当出现补充材料、协议及其他签证活动的时候,部门人员之间也要用局部会议的形式互相交底。

项目二　依据主要合同条款进行施工项目管理

问题提出

　　还记得我们在模块四学习的建设工程施工合同中的主要条款有哪些吗?建设工程施工合同中主要合同条款能对工程项目起到哪些方面的管理?为什么要通过合同条款进行工程项目管理呢?

提示与分析

　　承包人作为项目建设的参与者,其项目管理主要服务于项目的整体利益,其项目管理工作主要在施工阶段进行,主要包括施工质量控制、安全管理、施工进度控制、施工成本控制、施工合同管理、施工信息管理等。建设工程施工合同对所承建工程项目的质量、安全、造价、

进度等给予了全面的承诺,因此合同管理是对外承担施工建造义务、履行对工程项目各方承诺的保障,同时也是内部管理的重要手段之一。

🔍**知识链接**

一、建设工程施工合同中的质量控制

建设工程施工项目的质量控制涉及许多因素,是合同履行中的关键环节,任何一个方面的缺陷和疏漏,都会对工程质量造成不良影响。

在施工过程中有关图纸、材料、设备、施工过程的操作等一系列工作环节均会对工程质量产生直接或间接的影响。

（一）工程施工质量标准

标准是指对重复性事物的概念所作的统一性规定,以科学技术和实践经验的综合成果为基础,经有关方面协商统一,由主管机构批准发布,作为共同遵守的准则和依据。

按照《标准化法》规定,工程建设的质量必须符合一定的质量标准。工程建设标准,是指对各类工程的规划、勘查、设计、施工、安装和验收等需要协调统一的事项所制定的标准。

工程建设标准可从不同的角度分为以下几种:

（1）按标准内容划分,工程建设标准可分为技术标准、经济标准和管理标准。

（2）按适用范围划分,工程建设标准可分为国家标准、行业标准、地方标准和企业标准。

（3）按执行效力划分,工程建设标准可分为强制性标准和推荐性标准。

施工中所采用的施工和验收标准,都必须在签订施工合同时予以确定,不同的标准,对应不同的施工质量,当然也对应不同的工程造价。

《施工合同》规定,发包人和承包人双方要在专用条款内约定工程适用的国家标准、规范的名称。没有国家标准、规范但有行业标准、规范的,约定适用行业标准、规范的名称;没有国家和行业标准、规范的,约定适用工程所在地的地方标准、规范的名称。具体来说,就是要约定施工和验收采用的标准,使工程的施工和验收都依据该标准进行。

《施工合同》还规定,发包人应按专用条款约定的时间向承包人提供一式两份约定的标准、规范。

如果没有相应的标准、规范,发包人应按专用条款约定的时间向承包人提出施工技术要求,承包人按约定的时间和要求提出施工工艺,经发包人认可后执行。

施工合同管理者必须注意,我国《建设工程质量管理条例》规定,建设单位不得明示或者暗示设计单位或者施工单位违反工程建设强制性标准,降低建设工程质量。

值得注意的是,我国建设部在 2000 年 8 月发布的《实施工程建设强制性标准监督规定》,规定在中华人民共和国境内从事新建、扩建、改建等工程建设活动,必须执行工程建设强制性标准,并发布了《工程建设强制性标准条文》,各建筑市场的主体在工程建设活动中都不得违背强制性标准条文的规定。

（二）图纸

建设工程施工应当按照图纸进行。在施工合同管理中的图纸是指由发包人提供或者由承包人提供经工程师批准,满足承包人施工需要的所有图纸(包括配套说明和有关资料)。按时、按质、按量提供施工所需的图纸,也是保证工程施工质量的重要方面。在国际工程中,存在由发包人提供图纸和由承包人提供图纸两种情况。

1. 发包人提供图纸

在我国目前的建设工程管理体制中,施工所需要的图纸主要由发包人提供(发包人通过设计合同委托设计单位设计)。对于发包人提供的图纸,《通用条款》有以下约定:

(1)发包人应按专用条款约定的日期和套数,向承包人提供图纸。

(2)承包人需要增加图纸套数的,发包人应代为复制,复制费用由承包人承担。发包人应代为复制意味着发包人应当为图纸的正确性负责。

(3)发包人对工程有保密要求的,应在专用条款中提出保密要求,保密措施费用由发包人承担,承包人在约定保密期限内履行保密义务。

(4)承包人未经发包人同意,不得将本工程图纸转给第三人。工程质量保修期满后,除承包人存档需要的图纸外,应将全部图纸退还给发包人。

(5)承包人应在施工现场保留一套完整的图纸。

2. 承包人提供图纸

实践中有些工程,施工图纸的设计或者与工程配套的设计有可能由承包人完成。如果合同中有这样的约定,则承包人应当在其设计资质允许的范围内,按工程师的要求完成这些设计,经过工程师确认后使用,发生的费用由发包人承担。在这种情况下,工程师对图纸的管理重点是审查承包人的设计。

(三)供应的材料设备

目前工程施工材料设备的供应主要分发包人供应材料设备和承包人供应材料设备两种情形。

1. 发包人供应材料设备

我国《施工合同》允许发包人提供工程建设所需要的材料、设备、构配件等,但如果发包人提供这些资源,应该在招标文件中予以载明。在确定中标人后,双方签订施工合同时,就招标文件中约定的发包人提供的材料设备,填写施工合同的附件之一——发包人供应材料设备一览表》(见表5.4)。

表5.4 发包人供应材料设备一览表

工程名称:公寓群项目　　　　　　　　标段:　　　　　　第1页　　共10页

号序	材料编码	材料名称	规格、型号等特殊要求	单位	数量	单价(元)	合价(元)	备注
1	G1004	钢管	2—44	吨	100	4200	420000	
⋮								
		小计						
		合计				—	5628000	

注:①此表前五栏与第七栏由招标人填写,投标人应填写"数量"、"合价"与"合计"栏,并在工程量清单综合单价报价中按上述材料单价计入。

②材料包括原材料、燃料、构配件以及按规定应计入建筑安装工程造价的设备。

发包人根据《发包人供应材料设备一览表》提供相应的材料设备,并对材料设备负责。施工合同对于发包人提供的材料设备规定如下。

(1)到货验收。发包人按《发包人供应材料设备一览表》(下简称《一览表》)约定的内容提供材料设备,并向承包人提供产品合格证明,对其质量负责。发包人在所供材料设备到货前 24 小时,以书面形式通知承包人,由承包人派人与发包人共同清点。

(2)保管。发包人供应的材料设备,承包人派人参加清点后由承包人妥善保管,发包人支付相应保管费用。因承包人原因发生丢失损坏的,由承包人负责赔偿。

发包人未通知承包人清点,承包人不负责材料设备的保管,丢失损坏由发包人负责。

(3)检验。发包人供应的材料设备在使用之前,由承包人负责检验或试验,不合格的不得使用,检验或试验费用由发包主承担。

(4)发包人采购的材料设备不符合《一览表》要求的情况。

发包人供应的材料设备与约定不符时,发包人应承担责任的具体内容,双方根据下列情况在专用条款内约定:

①材料设备单价与《一览表》不符,由发包人承担所有差价。

②材料设备的品种、规格、型号和质量等级与《一览表》不符,承包人可拒绝接收保管由发包人运出施工场地的材料设备并重新采购。

③发包人供应的材料规格、型号与《一览表》不符,经发包人同意,承包人可代为调剂串换,由发包人承担相应费用。

④到货地点与《一览表》约定的不符时,由发包人负责运至《一览表》指定地点。

⑤供应数量少于《一览表》约定的数量时,由发包人补齐,多于《一览表》约定的数量时,发包人负责将多出部分运出施工场地。

⑥到货时间早于《一览表》约定时间,由发包人承担因此发生的保管费;到货时间迟于《一览表》约定的供应时间,发包人赔偿由此造成承包人的损失,造成工期延误的,相应顺延工期。

(5)发包人供应材料设备使用前的检验或试验。

发包人供应的材料设备进入施工现场后需要在使用前检验或者试验的,由发包人负责,费用也由发包人承担。即使在承包人检验通过后,如果又发现质量有问题的,发包人仍应承担重新采购及拆除重建的追加合同价款,并相应顺延由此延误的工期。

2.承包人采购的材料设备

《建筑法》第二十五条规定:"按照合同约定,建筑材料、建筑构配件和设备由工程承包单位采购的,发包单位不得指定承包单位购入用于工程的建筑材料、建筑构配件和设备或者指定生产厂、供应商。"因此,《施工合同》规定,由承包人采购的材料设备,发包人不得指定生产厂或供应商。对于承包人采购的材料设备,施工合同中相关规定如下。

(1)到货验收。承包人负责采购材料设备的,应按照专用条款约定及设计和有关标准要求采购,并提供产品合格证明,对材料设备质量负责。承包人在材料设备到货前 24 小时通知工程师验收清点。

(2)退场。承包人采购的材料设备与设计标准要求不符时,工程师可以拒绝验收,承包人应按工程师要求的时间运出施工场地,重新采购符合要求的产品,承担由此发生的费用,由此延误的工期不予顺延。

(3)检验。承包人采购的材料设备在使用前,需要经工程师认可后方可以使用,承包人应按工程师的要求进行检验或试验。不合格的不得使用,检验或试验费用由承包人承担。

(4)代用材料。承包人需要使用代用材料时,应经工程师认可后才能使用,由此增减的合同价款,双方以书面形式议定。

施工单位必须按照工程设计要求、施工技术标准和合同约定,对建筑材料、建筑构配件、设备和商品混凝土进行检验,检验应当有全面记录和专人签字,未经检验或者检验不合格的,不得使用。施工人员对涉及结构安全的试块、试件以及有关材料,应当在建设单位或者工程监理单位监督下现场取样,送到具有相应资质等级的质量检测单位进行检测。工程材料(设备)报审表见表5.5。

表5.5 工程材料(设备)报审表

工程名称:公寓群项目 编号:R—2020—19

致:

我方于 2009 年 4 月 12 日进场的工程材料(设备)数量如下(见附件)。现将质量证明文件及自检结果报上,拟用于下述部位: 地下防水 ,请予以审核。

附件:1.数量清单

2.质量证明文件

3.自检结果

承包人(章) 省S建筑工程公司

项目经理 郑新

日 期 2020 年 4 月 13 日

审查意见:

经检查上述工程材料(设备),符合 (不符合) 设计文件和规范要求,准许(不 准许)进场,同意(不 同意)使用于拟建部位。

项目监理机构 ZJ监理

总/专业监理工程师 张春来

日 期 2020 年 4 月 13 日

(四)工程质量检查

建筑工程质量应当达到协议书约定的质量标准,质量标准的评定以国家或者行业的质量检验评定标准为准。达不到约定标准的工程部分,工程师一经发现,可要求承包人返工,承包人应当按照工程师的要求返工,直到符合约定标准。

1.施工过程中的检查和返工

承包人应认真按照标准、规范和设计要求以及工程师依据合同发出的指令施工,随时接受工程师及其委派人员的检查检验,为检查检验提供便利条件,并按工程师及其委派人员的要求返工、修改,承担由于自身原因导致返工、修改的费用。检查检验合格后,又发现因承包人引起的质量问题,由承包人承担责任,赔偿发包人的直接损失,工期不予顺延。

在工程施工过程中,工程师及其委派的人员对施工过程的每个环节进行检查检验,这是他们日常工作的重要职能。检查检验不应影响施工正常进行,如影响施工正常进行,检查检验不合格时,影响正常施工的费用由承包人承担。除此之外,影响正常施工的追加合同价款由发包人承担,相应顺延工期。

《建筑工程质量管理条例》第三十八条规定:"监理工程师应当按照工程监理规范的要求,采取旁站、巡视和平行检验等形式,对建设工程实施监理。"旁站记录表见表5.6。

表 5.6 旁站记录表

工程名称:公寓群项目		编号:J2009—60
日期及气候:晴 22～28℃		工程地点:C座
旁站监理的部位或工序:地下室地基回填		
旁站监理开始时间:10:35		旁站监理结束时间:12:15
施工情况:按要求施工		
监理情况:符合设计要求		
发现情况:无		
处理意见:无		
备注:		
施工企业: 市S建筑工程公司 项目部: 公寓群项目部 质检员(签字): 刘宏 2020年4月30日		监理企业: ZJ监理 项目监理机构: ZJ监理三部 旁站监理人员(签字): 林一木 2020年4月30日

2.隐蔽工程和中间验收

工程具备隐蔽条件和达到专用条款约定的中间验收部位,承包人进行自检,并在隐蔽和中间验收前48小时以书面形式通知工程师验收。通知包括隐蔽和中间验收内容、验收时间和地点。承包人准备验收记录,验收合格,工程师在验收记录上签字后,承包人可进行隐蔽和继续施工。验收不合格,承包人在工程师限定的时间完善后重新验收。

工程质量符合标准、规范和设计图纸等的要求,验收24小时后,工程师不在验收记录上签字,视为工程师已经批准,承包人可进行隐蔽或者继续施工。

3.重新检验

工程师不能按时参加验收的,须在开始验收前24小时向承包人提出书面延期要求,延期不能超过2天。工程师未能在以上时间提出延期要求的,不参加验收,承包人可自行组织验收,发包人应承认验收记录。

无论工程师是否参加验收,当其提出对已经隐蔽的工程重新进行检验的要求时,承包人应按要求进行剥露或者开孔,并在检验后重新覆盖或者修复。检验合格,发包人承担由此发生的全部追加合同价款,赔偿承包人损失,并相应顺延工期。检验不合格,承包人承担发生的全部费用,工期不予顺延。

4.工程试车

对于设备安装工程,应当组织试车,试车内容应与承包人承包的安装范围相一致。工程试车的方式及要求见表5.7。

表 5.7　工程试车的方式及要求

试车方式	试车条件	组织人	要　　求
单机无负荷试车	具备设备安装工程单机无负荷试车条件	承包人	只有在单机试运转达到规定要求，才能进行联试。承包人应在试车前 48 小时书面通知工程师。通知包括试车内容、时间、地点。承包人准备试车记录，发包人根据承包人要求为试车提供必要条件。试车通过，工程师在试车记录上签字。工程师未能在以上时间提出延期要求，不参加试车，应承认试车记录
联动无负荷试车	具备设备安装工程无负荷联动试车条件	发包人	设备安装工程具备无负荷联动试车条件，并在试车前 48 小时以书面形式通知承包人。通知包括试车内容、时间、地点和对承包人的要求，承包人按要求做好准备工作。试车合格，双方在试车记录上签字
投料试车	工程竣工验收后	发包人	投料试车，应当在工程竣工验收后由发包人全部负责。如果发包人要求承包人配合或在工程竣工验收前进行时，应当征得承包人同意，另行签订补充协议

5. 竣工验收

竣工验收，是全面考核建设项目，检查工程质量是否符合设计和工程质量要求的重要环节，只有工程质量符合设计标准，才允许工程投入使用。

建设工程竣工经验收后，方可交付使用；工程未经竣工验收或竣工验收没有通过的，发包人不得使用。发包人强行使用时，由此发生的质量问题及其他问题，由发包人承担责任。《建筑法》规定，建筑物在合理使用寿命内，必须确保地基基础工程和主体结构的质量。建设工程竣工时，屋顶、墙面不得有渗漏、开裂等质量缺陷；对已发现的质量缺陷，建筑施工企业应当修复。

交付竣工验收的建筑工程，必须符合规定的建设工程质量标准，有完整的工程技术经济资料和经签署的工程保修书，并具有国家规定的其他竣工条件。

《建设工程质量管理条例》规定，建设单位收到建设工程竣工报告后，应当组织设计、施工和工程监理等有关单位进行竣工验收。

6. 质量保修

承包人应按法律、行政法规或国家关于工程质量保修的有关规定，对交付发包人使用的工程在质量保修期内承担质量保修责任，质量保修期从工程竣工验收合格之日起算。

(1) 工程质量保修范围：

《建筑法》规定，建筑工程实行质量保修制度。建筑工程的保修范围应当包括地基工程、主体结构工程、屋面防水工程和其他土建工程，以及电气管线、上下水管线的安装工程，供热、供冷系统工程等项目；保修的期限应当按照保证建筑物合理寿命年限内正常使用，维护使用者合法权益的原则确定。具体的保修范围和最低保修期限由国务院规定。

(2) 工程质量保修期：

质量保修期从工程竣工验收合格之日起算。分单项竣工验收的工程，按单项工程分别计算质量保修期。双方的约定不得低于国家规定的最低质量保修期。工程质量保修书见表 5.8。

表 5.8　工程质量保修书

单位工程名称	公寓群项目 A 座	竣工日期	2020 年 8 月 28 日
建设单位名称	H 大学	施工单位名称	省 S 建筑工程公司

本工程在质量保修期内,如发生质量问题,本单位将按照《建设工程质量管理条例》、《房屋建筑工程质量保修办法》的有关规定负责质量保修,属施工质量问题的,保修费用由本单位承担,属其他质量问题的,保修费用由责任单位承担。

质量保修范围	在正常使用条件下,建筑工程的最低保修期限为: 1.基础设施工程、房屋建筑的地基基础工程和主体结构工程,为设计文件规定的该工程的合同使用年限为 50 年。 2.屋面防水工程,有防水要求的卫生间,房间和外墙的防渗漏,为 5 年。 3.供热与制冷系统,为 2 个采暖、制冷期。 4.电气管线、给排水管道、设备安装为 2 年。 5.装饰工程为 2 年。 其他:见附录

注:①建设工程保修期,自建设单位竣工验收合格之日起计算。
②建设工程超过保修期以后,应有产权所有人(物业管理单位)进入正常的定期保养和维修。

施工单位	法人代表	万　　程	施工企业(公章) 2020 年 9 月 16 日
	项目经理	郑　　新	
	保修联系人	王国华	
	联系电话	××××××××	
	联系地址、邮编	××××××	

二、建设工程施工合同中的安全管理

《建设工程安全生产管理条例》对发包人、承包人及设计勘察和监理等建设工程参与的各方都明确了责任范围。对于施工合同的安全管理,主要是指发包人、承包人和监理三方的安全责任的划分。

(一)发包人的安全责任

1.发包人应当向施工单位提供有关资料

《建设工程安全生产管理条例》第六条规定,建设单位应当向施工单位提供施工现场及毗邻区域内供水、排水、供电、供气、供热、通信、广播电视等地下管线资料,气象和水文观测资料,相邻建筑物和构筑物、地下工程的有关资料,并保证资料的真实、准确和完整。建设单位因建设工程需要,向有关部门或者单位查询前款规定的资料时,有关部门或者单位应当及时提供。

2.不得向有关单位提出影响安全生产的违法要求

建设单位不得对勘察设计、施工、工程监理等单位提出不符合建设工程安全生产法律法规和强制性标准规定的要求,不得压缩合同约定的工期。

3.建设单位应当保证安全生产投入

《建设工程安全生产管理条例》第八条规定,建设单位在编制工程概算时,应当确定建设工程安全作业环境及安全施工措施所需费用。

4.不得明示或暗示施工单位使用不符合安全施工要求的物资

《建设工程安全生产管理条例》第九条规定,建设单位不得明示或者暗示施工单位购买、租赁、使用不符合安全施工要求的安全防护用具、机械设备、施工机具及配件、消防设施和器材。

5.办理施工许可证或开工报告时应当报送安全施工措施

《建设工程安全生产管理条例》第十条规定,建设单位在申请领取施工许可证时,应当提供建设工程有关安全施工措施的资料。

依法批准开工报告的建设工程,建设单位应当自开工报告批准之日起 15 日内,将保证安全施工的措施报送建设工程所在地的县级以上人民政府建设行政主管部门或者其他有关部门备案。

6.将专业工程发包给具有相应资质的施工单位

《建设工程安全生产管理条例》第十一条规定,建设单位应当将拆除工程发包给具有相应资质等级的施工单位。

建设单位应当在拆除工程施工 15 日前,将下列资料报送建设工程所在地的县级以上地方人民政府主管部门或者其他有关部门备案:

(1)施工单位资质等级证明。

(2)拟拆除建筑物、构筑物及可能危及毗邻建筑的说明。

(3)拆除施工组织方案。

(4)堆放、清除废弃物的措施。

实施爆破作业的,还应当遵守国家有关民用爆炸物品管理的规定。根据《民用爆炸物品管理条例》第二十七条的规定,使用爆破器材的建设单位,必须经上级主管部门审查同意,并持说明使用爆破器材的地点、品名、数量、用途、四邻距离的文件和安全操作规程,向所在地县、市公安局申请领取《爆炸物品使用许可证》,方准使用。根据《民用爆炸物品管理条例》第三十条的规定,进行大型爆破作业,或在城镇与其他居民聚居的地方、风景名胜区和重要工程设施附近进行控制爆破作业,施工单位必须事先将爆破作业方案,报县、市以上主管部门批准,并征得所在地县、市公安局同意,方准爆破作业。

(二)承包人的安全责任

《安全条例》对承包人的安全责任做出了非常细致的规定,下面列出一些建设工程中最常见的安全管理事项,以便合同管理人员引起注意。

(1)应当设立安全生产管理机构,配备专职安全生产管理人员。专职安全生产管理人员负责对安全生产进行现场监督检查。发现安全事故隐患时,应当及时向项目负责人和安全生产管理机构报告;对违章指挥、违章操作的,应当立即制止。

(2)垂直运输机械作业人员、安装拆卸工、爆破作业人员、起重信号工和登高架设作业人员等特种作业人员,必须按照国家有关规定经过专门的安全作业培训,并取得特种作业操作资格证书后,方可上岗作业。

(3)应当在施工组织设计中编制安全技术措施和施工现场临时用电方案,对下列达到一定规模的、危险性较大的分部分项工程编制专项施工方案,并附具安全验算结果,经施工单位技术负责人、总监理工程师签字后实施,由专职安全生产管理人员进行现场监督。

（4）应当在施工现场入口处、施工起重机械、临时用电设施、脚手架、出入通道口、楼梯口、电梯井口、孔洞口、桥梁口、隧道口、基坑边沿、爆破物及有害气体和液体存放处等危险部位，设置明显的安全警示标志。安全警示标志必须符合国家标准。

（5）应当将施工现场的办公、生活区与作业区分开设置，并保持安全距离；办公、生活区的选址应当符合安全性要求。职工的膳食、饮水和休息场所等应当符合卫生标准。施工单位不得在尚未竣工的建筑物内设置员工集体宿舍。

（6）在使用施工起重机械和整体提升脚手架、模板等自升式架设设施前，应当组织有关单位进行验收，也可以委托具有相应资质的检验检测机构进行验收。

对施工中使用承租的机械设备和施工机具及配件的，由施工总承包单位、分包单位、出租单位和安装单位共同进行验收，验收合格的方可使用，施工单位应当自施工起重机械和整体提升脚手架、模板等自升式架设设施验收合格之日起 30 日内，向建设行政主管部门或者其他有关部门登记。

登记标志应当置于或者附着于该设备的显著位置。

（三）安全事故

发生重大伤亡及其他安全事故时，承包人应按有关规定立即上报有关部门并通知工程师，同时按政府有关部门的要求处理。发包人、承包人对事故责任有争议时，应按政府有关部门的认定处理。

安全事故是指生产经营单位在生产经营活动（包括与生产经营有关的活动）中突然发生的，伤害人身安全和健康，或者损坏设备设施，或者造成经济损失的，导致原生产经营活动（包括与生产经营活动有关的活动）暂时中止或永远终止的意外事件。

我国对安全生产的重大事故，采取报告和调查制度。所谓重大事故，系指在工程建设过程中由于责任过失造成工程倒塌或报废、机械设备毁坏和安全设施失当造成人身伤亡或者重大经济损失的事故。

安全生产事故灾难按照其性质、严重程度、可控性和影响范围等因素，一般分为四级：Ⅰ级（特别重大）、Ⅱ级（重大）、Ⅲ级（较大）和Ⅳ级（一般）。具体划分标准见表5.9。

表 5.9 生产安全事故分级标准
（依照国务院令第 493 号《生产安全事故报告和调查处理条例》）

等 级	分级标准
特别重大事故	指造成 30 人以上死亡，或者 100 人以上重伤（包括急性工业中毒，下同），或者 1 亿元以上直接经济损失的事故
重大事故	指造成 10 人以上 30 人以下死亡，或者 50 人以上 100 人以下重伤，或者 5000 万元以上 1 亿元以下直接经济损失的事故
较大事故	指造成 3 人以上 10 人以下死亡，或者 10 人以上 50 人以下重伤，或者 1000 万元以上 5000 万元以下直接经济损失的事故
一般事故	指造成 3 人以下死亡，或者 10 人以下重伤，或者 1000 万元以下直接经济损失的事故

注：本表所称的"以上"包括本数，所称的"以下"不包括本数。

（四）安全生产责任事故应急救援体系

（1）县级以上地方各级人民政府应当组织有关部门制定本行政区域内特大生产安全事

故应急救援预案,建立应急救援体系。

（2）危险物品的生产、经营、储存单位以及矿山、建筑施工单位应当建立应急救援组织;生产经营规模较小,可以不建立应急救援组织的,应当指定兼职的应急救援人员。

（3）危险物品的生产、经营、储存单位以及矿山、建筑施工单位应当配备必要的应急救援钢材、设备,并进行经常性维护、保养,保证正常运转。

（五）重大事故的报告

重大事故发生后,事故发生单位必须以最快方式,将事故的简要情况向上级主管部门和事故发生地的市、县级建设行政主管部门及检察、劳动（如有人身伤亡）部门报告。事故发生单位属于国务院部委的,应同时向国务院有关主管部门报告。

事故发生地的市、县级建设行政主管部门接到报告后,应当立即向人民政府和省、自治区、直辖市建设行政主管部门报告;省、自治区、直辖市建设行政主管部门接到报告后,应当立即向人民政府和建设部报告。

重大事故书面报告应当包括以下内容:①事故发生的时间、地点、工程项目和企业名称;②事故发生的简要经过、伤亡人数和直接经济损失的初步估计;③事故发生原因的初步判断;④事故发生后采取的手段措施及事故控制情况;⑤事故报告单位。

重大事故发生后,事故发生单位应当在 24 小时内写出书面报告。

（六）安全费用

发包人按工程质量、安全及消防管理有关规定组织施工,采取严格的安全防护措施,承担由于自身的安全措施不力造成事故的责任以及因此发生的费用。非承包人责任造成的安全事故,由责任方承担责任及发生的费用。

发生重大伤亡及其他安全事故,承包人应按有关规定立即上报有关部门并通知工程师,同时按政府有关部门要求处理,发生的费用由事故责任方承担。

承包人在动力设备、输电线路、地下管道、密封防震车间、易燃易爆地段以及临街交通要道附近施工时,施工开始前应向工程师提出安全保护措施,经工程师认可后实施。保护措施费用由发包人承担。

实施爆破作业,在放射、毒害性环境中施工（含存储、运输、使用）及使用毒害性、腐蚀性物品施工时,承包人应在施工前 14 天以书面形式通知工程师,并提出相应的安全保护措施,经工程师认可后实施。安全保护措施费用由发包人承担。

三、建设工程施工合同中的工期管理

从合同协议书约定的开工日期之日起,到承包人实际完成施工、工程实际竣工之日止的时间段,为承包人实际施工期。施工合同工期是通过当事人在协议书中约定具体开工日期和竣工日期的办法确定的。

实际竣工日期为工程竣工验收通过、承包人送交竣工验收申请报告的日期。工程按发包人要求修改后通过竣工验收的,实际竣工日期为承包人修改后提请发包人验收的日期。

由于施工合同履行的长期性和影响因素的复杂性,承包人在实际施工过程中,可能遇到非自身原因而使工程停工的情况。这种情况出现后,不将停工的时间补偿给承包人是不合理的。为此,通用条款规定,延误的工期经工程师确认同意补偿后,合同工期可以相应顺延。因此,实际的合同工期,应为合同协议书中约定的工期加上工程师同意补偿给承包人的时间。

（一）开工及延期开工

承包人应当按协议书约定的开工日期开始施工。承包人不能按时开工的,应在不迟于协议书约定的开工日期前 7 天,以书面形式向工程师提出延期开工的理由和要求。工程师在接到延期开工申请后 48 小时内以书面形式答复承包人。工程师在接到延期开工申请后 48 小时内不答复的,视为同意承包人的要求,工期相应顺延。因发包人的原因不能按照协议书约定的开工日期开工的,工程师以书面形式通知承包人后,可推迟开工日期。承包人对延期开工的通知没有否决权,但发包人应当赔偿承包人因此造成的损失,相应顺延工期。承包人在开工前应向工程师提交《工程开工报审表》,如表 5.10 所示。

表 5.10 工程开工报审表

工程名称:公寓群项目　　　　　　　　　　　　　　　　　　编号:A1-32

致：　ZJ 监理公司　

我单位承担的　学生公寓群　工程/分包工程的准备工作已完成,并已报验通过下列内容:

工程施工组织设计(A3.1 1-A2)

工程用材料和设备(A3.2 1-A9、A3.2 2-A10、A3.2 3-A12)

施工用大型机械设备(A3.1 4-A9-1)

首道工序的分项施工方案(A3.1 2-A2-1)

施工测量(A3.5)

申请于　2020　年　4　月　15　日开工,请核准。

附件:

1.项目经理部到岗人员情况一览表及有关证件

2.进场材料、设备名称、数量、规格、性能一览表

3.工长与特殊工种的姓名、职称、上岗证一览表及有关证件

4.施工合同对以上 3 条内容的对应要求

承包单位项目经理部(章):公寓群工程项目部

项目经理:　郑新　　日期:2021/04/12

项目监理机构签收人姓名及时间	陈刚 2020/04/12	承包单位签收人姓名及时间	贾宝新 2020/04/12

监理审核意见:

☑ 同意。　　□ 不同意。

符合开工条件,同意按合同约定开工日期开工。

项目监理机构(章):　ZJ 监理　

专业监理工程师:　张春来　　总监理工程师:　张春来　　日期:2020/4/12

注:①承包单位项目经理部应提前 48 小时提出本报审表。

②建设单位应已取得由建设行政主管部门核发的建设工程施工许可证。

（二）工期延误

承包人应当按照合同约定完成工程施工,如果由于其自身的原因造成工期延误,应当承担违约责任。因以下原因造成工期延误的,经工程师确认,工期相应顺延。

（1）发包人不能按专用条款的约定提供开工条件。

（2）发包人不能按约定日期支付工程预付款、进度款,致使施工不能正常进行。

（3）设计变更和工程量增加。

（4）工程师未按合同约定提供所需指令、批准等,致使施工不能正常进行。

（5）一周内因非承包人原因停水、停电、停气造成停工累计超过 8 小时。

（6）不可抗力事件。

（7）专用条款中约定或工程师同意工期顺延的其他情况。

承包人在工期可以顺延的情况发生后 14 天内,应将延误的工期向工程师提出书面报告。工程师在收到报告后 14 天内予以确认答复,逾期不予答复,视为报告要求已经被确认。

当承包人提交"工程临时延期申请表"（见表 5.11）后,项目监理机构应复查工程延期及临时延期情况,并由总监理工程师签署最终延期审批表。

表 5.11　工程临时延期申请表

工程名称:公寓群项目　　　　　　　　　　　　　　　　　　　　编号:S—20—18

致:

　　根据施工合同条款　13.1　条的规定,由于2020 年 6 月 12 日至 2020 年 6 月 13 日施工区段停电原因,我方申请工期延期,请予以批准。

　　附件:

　　1.工程延期的依据及工期计算

　　合同竣工日期:2020 年 8 月 27 日

　　申请延长竣工日期:2 天

　　2.证明材料（后附）

　　　　　　　　　　　　　　　　　　　　　　　承包人:　省 S 建筑工程公司

　　　　　　　　　　　　　　　　　　　　　　　项目经理:郑　新

　　　　　　　　　　　　　　　　　　　　　　　日期:2009 年 6 月 14 日

工程师在做出临时延期批准和最终延期批准之前,均应与发包人和承包人进行协商。

（三）暂停施工

施工过程中,暂时停工的情况可能会出现。实践中暂停施工有的是局部的暂时停工,有的是整个工程的暂时停工。停工主要有三方面原因:①工程师根据工程的实际情况发布停工令要求暂停施工;②承包人主动暂时停工;③出现法律法规定或不可抗力情况的暂停施工。

1.工程师要求暂停施工

施工合同通用条款规定,工程师认为确有必要暂停施工时,应当以书面形式要求承包人暂停施工,不论暂停施工的责任在发包人还是承包人,工程师应该在提出要求后 48 小时内提出书面处理意见。承包人应当按工程师要求停止施工,并妥善保护已完工程。承包人实施工程师作出的处理意见后,可以书面形式提出复工要求,工程师应当在 48 小时内给予答复。工程师未能在规定时间内提出处理意见,或收到承包人复工要求后 48 小时内未予答复的,承包人可自行复工。

在发生下列情况之一时,总监理工程师可签发工程暂停令:

(1)发包人要求暂停施工,且工程需要暂停施工。

(2)为了保证工程质量而需要进行停工处理。

(3)施工出现了安全隐患,总监理工程师认为有必要停工以消除隐患。

(4)发生了必须暂时停工的紧急事件。

(5)承包人未经许可擅自施工,或拒绝项目监理机构管理。

如果是因发包人原因造成停工的,那么由发包人承担所发生的追加合同价款,赔偿承包人由此造成的损失,相应顺延工期。如果因承包人原因造成停工的,则由承包人承担发生的费用,工期不予顺延。

2.承包人主动暂停施工

如果出现发包人违约,导致施工无法继续进行下去,承包人当然要停止施工,以保护自己的利益。在下面两种情况下,承包人可以停工。

(1)发包人不按约定预付工程款。如果发包人没有按照约定支付预付款,则承包人在约定预付时间7天后向发包人发出要求预付的通知。发包人收到通知后仍不能按要求预付的,承包人可在发出通知7天后停止施工,发包人应从约定应付之日起向承包人支付应付款的贷款利息,并承担违约责任。

(2)发包人不按约定支付工程款(进度款)。如果发包人不按约定支付工程进度款,承包人可向发包人发出要求付款的通知。发包人收到承包人通知后仍不能按要求付款的,可与承包人协商签订延期付款协议,经承包人同意后可延期支付。协议应明确延期支付的时间和从计量结果确认后第15天起应付款的贷款利息。发包人不按合同约定支付工程款(进度款),双方又未达成延期付款协议,导致施工无法进行,承包人可停止施工,由发包人承担违约责任。

我国施工合同中预付款是属于给承包人进行施工准备的一笔款项,并且在施工过程中不再有预付承包人购买大宗材料的款项。因此,一旦合同约定有预付款,发包人支付就是一项义务。发包人不能按约定支付,承包人可以暂停施工行使其抗辩权。

3.意外情况的暂停施工

在施工过程中出现一些意外情况,如果需要暂停施工,则承包人应该暂停施工。如在施工中发现古墓、古建筑遗址等文物及化石,或其他有考古、地质等研究价值的物品时,承包人应立即保护好现场并于4小时内以书面形式通知工程师。工程师应于收到书面通知后24小时内报告当地文物管理部门,发包人、承包人按文物管理部门的要求采取妥善保护措施。发包人承担由此发生的费用,顺延延误的工期。

施工中出现不可抗力事件时,如果需要停工的,承包人也应停工。

(四)设计变更

设计变更的原因主要有三种:设计单位修改设计缺陷而引起的变更;发包人对方案考虑不周或迟迟不能确定,在施工阶段才做出修改调整决定,要求设计单位修改设计;由于对地质、地形、地貌、水文气象等条件勘测深度不够,施工过程中实际情况与勘测资料不符,导致被动修改设计,进行变更。

在施工过程中如果发生设计变更,将对施工进度产生重大影响。因此,工程师在其可能的范围内应尽量减少设计变更。如果必须对设计进行变更,应该严格按照国家的规定和合同约定的程序进行。

1.发包人要求变更

施工中发包人需对原工程进行设计变更的,应提前14天以书面形式向承包人发出变更通知。变更超过原设计标准或批准的建设规模时,发包人应报规划管理部门和其他有关部门重新审查批准,并由原设计单位提供变更的相应图纸和说明。由于大部分建设工程的设计,是由发包人委托设计单位进行的,如果设计单位要求对设计进行变更,在施工合同中,也属于发包人要求设计变更的情况。

2.承包人要求变更

承包人应该严格按照图纸施工,施工中承包人不得对原工程设计进行变更。因承包人擅自变更设计发生的费用和由此导致发包人的直接损失,由承包人承担,延误的工期不予顺延。承包人在施工中提出的合理化建议涉及对设计图纸或施工组织设计的更改及对材料、设备的换用,须经工程师同意。未经同意擅自更改或换用时,承包人承担由此发生的费用,并赔偿发包人的有关损失,延误的工期不予顺延。

更改有关部分的标高、基线、位置和尺寸,增加或减少合同中约定的工程量,改变有关工程的施工时间和顺序以及其他有关工程变更需要的附加工作等情形都能构成设计变更。

四、建设工程施工合同中的价款管理

工程价款的结算管理是依据双方在工程合同中的具体约定实施的一项重要工作,是涉及合同管理双方切身利益的经营活动,也是双方履行合同的直接表现,同时也是双方矛盾纠纷的焦点。合同双方无论是在合同条款中还是在合同履行过程中都必须严肃认真地对待,在完善合同条款,公平公正履行合同义务的同时,制定相应的管理制度和工作流程,做好合同价款的管理。

(一)工程预付款

工程预付款主要是指用于采购建筑材料的备料款。

预付额度,建筑工程一般不得超过当年建筑工程工作量的30%,大量采用预制构件以及工期在6个月以内的工程可以适当增加;安装工程一般不得超过当年安装工程量的10%,安装材料用量较大的工程可以适当增加。

预付时间应不迟于约定的开工日前7天。发包人不按约定预付,承包人在约定预付时间7天后向发包人发出要求预付的通知,发包人收到通知后仍不能按要求预付的,承包人可在发出通知7天后停止施工,发包人应从约定应付之日起向承包人支付应付款的贷款利息,并承担违约责任。

实行工程预付款的,双方应当在专用条款内约定发包人向承包人预付工程款的时间和数额,开工后按约定的时间和比例逐次扣回。

工程预付款的扣除问题一般是通过合同约定从什么时间起开始扣还,多长时间扣除完毕,在该时间段内每次都是等值扣还。

(二)工程进度款

1.工程量的确认

对承包人已完成工程量的核实确认,是发包人支付工程款的前提。

工程量的确认程序如下。

(1)承包人向工程师提交已完工程量的报告。承包人应按专用条款约定的时间,向工程

师提交已完成工程量的报告。该报告应当由《完成工程量报审表》和作为其附件的《完成工程量统计报表》组成。承包人应当写明项目名称、申报工程量及简要说明。

（2）工程师进行计量。工程师接到报告后 7 天内按设计图纸核实已完工程量，并在计量前 24 小时通知承包人，承包人为计量提供便利条件并派人参加。承包人收到通知不参加计量，发包人自行进行计量的，结果有效，作为工程价款支付的依据。

工程师接到报告后 7 天内未进行计量的，从第 8 天起，承包人报告中开列的工程量即视为被确认，作为工程价款支付的依据。工程师不按约定时间通知承包人，致使承包人未能参加计量的，计量结果无效。

对承包人提出设计图纸范围和因承包人原因造成返工的工程量，工程师不予计量。承包人统计经专业工程师质量验收合格的工程量，按施工合同的约定填报工程量清单和工程款支付申请表。专业工程师进行现场计量，按施工合同的约定审核工程量清单和工程款支付申请表，并报总监理工程师审定。

2.工程款（进度款）支付

发包人应当在双方计量确认后 14 天内，向承包人支付工程款（进度款）。同期用于工程上的发包人供应材料设备的价款，以及按约定时间发包人应按比例扣回的预付款，与工程款（进度款）同期结算。合同价款调整、设计变更调整的合同价款及追加的合同价款，应与工程款（进度款）同期调整支付。

发包人在约定的支付时间内不支付工程款（进度款）的，承包人可向发包人发出要求付款的通知。发包人收到承包人通知后仍不能按要求付款的，可与承包人协商签订延期付款协议，经承包人同意后可延期支付。协议应明确延期支付的时间和从计量结果确认后第 15 天起应付款的贷款利息。

发包人不按合同约定支付工程款（进度款），双方又未延期付款协议，导致施工无法进行的，承包人可停止施工，由发包人承担违约责任。

我国施工合同中的工程进度款包括扣还预付款、可调价因素引起的调价款、工程变更价款和合同约定的其他追加价款。

（三）施工合同价款调整及变更

合同价款应依据中标通知书中的中标价格和非招标工程的工程预算书确定。合同价款在协议书内约定后，任何一方不得擅自改变。合同价款可以按照固定价格合同、可调价格合同和成本加酬金合同三种方式约定。

可调价格合同中价款调整的因素包括以下几方面：

（1）国家法律、行政法规和国家政策变化影响合同价款。

（2）工程造价管理部门公布的价格调整。

（3）一周内因非承包人原因停水、停电、停气造成停工累计超过 8 小时。

（4）双方约定的其他调整或增减。

承包人应当在价款调整因素的情况发生后 14 天内，将调整原因、金额以书面形式通知工程师。工程师确认调整金额后，将其作为追加合同价款，与工程款同期支付。工程师收到承包人通知后 14 天内不予确认也不提出修改意见的，视为已经同意该调整。

施工合同对于调价的处理应当在专用条款中约定。

设计变更发生后，承包人在工程变更确定后 14 天内，提出变更工程价款的报告，经工程

师确认后调整合同价款。承包人在双方确定变更后 14 天内不向工程师提出变更工程价款报告的,视该项变更为不涉及合同价款的变更。

工程师应在收到变更工程价款报告之日起 14 天内予以确认。工程师无正当理由不确认的,自变更工程价款报告送达之日起 14 天后视为变更工程价款报告已被确认。

工程师不同意承包人提出的变更价格的,按照合同约定的争议解决方式进行处理。

（四）竣工结算

1.竣工结算程序

工程竣工验收报告经发包人认可后 28 天内,承包人向发包人递交竣工结算报告及完整的结算资料,双方按照协议书约定的合同价款及专用条款约定的合同价款调整内容,进行工程竣工结算。

发包人收到承包人递交的竣工结算报告及结算资料后 28 天内进行核实,给予确认或者提出修改意见。发包人确认竣工结算报告后通知经办银行向承包人支付工程竣工结算价款。

承包人收到竣工结算价款后 14 天内将竣工工程交付发包人。

2.竣工结算过程中的违约

（1）有关发包人在竣工结算中违约的规定：

发包人收到竣工结算报告及结算资料后 28 天内无正当理由不支付工程竣工结算价款的,从第 29 天起承包人同期向银行贷款利率支付拖欠工程价款的利息,并承担违约责任。

发包人收到竣工结算报告及结算资料后 28 天内不支付工程竣工结算价款的,承包人可以催告发包人支付结算价款。发包人在收到竣工结算报告及结算资料后 56 天内仍不支付的,承包人可以与发包人协议将该工程折价,也可以由承包人申请人民法院将该工程依法拍卖,承包人就该工程折价或者拍卖的价款优先受偿。

（2）有关承包人在竣工结算中违约的规定：

工程竣工验收报告经发包人认可后 28 天内,承包人未能向发包人递交竣工结算报告及完整的结算资料,造成工程竣工结算不能正常进行或工程竣工结算价款不能及时支付,发包人要求交付工程的,承包人应当交付;发包人不要求交付工程的,承包人承担保管责任。

承包人采取有力措施,保护自己的合法权益是十分重要的。但是对工程的折价或者拍卖,尚需要其他相关部门的配合。

3.质量保修金

保修金是因承包人的责任而使工程存在质量缺陷,在工程竣工承包人离开现场后,在竣工结算时扣留的款额,目的是为了保证承包人能承担修复工程的责任。

保修金由承包人向发包人支付,也可以由发包人从应付承包人工程款内预留。质量保修金的具体比例和金额由双方确定,但是不应该超过合同价款的 3%。

项目三　建设工程施工合同中其他工作的管理

问题提出

结合建设工程施工项目的特点,你认为在建设工程施工合同中还应有哪些与工程施工项目管理有关的相关规定？

提示与分析

由于建设工程项目的复杂性,建设工程施工合同管理除了项目二介绍的主要内容,还应对施工过程中发生的分包活动、专业技术的应用,施工过程中发现的化石、文物,遇到的不利物质条件、异常恶劣的气候条件,不可抗力的干扰及必要的保险等事宜予以明确。

知识链接

一、建设工程施工合同中的分包管理

工程分包是指施工总承包企业将所承包建设工程中的专业工程或劳务作业发包给其他建筑业企业完成的活动,是相对总承包而言的。承包人经发包人同意或按照合同约定,可将承包项目的部分非主体工程、非关键工作分包给具备相应资质条件的分包人完成,并与之订立分包合同。

（一）分包资质管理

为便于进行分包管理,对不同实力的分包企业进行分包资质的划分,其分包资质管理情况见表 5.12。

表 5.12　分包资质管理情况

资质种类	等　级	类别数量	常用类别
专业承包	专业承包序列企业资质设 2 至 3 个等级	60个	地基与基础、建筑装饰装修、建筑幕墙、钢结构、机电设备安装、电梯安装、消防设施、建筑防水、防腐保温、园林古建筑、爆破与拆除、电信工程和管道工程等
劳务分包	劳务分包序列企业资质设 1 至 2 个等级	13个	木工作业、砌筑作业、抹灰作业、油漆作业、钢筋作业、混凝土作业、脚手架作业、模板作业、焊接作业和水暖电安装作业等。如同时发生多类作业可划分为结构劳务作业、装修劳务作业和综合劳务作业

分包合同应符合下列要求。

（1）分包人应按照分包合同的各项规定,实施和完成分包工程,修补其中的缺陷,提供所需的全部工程监督、劳务、材料、工程设备和其他物品,提供履约担保、进度计划,不得将分包工程进行转让或再分包。

（2）承包人应提供总包合同(工程量清单或费率所列承包人的价格细节除外)供分包人查阅。

（3）分包人应当遵守分包合同规定的承包人的工作时间和规定的分包人的设备材料进出场的管理制度。承包人应为分包人提供施工现场及其通道;分包人应允许承包人和工程师等在工作时间内合理进入分包工程的现场,并提供方便,做好协助工作。

（4）分包人延长竣工时间的情形:①承包人根据总包合同延长总包合同竣工时间。②承包人指示延长。③承包人违约。

分包人必须将延长情况通知承包人,同时提交一份证明或报告,否则分包人无权获得延期。

（5）分包人仅从承包人处接受指示，并应执行其指示。如果上述指示从总包合同来分析是工程师失误所致，则分包人有权要求承包人补偿由此而导致的费用。

（6）分包人应根据承包人的指示（包括工程师根据总包合同作出指示，再由承包人作为指示通知分包人）变更、增补或删减分包工程。

（二）分包合同的签订

选择分包队伍是分包工程十分重要的任务之一。《招投标法》对分包有明确的规定，只要严格按招标程序选择队伍即可。值得说明的是，总承包单位应建立分包方档案库，使资质合格、信誉好、队伍实力强的分包方能作为首选队伍。

1.订立分包合同应遵循的原则

（1）合同当事人的法律地位平等。一方不得将自己的意志强加给另一方。

（2）当事人依法享有自愿订立合同的权利，任何单位和个人不得非法干预。

（3）当事人确定各方的权利和义务应当遵守公平原则。

（4）当事人行使权利，履行义务应当遵循诚实信用原则。

（5）当事人应当遵守法律、行政法规和社会公德，不得扰乱社会经济秩序，不得损害社会公共利益。

（6）分包人不得将分包的工程再行转包。

合同签订一定要结合工程具体情况，认真对合同范本内容进行研读，进行补充完善后再签订。项目部应组织分包合同的评审，确定最终的合同文本，经授权订立分包合同。

2.分包合同文件

施工合同和分包合同必须以书面形式订立。

分包合同文件组成及解释顺序：

（1）分包合同协议书。

（2）承包人发出的分包中标书。

（3）分包人的报价书。

（4）分包合同条件。

（5）标准规范、图纸、列有标价的工程量清单。

（6）报价单或施工图预算书。

以上顺序为合同的优先解释顺序。

建设部和国家工商行政管理总局于2003年发布了《建设工程施工专业分包合同（示范文本）》(GF 2003—0213)。该文本由"协议书"、"通用条款"和"专用条款"三部分组成。

"协议书"主要涉及分包工程概况及分包工程名称、分包工程地点、分包工程承包范围，分包合同价款，工期开工日期、竣工日期、合同工期总日历天数、工程质量标准，组成合同的文件内容，分包人向承包人承诺，承包人向分包人承诺等。

"专用条款"与"通用条款"是相对应的，"专用条款"具体内容是承包人与分包人协商将工程的具体要求填写在合同文本中，建设工程专业分包合同"专用条款"的解释优于"通用条款"。

分包合同与总包合同发生抵触时以总包合同为准。

（三）项目部分包合同管理

随着施工企业经营开发力度的加大，企业必然将自身的资源用于重、难、险工程和对企业开拓市场有利的工程,再利用社会资源,把部分工程进行分包。分包工程的增多,分包合同纠纷风险也增大,给企业持续、健康和科学发展带来很大风险。因此,规避工程项目分包合同的纠纷风险和采取有效对策,是非常必要的。项目部分包合同管理内容见图5.1。

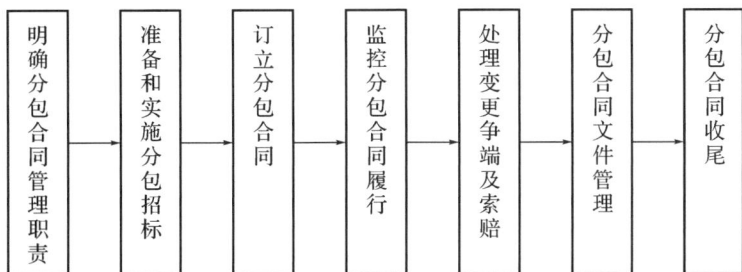

```
┌─────┐   ┌─────┐   ┌─────┐   ┌─────┐   ┌─────┐   ┌─────┐   ┌─────┐
│明确 │   │准备 │   │订立 │   │监控 │   │处理 │   │分包 │   │分包 │
│分包 │→  │和实 │→  │分包 │→  │分包 │→  │变更 │→  │合同 │→  │合同 │
│合同 │   │施分 │   │合同 │   │合同 │   │争端 │   │文件 │   │收尾 │
│管理 │   │包招 │   │     │   │履行 │   │及索 │   │管理 │   │     │
│职责 │   │标   │   │     │   │     │   │赔   │   │     │   │     │
└─────┘   └─────┘   └─────┘   └─────┘   └─────┘   └─────┘   └─────┘
```

图5.1　项目部分包合同管理内容

项目部对所有分包合同的管理职责,均应与总承包合同管理职责协调一致。同时还应履行分包合同约定的由发包人承担的责任和义务,并做好与分包商的配合、协调,提供必要的条件。

(四)分包合同的履行

工程分包不能解除承包人的任何责任与义务。分包单位的任何违约行为、安全事故或疏忽导致的工程损害或给发包人造成的其他损失,承包人承担连带责任。承包人应在分包场地派驻相应监督管理人员,保证本合同的履行。

(1)项目部及合同管理人员,应根据合同约定和《中华人民共和国合同法》的要求,对分包人的合同履行进行监督和管理,并履行自身应尽的责任和义务。

(2)合同管理人员应对分包合同确定的目标实行跟踪监督和动态管理。在管理过程中进行分析和预测,及早提出和协调解决影响合同履行的问题,以避免或减少风险。

(3)合同管理人员在监督分包合同履行过程中,防止由于分包人的过失给发包人造成损失,致使发包人承担连带的责任风险。

履行分包合同时,承包人应就承包项目(其中包括分包项目)向发包人负责,分包人就分包项目向承包人负责。承包人应对分包人的工程质量向发包人承担连带责任。

(五)分包合同的备案管理

工程分包涉及双方的经济利益,同时也为尽可能地减少承包风险损失,须熟悉相关法律条文,必要时应请专业律师进行分包合同的审查。

(1)对合同双方营业执照和资质证书进行审查,对施工方的安全施工许可证进行检查,检查重点是年检合格证明,对发包人是否具有相应资质进行审查。

(2)审查工程款支付条款是否严谨、合理,是否有错误。

(3)经常查看现场和技术管理文件,并将现场情况与合同和相关资料作比较,检查是否出现违约情况和履行合同不完全的情况。

(4)结算要在平时就收集资料,将平时漏报误报多报的反映出来。

二、专业技术

承包人在使用任何材料、承包人设备、工程设备或采用施工工艺时,因侵犯专利权或其他知识产权所引起的责任,由承包人承担,但由于遵照发包人提供的设计或技术标准和要求引起的责任除外。承包人在投标文件中采用专利技术的,专利技术的使用费包含在投标报价内。承包人的技术秘密和声明需要保密的资料和信息,发包人和监理人不得为合同以外的目的泄露给他人。

三、化石、文物

在施工场地发掘的所有文物、古迹以及具有地质研究或考古价值的其他遗迹、化石、钱币或物品属于国家所有。一旦发现上述文物,承包人应采取有效合理的保护措施,防止任何人员移动或损坏上述物品,并立即报告当地文物行政部门,同时通知监理人。发包人、监理人和承包人应按文物行政部门要求采取妥善保护措施,由此导致的费用增加和(或)工期延误由发包人承担。承包人发现文物后不及时报告或隐瞒不报,致使文物丢失或损坏的,应赔偿损失,并承担相应的法律责任。

四、不利物质条件

不利物质条件通常是指承包人在施工现场遇到的不可预见的自然物质条件、非自然的物质障碍和污染物,包括地下和水文条件,但不包括气候条件。进一步的不利物质条件可以在专用条款内约定。承包人遇到不利物质条件时,应采取适应不利物质条件的合理措施继续施工,并及时通知监理人。监理人应当及时发出指示,指示构成变更的,按有关变更的约定处理。监理人没有指示,承包人因采取合理措施而增加的费用和(或)工期延误,由发包人承担。监理人发出的指示不构成变更时,承包人因采取合理措施而增加的费用和(或)工期延误,也应由发包人承担。

五、异常恶劣的气候条件

异常恶劣气候条件的具体范围,由专用合同条款进一步明确。当出现异常恶劣的气候条件时,承包人有责任自行采取措施,避免和克服异常气候条件造成的损失,同时有权要求发包人延长工期。当发包人不同意延长工期时,可按有关"发包人的工期延误"的约定,支付为抢工而增加的费用,但不包括利润。

六、不可抗力

不可抗力事件是指合同当事人不能预见、不能避免并不能克服的客观情况。建设工程施工中的不可抗力包括因战争、动乱、空中飞行物坠落或其他非发包人责任造成的爆炸、火灾、洪水、地震等自然灾害以及专用条款约定的其他情形。合同双方对是否属于不可抗力或其损失的意见不一致时,由监理人商定或确定。

不可抗力事件发生后,对施工合同的履行会造成较大的影响。在合同订立时应当明确不可抗力的范围。在施工合同的履行中,应当加强管理,在可能的范围减少或者避开不可抗力事件的发生。不可抗力事件发生后应当尽量减少损失。

不可抗力事件发生后,承包人应立即通知合同另一方和监理人,书面说明不可抗力和受阻碍的详细情况,并提供必要的证明。如不可抗力事件持续发生,合同一方当事人应及时向对方和监理人提交中间报告,说明不可抗力和履行合同受阻的情况,并于不可抗力事件结束后 28 天内提交最终报告及有关资料。

因不可抗力事件导致的费用及延误的工期由双方按以下方法分别承担：

(1)永久工程,包括已运至施工场地用于施工的材料和待安装的设备的损害,以及因工程损害造成的第三方人员伤亡和财产损失,由发包人承担。

(2)承发包双方各自承担其人员伤亡和其他财产损失及其相关费用。

(3)承包人机械设备损坏及停工损失,由承包人承担。

(4)承包人的损失由承包人承担,但停工期间应工程师要求照管工程和清理、修复工程的费用,由发包人承担。

(5)延误的工期相应顺延。

因合同一方迟延履行合同后发生不可抗力事件的,不能免除相应责任。

七、保险

投保责任因为险种的不同而不同。

(一)工程保险

承包人应以发包人和承包人的共同名义向双方同意的保险人投保建筑工程一切险、安装工程一切险。其具体的投保内容、保险金额、保险费率、保险期限等有关内容在专用合同条款中约定。

(二)人员工伤事故的保险

承包人应依照有关法律规定参加工伤保险,为其履行合同所雇用的全部人员缴纳工伤保险费,并要求其分包人也进行此项保险。发包人应依照有关法律规定参加工伤保险,为其现场机构雇用的全部人员缴纳工伤保险费,并要求其监理人也进行此项保险。

(三)人身意外伤害险

发包人应在整个施工期间为其现场机构雇用的全部人员投保人身伤害险,缴纳保险费,并要求其监理人也进行此项保险。承包人应在整个施工期间为其现场机构雇用的全部人员投保人身意外伤害险,缴纳保险费,并要求其分包人也进行此项保险。

(四)第三者责任险

第三者责任险是指在保险期内,对因工程以外事故造成的、依法应由被保险人负责的工地上及毗邻的第三者人身伤亡、疾病或财产损失(除工程险外),以及被保险人因此而支付的诉讼费用和事先经保险人书面同意支付的其他费用等赔偿责任。在缺陷责任期终止证书颁发前,承包人应以承包人和发包人的共同名义,投保第三者责任险,其保险费率、保险金额等有关内容在专用合同条款中约定。

(五)其他保险

除专用合同条款另有约定外,承包人应为其施工设备、进场的材料和工程设备等办理保险。

双方的保险义务分担如下：

(1)工程开工前,发包人应当为建设工程和施工场地内发包人员及第三方人员生命财产办理保险,支付保险费用。发包人可以将上述保险事项委托承包人办理,但费用由发包人承担。

(2)承包人必须为从事危险作业的职工办理意外伤害保险,并为施工场地内自有人员生命财产和施工机械设备办理保险,支付保险费用。

(3)运至施工场地内用于工程的材料和待安装设备,不论由承发包双方任何一方保管,都应由发包人(或委托承包人)办理保险,并支付保险费用。

保险合同订立后,保险合同当事人双方必须严格地、全面地按保险合同订立的条款履行各自的义务。在订立保险合同前,当事人双方均应履行告知义务,即保险人应将办理保险的有关事项告知投保人;投保人应当按照保险人的要求,将主要危险情况告知保险人。

项目四 建设工程施工合同中的验收

问题提出

历经 145 天的施工,省 S 建筑工程公司按期竣工(其中包括 10 天的工期顺延),请同学们考虑工程验收的依据是什么? 在建设工程施工合同中有哪些有关工程验收的条款?

提示与分析

建设工程施工合同所规定的有关施工质量方面的条款,既是发包人所要求的施工质量目标,也是承包人对施工质量责任的明确承诺,理所当然成为施工质量验收的重要依据。学生应熟悉工程竣工验收的依据,掌握工程竣工验收的条件、程序,了解工程竣工验收的要求及相关的法律责任。

知识链接

一、工程竣工

工程应该按时竣工,否则承包人应该承担违约责任。

工程按期竣工包括承包人按照协议书约定的竣工日期竣工和工程师同意顺延的工期竣工。

竣工验收依据:

(1)批准的设计文件、施工图纸及说明书。

(2)双方签订的施工合同。

(3)设备技术说明书。

(4)设计变更通知书。

(5)施工验收规范及质量验收标准。

二、工程验收的条件及程序

竣工验收,是发包人对工程项目的全面检验,是保修期外的最后阶段。在竣工验收阶段,工程师进行进度管理的任务就是督促承包人完成工程的扫尾工作,协调竣工验收中的各方关系,参加竣工验收。

(一)竣工验收的条件

根据《建设工程质量管理条例》、《房屋建筑工程和市政基础设施工程竣工验收暂行规定》等相关法规,具体条件包括:

（1）完成建设工程设计和合同约定的各项内容。

（2）有完整的技术档案和施工管理资料。

（3）有工程使用的主要建筑材料、建筑构配件和设备的进场试验报告。

（4）有施工单位签署的工程保修书。

（5）有勘察、设计、施工、工程监理等单位分别签署的质量合格文件。

《建筑法》第六十一条规定："交付竣工验收的建筑工程，必须符合规定的建筑工程质量标准，有完整的工程技术经济资料和经签署的工程保修书，并具备国家规定的其他竣工条件。建筑工程竣工经验收合格后，方可交付使用；未经验收或者验收不合格的，不得交付使用。"

（二）工程验收的程序

工程按以下程序验收：

（1）工程具备竣工验收条件时，施工单位向建设单位提交完整竣工资料及竣工验收报告，填写《工程竣工验收单》，见表5.13，申请工程竣工验收。

表5.13　工程竣工验收单

工程名称：公寓群工程

我方已按合同要求完成了工程，经自查合格，请予以检查和验收。

1.阴阳角方正、收口整洁、踢脚线上口平齐、版面接缝平直　　合格/不合格　（合格）

2.装饰线、分色线平直

3.门窗安装

4.门窗、五金洁净无污染

5.瓷砖粘贴平整、牢固

6.墙面、地面平整

7.水、电路畅通

8.油漆颜色、刷纹光亮、光滑

9.排水检查

承包人：省S建筑工程公司

施工负责：郑　新

日　　期：2020年9月9日

验收意见：

经检查以上施工项目均达到国家及合同约定验收标准。

业　　主：付万春

日　　期：2020年9月9日

验收意见：

　　经验收，该项工程

符合/不符合我国现行法律法规要求；（符合）

符合/不符合建筑装饰装修工程质量验收的规范；（符合）

符合/不符合设计文件要求；（符合）

符合/不符合施工合同要求。（符合）

综上所述，评定合格/不合格。（合格）

监理工程师：张春来

日　　期：2020年9月9日

(2)建设单位收到工程竣工报告后,在约定期间内,组织勘察、设计、施工、监理等单位和其他有关方面的专家进行验收。

(3)建设单位在约定期限内提出给予认可或提出整改意见。

(4)施工单位整改修复后,再次提请建设单位验收。

三、工程验收的要求

《建设工程项目管理规范》第16.4.1条规定:"单独签订施工合同的单位工程,竣工后可单独进行竣工验收。在一个单位工程中满足规定交工要求的专业工程,可征得发包人同意,分阶段竣工验收。"

《建设工程项目管理规范》第16.4.2条规定:"单项工程竣工验收应符合设计文件和施工图纸要求,满足生产需要或具备使用条件,并符合其他竣工验收条件要求。"

《建设工程项目管理规范》第16.4.3条规定:"整个建设项目已按设计要求全部建设完成,符合规定的建设项目竣工验收标准,可由发包人组织设计、施工、监理等单位进行建设项目竣工验收,中间竣工并已办理移交手续的单项工程,不再重复进行竣工验收。"竣工验收是一项法律制度,《合同法》《建筑法》《建设工程质量管理条例》对竣工验收已作了明确的规定。为了保证建设工程竣工验收顺利进行,必须遵循项目一次性基本特征,按施工的客观规律和竣工的先后顺序进行竣工验收。在建设工程项目管理实践中,因承包的范围不同,交工的形式也会有所不同。从承包人的角度看,交付竣工验收,意味着项目部任务的完成,可以承担新项目。

竣工验收一般按三种情况分别进行。

(一)单位工程(或专业工程)竣工验收

以单位工程或某专业工程内容为对象,独立签订建设工程施工合同的,达到竣工条件后,承包人可单独进行交工,发包人根据竣工验收的依据和标准,按施工合同约定的工程内容组织竣工验收。按照现行建设工程项目划分标准,单位工程是单项工程的组成部分,有独立的施工图纸,承包人施工完毕,征得发包人同意,或原施工合同已有约定的,可进行分阶段验收。这种验收方式,在一些较大型的、群体式的、技术较复杂的建设工程中普遍存在。分段验收或中间验收的做法也符合国际惯例,它可以有效控制分项、分部和单位工程的质量,保证建设工程项目系统目标的实现。《建设工程施工合同(示范文本)》(GF—1999—0201)"通用条款"32.6款规定:"中间交工工程的范围和竣工时间,双方在专用条款内约定,其验收程序按本通用条款32.4款办理。"在施工合同"专用条款"中,双方一旦约定了中间交工工程的范围和竣工时间,如群体工程中哪个(些)单位工程先行交工,再如公路工程的哪个合同段先行交工等,则应按合同约定的程序进行分阶段的竣工验收。单位(子单位)工程竣工验收通知书如下:

单位(子单位)工程竣工验收通知书

省工程质量监督站 :

我单位建设的 学生公寓A座 工程,已完成设计文件和合同约定的内容,工程资料完整,工程质量符合国家规范及相关技术标准要求,具备竣工验收的条件,现定于 2020 年 8 月 25 日(地点 复兴路153号)进行竣工验收,请你单位派员参加,予以监督。

附件:1.竣工验收组主要成员名单

2.竣工验收方案

　　　质监站签收人:邱敏　　　　　　　　建设单位:　H 大学(盖章)
　　市工程质量监督站(盖章)

　　　2020 年 8 月 14 日　　　　　　　　　　2020 年 8 月 14 日

注:①建设单位应在工程竣工验收 7 个工作日前,将本通知报质量监督机构。
　　②竣工验收组应包括建设、勘察、设计、施工(含分包单位)、监理等单位(项目)负责人及其他有关方面专家。

(二)单项工程竣工验收

　　单项工程竣工验收是指在一个总体建设项目中,一个单项工程或一个车间,已按设计图纸规定的工程内容完成,能满足生产要求或具备使用条件,承包人向监理人提交"工程竣工报告"和"工程竣工报验单",经签认后,应向发包人发出"交付竣工验收通知书",说明工程完工情况,竣工验收准备情况,设备无负荷单机试车情况,具体约定交付竣工验收的有关事宜。

　　对于投标竞争承包的单项工程施工项目,则根据施工合同的约定,仍由承包人向发包人发出交工通知书请予组织验收。竣工验收前,承包人要按照国家规定,整理好全部竣工资料并完成现场竣工验收的准备工作,明确提出交工要求,发包人应按约定的程序及时组织正式验收。对于工业设备安装工程的竣工验收,则要根据设备技术规范说明书和单机试车方案,逐级进行设备的试运行。验收合格后应签署设备安装工程的竣工验收报告。

(三)全部工程竣工验收

　　全部工程竣工验收是指整个建设项目已按设计要求全部建设完成,并已符合竣工验收标准,应由发包人组织设计、施工、监理等单位和档案部门进行全部工程的竣工验收。全部工程的竣工验收,一般是在单位工程、单项工程竣工验收的基础上进行的。对已经交付竣工验收的单位工程(中间交工)或单项工程并已办理了移交手续的,原则上不再重复办理验收手续,但应将单位工程或单项工程竣工验收报告作为全部工程竣工验收的附件加以说明。

　　对一个建设项目的全部工程竣工验收而言,大量的竣工验收基础工作已在单位工程和单项工程竣工验收中进行。全部工程竣工验收的组织工作由发包人负责,承包人主要是为竣工验收创造必要的条件。"建设工程竣工验收通知书"如下:

建设工程竣工验收通知书

监督申报号:　5142066　

区建设工程质量监督站:

　　我单位建设的　学生公寓群　工程,已完成设计文件和合同约定的内容,工程质量符合国家规范及相关技术标准要求,具备竣工验收的条件,现拟定于　2020　年　9　月　8　日(地点　复兴路 153 号　)进行竣工验收,现已经将我们审核工程质量验收资料,竣工验收方案和验收员组成名单报送(提交)你站审核,如符合竣工验收条件,请按拟定时间派员参加竣工验收,予以监督。

　　附件:1.竣工验收人员组成名单

　　　　2.竣工验收方案

　　　　3.有关资料:施工单位《建设工程质量竣工报告》
　　　　　　　　　　勘察单位《建设工程勘察质量检查报告》
　　　　　　　　　　设计单位《建设工程设计质量检查报告》
　　　　　　　　　　监理单位《建设工程监理质量评估报告》

4.其他资料

质监站（盖章）省工程质量监督站   建设单位：（盖章）H大学

2020 年 8 月 14 日   2020 年 8 月 14 日

注：①建设单位在工程竣工验收 15 个工作日前，将本通知报质监站。

    ②竣工验收组应包括建设、勘察、设计、施工（含分包单位）、监理等单位（项目负责人）及其他有关方面专家。

    ③此通知书一式四份，建设、监理、施工、质监站各一份。

四、工程验收的组织

经竣工验收组织审查，确认工程达到竣工的各项条件，应形成竣工验收会议纪要和"工程竣工验收报告"。参加验收的各单位负责人应在竣工验收报告上签字并加盖单位公章。

"竣工验收报告"由建设单位负责填写，一式四份，用钢笔书写，字迹要清晰工整。建设单位、施工单位、城建档案部门、建设行政主管部门各存一份。报告内容必须真实可靠，如发现虚假情况，不予备案。报告须经建设、设计、施工、工程监理单位法定代表人或其委托代理人签字，并加盖单位公章后方为有效。工程竣工验收后由建设单位填写"工程竣工验收单"（见表 5.14）。

表 5.14 工程竣工验收单

编号：650C09C213

工程项目名称	学生公寓群	
工程概况	略	
验收意见	使用单位（章）省 H 大学 负责人：付万春 日期：2020 年 9 月 14 日	施工单位（章）市 S 建筑工程公司 负责人：蒋利 日期：2020 年 9 月 14 日
	能源管理科（章） 负责人：张学 日期：2020 年 9 月 14 日	综合管理科（章） 负责人：侯敬权 日期：2020 年 9 月 14 日
	管理处（章）　　负责人：石建设　　日期：2020 年 9 月 14 日	

注：本验收单一式四份，两份报审计室，一份送施工单位，一份留管理处存档。

发包人收到承包人提交的竣工验收报告后28天内组织有关部门验收，并在验收后14天内给予认可或提出修改意见。承包人按要求修改，并承担由自身原因造成修改的费用。中间交工工程的验收程序相同。

发包人收到承包人送交的竣工验收报告后28天内不组织验收，或验收后14天内不提出修改意见的,视为竣工验收报告已被认可。发包人收到承包人竣工验收报告后 28 天内不组织验收的,从第 29 天起承担工程保管及一切意外责任。

在施工中,发包人如果要求提前竣工,应当与承包人进行协商,协商一致后应签订提前竣工协议。发包人应该为赶工提供方便条件。

因为特殊原因,发包人要求部分单位工程或工程部位甩项竣工的,双方应当另行签订甩项竣工协议,明确各方的责任和工程价款的支付办法。

五、法律后果

根据《合同法》《建设工程施工合同纠纷案件适用法律问题的解释》的相关规定,不同验收情况将产生不同法律后果。

(1)竣工验收合格,建设单位应当接受并按照合同支付工程款。

(2)竣工验收不合格,修复后仍然验收不合格,承包人请求支付工程价款的,不予支持。

(3)竣工验收时,屋顶、墙面留有渗漏、开裂等质量缺陷,施工单位应当按照整改意见无偿修复,直至符合质量要求。

(4)未经竣工验收合格,建设单位擅自使用的,视为认可工程质量,但施工单位对地基和主体在合理使用期限内承担责任。

(5)建设单位接到竣工验收报告后,拖延验收的,提交竣工报告之日是竣工日期;不提出整改意见的,视为认可竣工验收报告。

项目五　建设工程施工合同争议的解决

问题提出

请讨论建设工程施工合同产生争议的原因是什么？如何解决这些争议？一旦违约应承担什么责任？

提示与分析

由于建设工程施工合同在履行的过程中,受国家的政治、经济、自然条件等多种因素的影响,且工程本身情况复杂多变,履行中不可避免地会出现一些预料不到的问题,合同双方从维护各自权益的角度出发,对合同履行过程中问题的解决难免会产生矛盾和纠纷,而建设工程施工合同争议以什么样的方式解决影响到承发包双方的切身利益乃至整个建设市场的运行环境。

一、合同争议

合同争议也称合同纠纷,是指合同当事人对合同规定的权利和义务产生不同的理解。

合同关系的实质是通过设定当事人的权利义务在合同当事人之间进行资源配置。而在合同的权利义务框架中,权利与义务是互相对称的,一方的权利即另一方的义务;反之亦然。一旦义务人怠于或拒绝履行自己应尽的义务,则其与权利人之间的法律争议势必发生。虽然合同当事人都无意违反合同的约定,但由于他们对合同履行过程中的某些事实有着不同的看法和理解,就容易酿成合同争议。总之,有合同活动,就会有合同争议。

（一）合同争议的特点

（1）合同争议发生于合同的订立、履行、变更、解除以及合同权利的行使过程之中。如果某一争议虽然与合同有关系，但不是发生于上述过程之中，就不构成合同争议。

（2）合同争议的主体双方须是合同法律关系的主体。此类主体既包括自然人，也包括法人和其他组织。

（3）合同争议的内容主要表现在争议主体对于导致合同法律关系产生、变更与消灭的法律事实以及法律关系的内容有着不同的观点与看法。

公正及时地解决合同争议对于保护当事人的合法权益，加强合同领域的法制建设，有着不可忽视的重大意义。

（二）建设工程施工合同争议的特点

建设工程施工合同争议的特点是由工程合同的特点决定的。建设工程施工合同涉及主体众多，经济关系复杂，合同金额巨大，持续时间长，使得工程合同争议出现的概率比较大，解决也比较复杂。具体有以下特点，见表5.15。

表 5.15　建设工程施工合同争议的特点

特　　点	表现说明
引发因素多	例如施工阶段可能遭遇的气候条件、原材料价格的浮动变化，甚至政治、社会条件的变化，很难做出准确的预测
争议金额大	工程项目的投资额都非常大，小到数十万元，大到上千亿元。一旦产生争议，涉及的金额可能高达合同额的百分之几十甚至更多
责任认定复杂	一项建设工程的完成，需要发包人、承包人、监理工程师、材料供应商、运输商等单位的密切合作，任何一方的失职都可能为工程实施带来问题并引发合同的争议
持续时间长	建设工程施工合同争议解决的时间与工程大小及争议复杂程度有关，一般少则数月，长则达1~2年甚至更久

由于建设工程施工合同履行的风险因素很多，争议可说是风险的孪生姊妹，风险大，争议出现的概率就高。建设工程施工合同是在工程进行之前，预测未来条件的前提下签订的，是先有合同，后有施工，因而许多风险因素无法预测。因涉及金额巨大，建设工程施工合同争议的解决对于项目的后续实施、对发包人或承包人的生存、对行业的发展和国家的声誉都将产生巨大的影响。

涉及主体多也为建设工程施工合同争议的解决增加了难度。一项建设工程施工合同争议的出现往往不是单单由于一方的原因，它可能同时由好几方的因素而引起。区分各方过错并以此为依据来确定各自应承担的法律责任使工程合同争议的解决变得十分复杂。

一般说来，在出现工程合同争议之后，各方是力求友好解决问题的。承包人力求在合格地履行合同的同时与发包人保持良好的关系，发包人也不希望因为眼前的争议影响后续的工作,因此工程合同争议大都采取协商和调解的方式解决,提交仲裁程序解决的很少,提交诉讼程序的更少。

二、建设工程施工合同争议的产生

（一）建设工程施工合同争议产生的原因

可能是合同本身存在合同形式不合理、内容不明确等问题,也可能是当事人客观上没有能力履行或主观上没有付出足够努力等均是建设工程施工合同争议产生的原因,具体包括以下几种。

1.合同订立不合法

在建筑企业高度竞争的环境中,为规避法律,承、发包双方在签订合同时往往采用一些不合法手段,如签订"阴阳合同",一份为用来应付建设行政主管部门检查的"阳合同",另一份为实际履行的"阴合同"。"阳合同"的条款是比较合法、合理的,"阴合同"却有一些不合法、不平等的规定。这种不平等的合同会为其后的实施带来许多问题。

2.合同条款完整性、严密性不足,存在错误或疏漏

合同条款是合同双方履行权利与义务的依据。然而在实际合同的签订过程中,由于各种原因,往往造成合同条款的完整性、严密性不足,甚至存在一些错误或疏漏,这些问题的存在,极易引起承包人与发包人之间的纠纷。

3.双方对合同管理的错误认识

由于各自利益的制约,在项目实施中双方始终不能采取良好合作的态度,发包人想花最少的钱办最好的事,而承包人追求的是最大的利润。为此,在合同签订时发包人凭借其在建筑市场中相对优势的地位,往往制定十分苛刻的合同条件,有时则无视承包人的合理要求与利益;承包人也会利用一些办法甚至不正当手段降低成本。

4.缺乏专业的合同管理人员

合同管理是一项专业性强、技术要求高的工作。其合同管理人员不仅要通晓法律知识,还要熟悉建筑项目的运作规律。目前很多企业没有设置合同管理人员,疏于对合同的管理。

5.现场签证不及时规范

现场签证是指施工现场由发包人代表和监理工程师签批,用以证实施工活动中某些特殊情况的一种书面手续,其作用是为工程结算和索赔与反索赔提供依据。监理工程师如果只发出口头指令,而疏于及时用书面形式发布指令或对索赔进行书面的答复,待工程结算时,有的给予补签,有的则不予认可,甚至补签的内容不准确,造成承、发包双方在结算时矛盾重重,纠纷不断。

（二）建设工程施工合同中的争议类型

引发建设工程施工合同中争议的因素众多,情况复杂,概括起来建设工程施工合同的争议有以下类型(见表5.16)。

表 5.16　建设工程施工合同争议的类型

争议类型	争议表现
价款支付主体争议	发包人常常并非工程真正的建设单位,并非工程的权利人,发包人通常不具备工程价款的支付能力
进度款支付、竣工结算及审价争议	承包人将工程量的变化在其每月申请工程进度款报表中列出,希望得到付款,但常因与工程师有不同意见而遭拒绝或者拖延不决
工期拖延争议	由于错综复杂的原因造成一项工程的工期延误,发包人要求承包人承担工程竣工逾期的违约责任,而承包人则提出因诸多发包人的原因及不可抗力等事件引起的工期相应顺延,并由发包人承担停工窝工的费用
安全损害赔偿争议	安全损害赔偿争议包括相邻关系纠纷引发的损害赔偿、设备安全、施工人员安全、施工导致第三人安全、工程本身发生安全事故等方面的争议
工程质量争议	工程师或发包人要求拆除和移走不合格材料,或者返工重做,或者修理后予以降价处置,而承包人认为已经改正;或认为是性能测试方法错误,或者第三方的问题等,使质量争议变成为责任问题争议
保修争议	发包人要求承包人修复工程缺陷而承包人拖延修复,或发包人未通知承包人就自行委托第三人对工程缺陷进行修复,事后发包人要在预留的保修金扣除相应的修复费用,承包人则主张产生缺陷的原因不在承包人,或发包人未履行通知义务且其修复费用未经其确认而不予同意
合同中止及终止争议	承包人因设计错误或发包人拖欠应支付的工程款而造成困难提出中止合同;承包人责任引起的终止合同;发包人责任引起的终止合同;第三方责任引起的终止合同;合同双方由于自身需要而终止合同法;等等

在建设工程施工合同中尽管列出了工程量,约定了合同价款,但实际施工中会有很多变化,包括设计变更、工程师签发的变更指令、现场条件变化以及计量方法等引起的工程量增减。在整个施工过程中,发包人在按进度支付工程款时往往会根据工程师的意见,扣除那些他们未予确认的工程量或存在质量问题的已完工程的应付款项,这种未付款项累积起来也可能形成一笔很大的金额,使承包人感到无法承受而引起争议,而且这类争议在施工的中后期可能会越来越严重。

长期拖而不决的工程合同争议对承、发包双方的经济利益都会造成负面影响,因此合同双方都应该高度重视、密切关注并研究解决争议的对策,从而促使合同争议尽快合理地解决。

三、合同解除

施工合同订立后,当事人应当按照合同的约定履行。出现下列情形之一的,施工合同可以解除。

(1)协商解除。施工合同当事人协商一致,可以解除合同。

(2)不可抗力导致合同的解除。因为不可抗力或者非合同当事人的原因,造成工程停建或缓建,致使合同无法履行,合同双方可以解除合同。

(3)由于当事人违约导致合同的解除。合同当事人出现以下违约时,可以解除合同。

①当事人不按合同约定支付工程款（进度款），双方又未达成延期付款协议，导致施工无法进行，承包人停止施工超过 56 天，发包人仍不支付工程款（进度款），承包人有权解除合同。

②承包人将其承包的全部工程转包给他人，发包人有权解除合同。

③合同当事人一方的其他违约致使合同无法履行，合同双方可以解除合同。

合同解除后，当事人双方约定的结算和清理条款仍然有效。承包人应当按照发包人要求妥善做好已完工程和已购材料、设备的保护和移交工作。

四、建设工程施工合同争议的解决方式

建筑市场发展越来越成熟，与此同时，建筑施工过程中的争议也越来越多。为了保护自己的合法权益，不少建筑施工企业都参照国际惯例，设置并逐步完善了自己的内部法律机构或部门，专职实施对争议的管理，这已经成为建筑施工企业在市场中良性运转的一个重要保障。

（一）争议解决的一般原则

在提请争议评审、仲裁或诉讼前，以及在争议评审、仲裁或诉讼过程中，发包人和承包人均可共同努力友好解决争议。

（二）合同争议的方式

根据《合同法》第一百二十八条规定，当事人可以通过四种途径解决合同争议，即：①协商和解；②调解；③提请仲裁机构仲裁；④向人民法院提起诉讼。

合同当事人在遇到合同争议时，究竟是通过协商，还是通过调解、仲裁、诉讼去解决，应当认真考虑自身的实际情况（如对方当事人的态度、双方之间的合作关系、自身的财力和人力等）以及对其适用的法律规定，权衡出对自己最为有利的纠纷解决对策。请求仲裁机构或人民法院保护民事权利，应当在法定的时效期间内，一旦超过时效，当事人的民事实体权利就丧失了法律的保护。建筑施工企业要通过仲裁、诉讼的方式解决建设工程合同纠纷时，应当特别重视有关仲裁时效与诉讼时效的法律规定，在法定诉讼时效或仲裁时效内主张权利。

上述四种方式是《合同法》规定的解决合同争议的方式，至于当事人选择使用上述什么方式来解决其合同争议，则取决于当事人自己的意愿，其他任何单位和个人都不得强迫当事人。对于解决的方式，当事人双方可以在签订合同时就选择，并把选择的方法以合同条款形式写入合同，也可以在发生争议后就解决办法达成协议。在解决合同争议过程中，任何一方当事人都不得采取非法手段，否则将依法追究违法者的法律责任。

对一些大型工程项目的合同争议的解决，双方当事人可约定采用争议评审制度，争议评审组由有合同管理和工程实践经验的专家组成。采用争议评审的，发包人和承包人应在开工日后的 28 天内或在争议发生后，协商成立争议评审组。

合同双方的争议，应首先由申请人向争议评审组提交一份详细的评审申请报告，并附必要的文件、图纸和证明材料，申请人还应将上述报告的副本同时提交给被申请人和监理人。被申请人在收到申请人评审申请报告副本后的 28 天内，向争议评审组提交一份答辩报告，并附证明材料，同时将答辩报告的副本提交给申请人和监理人。争议评审组在收到合同双方报告后的 14 天内，邀请双方代表和有关人员举行调查会，向双方调查争议细节；必要时争议评审组可要求双方进一步提供补充材料。在调查会结束后的 14 天内，争议评审组应在不

受任何干扰的情况下进行独立、公正的评审,做出书面评审意见,并说明理由。在争议评审期间,争议双方暂按总监理工程师的指令执行。

发包人和承包人接受评审意见的,由监理人评审意见并拟定执行协议,经争议双方签字后作为合同的补充文件,并遵照执行。发包人或承包人不接受评审意见,并要求提交仲裁或提起诉讼的,应在收到评审意见后的 14 天内将仲裁或起诉意向书通知另一方,并抄送监理人,但在仲裁或诉讼结束前应暂按总监理工程师的指示执行。

(三)项目部对合同争议的处理

根据《建设项目工程总承包管理规范》(16.2.5)规定,项目部应按以下程序进行合同争端处理。

(1)当事人执行合同规定的解决争端的程序和办法。

(2)准备并提供合同争端事件的证据和详细报告。

(3)通过"和解"或"调解"达成协议,解决争端。

(4)和解或调解无效时,按合同约定提交仲裁或诉讼。

(5)当事人接受并执行最终裁定的结果。

在履行施工合同发生争议时,双方可以和解或者要求合同管理及其他有关主管部门调解。和解或调解不成的,双方可达成仲裁协议,向约定的仲裁委员会申请仲裁,或向有管辖权的人民法院起诉。

(四)停止履行合同

发生争议后,在一般情况下,双方都应继续履行合同,保持施工连续,保护好已完工程。当出现下列情况时,当事人可停止履行施工合同。

(1)单方违约导致合同确已无法履行,双方协议停止施工。

(2)调解要求停止施工,且为双方接受。

(3)仲裁机关裁决停止施工。

(4)法院判决停止施工。

五、违约责任

根据《建设项目工程总承包管理规范》中 16.2.6 规定,项目部应按下列规定对合同的违约责任进行处理:当事人应承担合同约定的责任和义务,并对合同执行效果承担应负的责任;当发包人或第三方违约并造成当事人损失时,合同管理人员应按规定追究违约方的责任,并获得损失的补偿;项目部应加强对连带责任风险的预测和控制。

工程合同的违约通常分为发包人责任造成的违约和承包人责任造成的违约。

(一)承包人的违约责任

1.承包人违约的情形

在履行合同过程中发生的下列情况属承包人违约。

(1)承包人私自将合同的全部或部分权利转让给他人,或私自将合同的全部或部分义务转移给他人。

(2)承包人未经监理人批准,私自将已按合同约定进入施工场地的施工设备、临时设施或材料撤离施工场地。

(3)承包人使用了不合格材料或工程设备,工程质量达不到标准要求,又拒绝清除不合格工程。

（4）承包人未能按合同进度计划及时完成合同约定的工作，已造成或预期造成工期延误。

（5）承包人在缺陷责任期内，未能对工程接收证书所列的缺陷清单的内容或缺陷责任期内发生的缺陷进行修复，而又拒绝接监理人指示再进行修补。

（6）承包人无法继续履行或明确表示不履行或实质上已停止履行合同。

（7）承包人不按合同约定履行义务的其他情况。

2.对承包人违约的处理

承包人无法继续履行或明确表示不履行或实质上已停止履行合同时，发包人可通知承包人立即解除合同，并按有关法律处理。承包人发生其他违约情况时，监理人可向承包人发出整改通知，要求其在指定期限内改正。承包人应承担其违约所引起的费用增加和（或）工期延误。经检查证明承包人已采取了有效措施纠正违约行为，具备复工条件的，可由监理人签发复工通知。

监理人发出整改通知28天后，承包人仍不纠正违约行为的，发包人可向承包人发出解除合同通知。合同解除后，发包人可派人进驻施工场地，另行组织人员或委托其他承包人施工。发包人因继续完成该工程的需要，有权扣留使用承包人在现场的材料、设备和临时设施。但发包人的这一行动不免除承包人应承担的违约责任，也不影响发包人根据合同约定享有的索赔权利。

3.合同解除后的估价、付款和结清

合同解除后，监理人应商定或确定承包人实际完成工作的价值，以及承包人已提供的材料、施工设备、工程设备和临时工程等的价值。发包人应暂停对承包人的一切付款，查清各项付款和已扣款金额，包括承包人应支付的违约金。合同解除后，发包人应向承包人索赔由于解除合同造成的损失。合同双方确认上述往来款项后，出具最终结清付款证书，结清全部合同款项。双方未能就解除合同后的结清达成一致而形成争议的，按合同中争议解决条款的约定处理。通常的估价原则是：

（1）涉及解除合同前已发生的费用仍按原合同约定结算。

（2）承包人应赔偿发包人因更换承包人所造成的损失。

（3）发包人需要使用的原承包人材料、设备和临时设施的费用由监理人与合同双方商定或确定。

（二）发包人的违约责任

发包人不按合同约定支付各项价款或工程师不能及时给出必要的指令、确认等，致使合同无法履行的，发包人承担违约责任，赔偿因其违约给承包人造成的直接损失，延误的工期相应顺延。

发包人不按约定预付工程款，承包人有权在约定预付时间7天后向发包人发出要求预付的通知，发包人收到通知后仍不能按要求预付，承包人可以在发出通知后7天停止施工，发包人应当从约定应付之日起向承包人支付应付款的贷款利息，并承担违约责任。

发包人超过约定的支付时间不支付工程进度款，承包人可向发包人发出要求付款的通知，发包人在收到承包人通知后仍不能按要求支付，可与承包人协商签订延期付款协议，经承包人同意后可以延期支付。发包人不按合同约定支付工程款（进度款），双方又未达成延期付款协议,导致施工无法进行,承包人可停止施工,由发包人承担违约责任。

发包人收到竣工结算报告及结算资料后 28 天内无正当理由不支付工程竣工结算价款的,从第 29 天起按承包人同期向银行贷款利率支付拖欠工程价款的利息,并承担违约责任。发包人在收到竣工结算报告及结算资料后 56 天内仍不支付的,承包人可以与发包人协议将该工程折价,也可以由承包人申请人民法院将该工程依法拍卖,承包人就该工程折价或者拍卖的价款优先受偿。

发包人不履行合同义务或者不按合同约定履行其他义务,发包人承担违约责任,赔偿因其违约给承包人造成的直接损失,延误的工期相应顺延。

知识延伸

一实业有限公司(甲)与某建筑工程有限责任公司(乙)双方签订了施工总承包合同,由乙方负责宿舍楼施工。双方在合同中约定:隐蔽工程由双方检查,相应检查费用由甲方支付。地下室防水工程完成后,乙方通知甲方检查验收,甲方则答复:因公司内事务繁多,由乙方自己检查出具检查记录即可。一周后,甲方又聘请专业人员对地下室防水工程质量进行检查,发现未达到合同所定标准,遂要求乙方负担此次检查费用,并对地下室工程进行返工。乙方则认为,合同约定的检查费用由甲方负担,不应由乙方负担此项费用,但对返工重修地下室防水工程的要求予以认可。甲方多次要求乙方付款未果,诉到法院。法院对地下室防水工程重新鉴定,鉴定结论为地下室防水工程不符合合同中约定的标准。法院据此判决由乙方承担复检支出费用。

课堂讨论

1.《建设工程施工合同(示范本文)》对隐蔽工程的验收有哪些规定?

2.承包人对工程验收的结果负有什么责任?

3.该案例中因工程质量所产生的费用及工期应由谁承担?为什么?

案例评析

《民法典》第二百七十八条规定:隐蔽工程在隐蔽以前,承包人应当通知发包人检查。发包人没有及时检查的,承包可以顺延工程工期,并有权要求赔偿停工、窝工等损失。在本案中,乙方履行了通知义务,对于甲方不履行检查义务,乙方有权停工待查,停工造成的损失应当由甲方承担。《建设工程施工合同(示范文本)》第十六条对隐蔽工程和中间验收的规定:工程具备覆盖、掩盖条件或达到协议条款约定的中间验收部位,乙方自检合格后在隐蔽和中间验收 48 小时前通知甲方代表参加,通知包括乙方自检记录、隐蔽和中间验收的内容、验收时间和地点。乙方准备验收记录。验收合格,甲方代表在验收记录上签字后,方可进行隐蔽和继续施工。验收不合格,乙方在限定时间内修改后重新验收。工程质量符合规范要求,验收 24 小时后,甲方代表不在验收记录签字,可视为甲方代表已经批准,乙方可进行隐蔽或继续施工。《建设工程施工合同(示范文本)》第十四条对检查和返工的规定:乙方应认真按照标准、规范和设计的要求以及甲方代表依据合同发出的指令施工,随时接受甲方代表及其委派人员的要求返工、修改,承担由自身原因导致返工、修改的费用。以上检查检验合格后,又发现由乙方原因引起的质量问题,仍由乙方承担责任和发生的费用,赔偿甲方的有关损失,工期相应顺延。

本案例中甲方没有按约定时间参加检查,应承担一定的责任,工期相应顺延,乙方没有按合同约定达到施工质量标准,应承担由此发生的费用损失。

复习思考题

1. 你认为建设工程施工前施工企业应做好哪些准备工作?

2. 施工承包企业如何进行合同交底?

3. 如何进行工程材料设备的质量检查? 对施工过程中的检验有哪些要求?

4. 在施工过程中如何对待设计变更?

5. 施工合同中有哪些竣工结算的规定?

6. 承发包双方在安全生产方面各有哪些责任?

7. 订立分包合同应遵循什么原则?

8. 工程验收应具备哪些条件? 你能说说竣工验收的程序吗?

9. 你认为产生施工合同争议的原因是什么? 如何选择合适的解决方式?

项目实训

建筑工程施工合同管理案例分析报告

1. 实训目的

了解建筑工程施工合同的基本内容;能够运用基本理论知识进行合同管理;熟悉合同履行过程中出现的典型问题,能正确运用《合同法》、《建筑法》等相关法律条文分析问题、解决问题。

2. 实训准备

(1)建筑工程施工合同;

(2)合同案例分析。

3. 实训内容

合同执行过程案例分析。

4. 实训步骤

(1)任务布置及知识引导;

(2)分组学习讨论;

(3)学生集中汇报;

(4)教师点评或总结。

5. 评价标准

1. 组织管理能力;

2. 归纳总结能力;

3. 观察事物能力。

模块六
建设工程合同变更和解除

6

能力目标

1. 能够协助项目经理开展施工合同变更管理工作
2. 能够协助项目经理开展施工合同解除管理工作

知识目标

1. 熟悉建筑工程施工合同变更的依据和流程
2. 熟悉建筑工程施工合同解除的依据和流程

背景资料

2019年3月5日，××市×局大厦工程(本案被告,以下简称被告)以工程量清单计价方式,经过公开招标投标与某一建筑工程公司(本案原告,以下简称原告)签订了《某大厦建设施工合同》。合同约定:承包范围为×大厦及裙房,建筑面积为31200m²,工程造价暂估2818万元,开竣工时间为2019年3月10日和12月31日。

工程开工后承包商在开挖基坑(槽)时发现,相当一部分基础开挖深度虽已达到设计标高,但未见老土,且在基础和场地范围内仍有一部分深层的垃圾土必须清除。

在以后的合同履行过程中,由于×局(被告)对建筑工程不太熟悉,前期策划不够充分,因此,在施工过程中,工程变更比较多。同时,由于×局(被告)现场管理人员力量薄弱、管理能力有限等原因,对工程变更通知并非都是以书面形式发出,对某一建筑工程公司(原告)提出的变更工程价款的要求,也并非都明确答复;造成工程在竣工验收后由于350万元工程变更款的问题双方不能达成一致意见,变成了原告和被告的关系。

工作任务

利用互联网和图书馆以及校外实训基地,根据××建设单位工程项目实际执行合同变更情况,拟定合同变更原因分析报告;根据××建设单位工程项目实际执行合同解除情况,拟定合同解除原因分析报告,学生分组展开辩论。

任务说明

可以采取专业模拟教学法进行,以已完或在建实际工程为案例开展教学;建立合同管理素材库,以实际真实工程的合同管理文件作为教学参考资料供学生查阅、学习、讨论、分析。

项目一　建设工程施工合同变更

问题提出

1.什么是工程变更? 工程产生变更的原因是什么? 变更有几类?

2.在工程中遇到地基条件与原设计所依据的地质资料不符时,你作为承包人会采取什么行动?

3.谁有权利提出更改设计图纸,承发包双方是否应注意变更的时效性问题?

4.对于合同中没有提到,合同实施过程又必须进行的工作中出现的问题,你认为应如何处理?

提示与分析

在出现变更工程价款和工期事件之后,主要应注意以下问题:

(1)认真阅读《建设工程施工合同(示范文本)》的内容,熟悉相关条款。

(2)承包人提出变更工程价款和工期的时间。

(3)发包人确认的时间。

(4)双方对变更工程价款和工期不能达成一致意见时的解决办法和时间。

知识链接

一、合同变更的概念

合同变更的概念、特征和方法见表6.1。

表6.1　合同变更的概念、特征和方法

概　念	特　征	方　法
合同变更是指依法对原合同内容进行的修改和补充	①合同变更必须双方协商一致,并在原合同的基础上达成新协议 ②合同变更必须在原合同履行完毕之前实施 ③合同变更必须在原合同存在的前提下对部分内容进行修改、补充,而不是对合同内容的全部变更	当事人协商变更 法定变更

任何事物都是在变化中发展的,在履行合同项目的过程中,约定的合同条件也并非一成不变。由于实施条件或相关因素的变化,而不得不对原合同的某些条款做出修改、订正、删除或补充。建设工程合同变更,是指合同签订后或在项目的实施过程中,因履行合同的主客观情况变化而依法对原合同进行的修改和补充。合同变更一经成立,原合同中的相应条款就应解除。

合同内容的频繁变更是工程合同的特点之一：一个工程，合同变更的次数、范围和影响的大小与该工程招标文件(特别是合同条件)的完备性、技术设计的正确性，以及实施方案和实施计划的科学性直接相关。如上述案例，×局大厦工程在合同履行过程中，由于×局(被告)对建筑工程不太熟悉，前期策划不够充分，因此，在施工过程中，工程变更比较多。

在建设工程合同实施过程中由于各种原因引起的设计变更、合同变更，包括工程量变更、工程项目变更、进度计划变更、施工条件变更以及原招标文件和工程量清单中未包括的新增工程等。

从纯技术层面分析，工程变更有广义和狭义之分。广义的工程变更包含合同变更的全部内容，如工程实施中形式的变更，工程量清单数量的增减，工程质量要求及相关技术标准的变动，法律的调整以及合同条件的修改等。而狭义的工程变更只包括传统的形式变更的内容，如建筑物标高的变动，道路线形的调整，施工技术方案的变化等。

二、合同变更的原因

合同变更一般主要有以下几方面的原因。

(1)发包人有新的意图，发包人修改项目总计划，削减预算，发包人要求变化。

(2)由于设计人员设计的错误，导致图纸的修改。

(3)工程环境的变化，预定的工程条件发生改变使得原设计、实施方案或实施计划变更，或由于发包人的原因造成承包商施工方案的变更。

(4)由于产生新的技术和知识，有必要改变原设计、实施方案或实施计划，或由于发包人指令、发包人的原因造成承包商施工方案的变更。

(5)政府部门对工程新的要求，如国家计划变化、环境保护要求、城市规划变动等。

(6)由于合同实施出现问题，必须调整合同目标，或修改合同条款。

合同的变更通常不能免除或改变承包商的合同责任，但对合同实施影响很大，主要表现在如下几方面。

(1)导致设计图纸、成本计划和支付计划、工期计划、施工方案、技术说明和适用的规范等定义工程目标和工程实施情况的各种文件作相应的修改和变更。当然，相关的其他计划也应作相应调整，如材料采购计划、劳动力安排、机械使用计划等。它不仅引起与承包合同平行的其他合同的变化，而且会引起所属的各个分合同，如供应合同、租赁合同、分包合同的变更。有些重大的变更会打乱整个施工部署。

(2)引起合同双方、承包商的工程小组之间、总承包商和分包商之间合同责任的变化。如工程量增加，增加了承包商的工程责任，增加了费用开支和延长了工期。

(3)有些工程变更还会引起已完工程的返工，现场工程施工的停滞，施工秩序的打乱，已购材料的损失等。

从工程变更实施效果角度分析，工程变更有积极的和消极的之分。积极的工程变更是指建设项目主体各方针对建设项目合同控制目标主动采取的通过优化设计和施工措施方案以及调整工程实施计划等手段以达到降低工程成本、提高工程质量和缩短建设工期目的的工程变更。消极的工程变更是指由于各类客观因素的影响(如设计错误、工程地质条件变化等)，为保障建设项目顺利实施而必须做出调整的工程变更。消极的工程变更也包括建设项目主体各方违背诚信原则和建设项目合同控制目标所采取的不利于降低工程成本、有损工程质量和延误建设工期的工程变更。如上述案例中,"在工程中遇到地基条件与原设计所依据的地质资料不符"的情形就属于典型的消极变更。工程变更对建设项目的实施有着巨大的影响,消极的工程变更往往导致建设项目工期延误,投资失控以及对劳动生产率产生负面的影响。

三、变更原则

(1)合同双方都必须遵守合同变更程序,依法进行,任何一方都不得单方面擅自更改合同条款。

(2)合同变更要经过有关专家(监理工程师、设计工程师、现场工程师等)的科学论证和合同双方的协商,在具有合理性、可行性,且由此引起的进度和费用变化得到确认和落实的情况下方可实行。

(3)合同变更的次数应尽量减少,变更的时间亦应尽量提前,并在事件发生后的一定时限内提出,以避免或减少给工程项目建设带来的影响和损失。

(4)合同变更应以监理工程师、发包人和承包商共同签署的合同变更书面指令为准,并以此作为结算工程价款的凭据。紧急情况下,监理工程师的口头通知也可接受,但必须在 48 小时内,追补合同变更书。承包人对合同变更若有不同意见可在 7～10 天内书面提出,但发包人决定继续执行的指令,承包商应继续执行。

(5)合同变更所造成的损失,除依法可以免除的责任外,如果由于设计错误,设计所依据的条件与实际不符,图与说明不一致,施工图有遗漏或错误等,应由责任方负责赔偿。

四、工程合同变更的范围和分类

合同变更的范围很广,一般在合同签订后所有工程范围、进度、工程质量要求、合同条款内容、合同双方责权利关系的变化等都可以被看作为合同变更。最常见的变更有两种:

(1)涉及合同条款的变更,合同条件和合同协议书所定义的双方责权利关系或一些重大问题的变更。这是狭义的合同变更,以前人们定义合同变更即为这一类。

(2)工程变更,即工程的质量、数量、性质、功能、施工次序和实施方案的变化。

在工程管理实践中,通常按照工程变更所包含的具体内容,进行划分。

(1)设计变更。是指建设工程施工合同履约过程中,由工程不同参与方提出,最终由设计单位以设计变更或设计补充文件形式发出的工程变更指令。设计变更包含的内容十分广泛,是工程变更的主体内容。常见的设计变更有:因设计计算错误或图示错误发出的设计变更通知书,因设计遗漏或设计深度不够而发出的设计补充通知书,以及应业主、承包商或监理方请求对设计所作的优化调整等。

(2)施工措施变更。是指在施工过程中承包方因工程地质条件变化、施工环境或施工条件的改变等因素影响,向监理工程师和业主提出的改变原施工措施方案的过程。施工措施方案的变更应经监理工程师和业主审查同意后实施,否则引起的费用增加和工期延误将由承包方自行承担。重大施工措施方案的变更还应征询设计单位意见。在建设工程施工合同履约过程中,施工措施变更存在于工程施工的全过程。

在本案中,"开挖基坑(槽)时发现,相当一部分基础开挖深度虽已达到设计标高,但未见老土,且在基础和场地范围内仍有一部分深层的垃圾土必须清除"就属于地质条件的变化,这是一个有经验的承包商也不能预见的。

（3）条件变更。是指施工过程中，因业主未能按合同约定提供必需的施工条件以及不可抗力发生导致工程无法按预定计划实施。如业主承诺交付的工程后续施工图纸未到致使工程中途停顿；业主提供的施工临时用电因社会电网紧张而断电导致施工生产无法正常进行；特大暴雨或山体滑坡导致工程停工；等等。这类因业主原因或不可抗力所发生的工程变更统称为条件变更。

（4）计划变更。是指施工过程中，业主因上级指令、技术因素或经营需要，调整原定施工进度计划，改变施工顺序和时间安排。如小区群体工程施工中，根据销售进展情况，部分房屋需提前竣工，另一部分房屋适当延迟交付，这类变更就是典型的计划变更。

（5）新增工程。是指施工过程中，业主扩大建设规模，增加原招标工程量清单之外的建设内容。根据大量工程实践中存在的工程变更所揭示的特征，各类常见工程变更可从可控性、技术性、所处阶段、频率和来源方等五个不同层面加以描述。一般情况下，设计变更和施工措施变更的可控性强，其余变更的可控性一般或较弱。从技术性角度而言，设计变更的技术性强，施工措施变更次之，其余变更则较弱。从所处阶段分析，一般房屋建筑工程设计变更和施工措施变更涵盖工程施工的全过程，其余变更则主要发生在工程主体施工阶段和装饰施工阶段。从发生频率来看，设计变更最高，施工措施变更次之，其余变更则较低。从变更的来源方即提出（或引起）变更的主体观察，设计变更和施工措施变更范围最广，业主、承包方、监理方和设计方均可提出设计变更和施工措施变更要求，计划变更和新增工程一般由业主提出，条件变更则通常由业主提出或不可抗力引起。

五、建设工程合同变更的处理

（一）建筑工程施工合同变更的管理

工程变更管理是施工过程合同管理的重要内容，工程变更常伴随着合同价格的调整，是合同双方利益的焦点，因此，合理确定并及时处理好工程变更，既可以减少不必要的纠纷，保证合同的顺利实施，又有利于业主对工程造价的控制。

工程变更是影响建设项目进度控制、质量控制和投资控制的关键因素。

1.合同主体各方在工程变更活动中的权利与义务

合同主体各方在工程变更活动中的权利与义务见表6.2。

表6.2　合同主体各方在工程变更活动中的权利与义务

监理工程师在工程变更活动中的一般权利与义务	在专用条款授权的范围和规定的时限内审批承包人提出的工程变更建议书。若属设计变更，则须报设计单位确认后执行。对于超出专用条款授权范围的工程变更，监理工程师应在规定的时限内向发包人提出自己的审核意见
	监理工程师有义务独立地向发包人提出工程变更建议
	监理工程师有权利分享其所提出的工程变更给发包人带来的收益，分享方式及比例由双方在专用条款中约定

发包人在工程变更活动中的一般权利与义务	在专用条款约定的范围和时限内审批承包人或监理工程师提出的工程变更建议书。若属设计变更,则需报设计单位确认后执行
	对设计单位直接发出的工程设计变更文件,应对其进行技术经济评价,在专用条款约定的时限内将评价结果反馈给设计单位,经设计单位再次确认或修改调整后组织承包人实施
承包人在工程变更活动中的一般权利与义务	承包人有义务独立地向监理工程师或发包人提出工程变更建议
	承包人有权利分享其所提出的工程变更给发包人带来的收益,分享方式及比例由双方在专用条款中约定

2.工程变更价款的确定

工程变更价款的确定,既是工程变更方案经济性评审的重要内容,也是工程变更发生后调整合同价款的重要依据。一般情况下,承包商在工程变更确定后规定的时间内应提出工程变更价款的报告,经监理工程师批准后方可调整合同价款。

国内现行建设工程施工合同条件和相关研究文献均有关于工程变更价款确定方法和原则的论述,其确定原则一般包括以下内容:

(1)合同中已有适用于变更工程的价格,按合同已有的价格变更合同价款。

(2)合同中只有类似于变更工程的价格,可以参照类似价格变更合同价款。

(3)合同中没有适用或类似于变更工程的价格,由承包商提出适当的变更价格,经监理工程师确认后执行。

(4)承包商在双方确定变更后14天内不向监理工程师提出变更工程价款报告时,视为该项变更不涉及合同价款的变更。

(5)监理工程师应在收到变更工程价款报告之日起14天内予以确认,监理工程师无正当理由不确认时,自变更工程价款报告送达之日起14天后视为变更工程价款报告已被确认。

六、建设工程变更流程

(一)合同变更的提出

(1)承包商提出合同变更。承包商在提出合同变更时,一般情况是工程遇到不能预见的地质条件或地下障碍。如原设计的某大厦基础为钻孔灌注桩,承包商根据开工后钻探的地质条件和施工经验,认为改成沉井基础较好。另一种情况是承包商为了节约工程成本或加快工程施工进度,提出合同变更。

(2)发包人提出变更。发包人一般可通过工程师提出合同变更。但如发包方提出的合同变更内容超出合同限定的范围,则属于新增工程,只能另签合同处理,除非承包方同意作为变更。

(3)工程师提出合同变更。工程师往往根据工地现场工程进展的具体情况,认为确有必要时,可提出合同变更。工程承包合同施工中,因设计考虑不周,或施工时环境发生变化,工程师本着节约工程成本和加快工程与保证工程质量的原则,提出合同变更。只要提出的合同变更在原合同规定的范围内,一般都是切实可行的。若超出原合同,新增了很多工程内容和项目,则属于不合理的合同变更请求,工程师应与承包商协商后酌情处理。

(二)合同变更的批准

由承包商提出的合同变更,应交与工程师审查并批准。由发包人提出的合同变更,为便于工程的统一管理,一般由工程师代为发出。

而工程师发出合同变更通知的权力,一般由工程施工合同明确约定。当然该权力也可约定为发包人所有,然后发包人通过书面授权的方式使工程师拥有该权力。如果合同对工程师提出合同变更的权力作了具体限制,而约定其余均应由发包人批准,则工程师就超出其权限范围的合同变更发出指令时,应附上发包人的书面批准文件,否则承包商可拒绝执行。但在紧急情况下,不应限制工程师向承包商发布他们认为必要的变更指示。

合同变更审批的一般原则应为:

(1)考虑合同变更对工程进展是否有利。

(2)考虑合同变更可否节约工程成本。

(3)考虑合同变更是否兼顾发包人、承包商或工程项目之外的其他第三方的利益,不能因合同变更而损害任何一方的正当权益。

(4)必须保证变更项目符合本工程的技术标准。

(5)因工程受阻而变更合同,如遇到特殊风险、人为阻碍、合同一方当事人违约等不得不变更合同。

(三)合同变更指令的发出及执行

为了避免耽误工作,工程师在和承包商就变更价格达成一致意见之前,有必要先行发布变更指示,即分两个阶段发布变更指示:第一阶段是在没有规定价格和费率的情况下直接指示承包商继续工作;第二阶段是在通过进一步的协商之后,发布确定变更工程费率和价格的指示。

合同变更指示的发出有以下两种形式。

1.书面形式

一般情况要求工程师签发书面变更通知令。当工程师书面通知承包商工程变更时,承包商才执行变更的工程。

2.口头形式

当工程师发出口头指令要求合同变更时,要求工程师事后一定要补签一份书面的合同变更指示。如果工程师口头指示后忘了补书面指示,承包商(须在7天内)以书面形式证实此项指示,交与工程师签字,工程师若在14天之内没有提出反对意见,应视为认可。所有合同变更必须用书面或一定规格写明。对于要取消的任何一项分部工程,合同变更应在该部分工程还未施工之前进行,以免造成人力、物力、财力的浪费,避免造成发包人多支付工程款项。

根据通常的工程惯例,除非工程师明显超越合同赋予其的权限,否则承包商应该无条件地执行其合同变更的指示。如果工程师根据合同约定发布了进行合同变更的书面指令,则不论承包商对此是否有异议,不论合同变更的价款是否已经确定,也不论监理方或发包人答应给予付款的金额是否令承包商满意,承包商都必须无条件地执行此指令。即使承包商有意见,也只能是一边进行变更工作,一边根据合同规定寻求索赔或仲裁解决。在争议处理期间,承包商有义务继续进行正常的工程施工和有争议的变更工程施工,否则可能会构成承包商违约。

(1)业主提出工程变更的流程如图 6.1 所示。

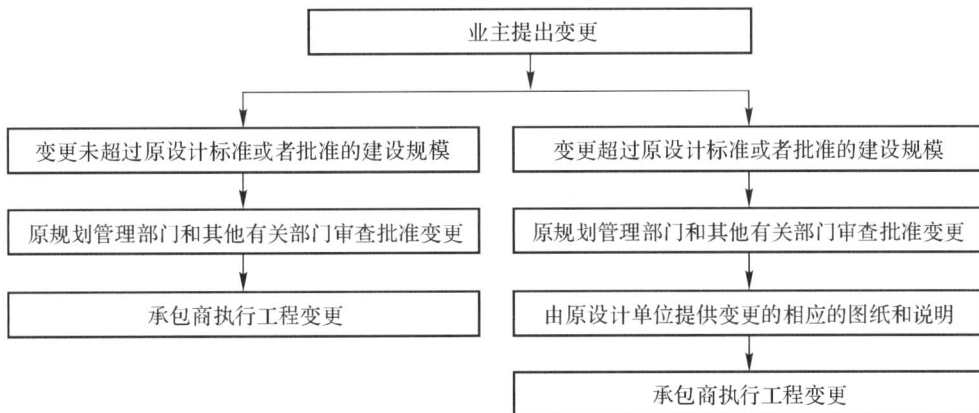

图 6.1　业主提出变更的流程

(2)承包商提出工程变更的流程如图 6.2 所示。

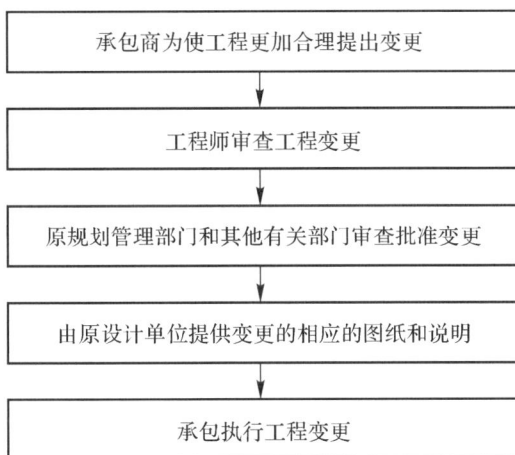

图 6.2　承包商提出工程变更的流程

本单元所给的案例是,在施工过程中承包方因工程地质条件变化向监理工程师和业主提出的改变原施工措施方案。发生这种情况时,承包人可采取下列办法。

第一步,根据《建设工程施工合同(示范文本)》的规定,在工程中遇到地基条件与原设计所依据的土质资料不符时,承包人应及时通知业主(以工作联系单的方式以及报告的形式通知),要求对原设计进行变更。

第二步,在《建设工程施工合同(示范文本)》规定的时限内,向发包人提出设计变更价款和工期顺延的要求。发包人如确认则调整合同;如不同意,应由发包人在合同规定的时限内,通知承包人就变更价格协商,协商一致后,修改合同。若协商不一致,按工程承包合同纠纷处理方式解决。

工 作 联 系 单

工程名称：××市××中路地段会所工程　　　　　　　　　　　　编号—01

施工单位	××建筑工程有限公司	建设单位	××市城市建设发展总公司
监理单位	××监理公司	日　期	年　月　日

致：××市城市建设发展总公司
　　××监理公司
　　本工程的基坑土方开挖后，根据施工现场实际情况，相当一部分基础开挖深度虽已达到设计标高但未见原土层，且在基础和场地范围内仍有一部分深层的垃圾土必须清除。望业主、监理给予批复。

施工单位(章)：××建筑工程有限公司
××中路地段会所工程项目部
项目负责人：
日　　期：　年　月　日

监理单位批复：

监理单位(章)
项目负责人：
日　　期：　年　月　日

建设单位批复：

建设单位(章)
项目负责人：
日　　期：　年　月　日

报　　告

××市城市建设发展总公司：
　　由我××建筑工程有限公司项目部负责施工的××中路地段会所工程，根据施工现场实际情况，本工程的基坑土方开挖后，相当一部分基础开挖深度虽已达到设计标高但未见原土层，且在基础和场地范围内仍有一部分深层的垃圾土必须清除。因此项变更项目须增加的费用和工期，特此申请此项工程费用和工期的补偿，我方已将工程预算书报送给业主。恩请业主尽快给予批复！
　　后附：预算书一份。

××建筑工程有限公司
××中路地段会所工程项目部
2010 年 3 月 20 日

项目二　建设工程施工合同解除

问题提出

1. 当你在超市购买食品后,什么情况下可以退换货品?

2. 当你购买手机、电脑等电子商品后,什么情况下可以退换货品?

3. 建设工程施工合同能否出现退还的情况? 为什么?

提示与分析

从建设工程产品的特点(空间上的固定性、体形庞大、复杂、工期长等)出发来考虑建设工程施工合同的特点,从而思考合同解除所引出的问题。

知识链接

一、合同解除的概念

合同解除是指在合同没有履行或没有完全履行之前,因订立合同的主客观情况发生变化致使合同的履行成为不可能或不必要,依照法律规定的程序和条件,合同当事人的一方或者协商一致后的双方终止原合同法律关系。

合同变更后,合同双方当事人的权利和义务会有所改变,合同解除后尚未履行的终止履行。但如果所解除的合同已经部分履行,则当事人双方对已履行部分仍依合同的规定享有权利并承担义务,并且,根据履行情况和合同情况,当事人可以要求恢复原状,采取其他补救措施,并有权要求赔偿损失。

二、合同解除的方式

合同解除的方式如图 6.3 所示。

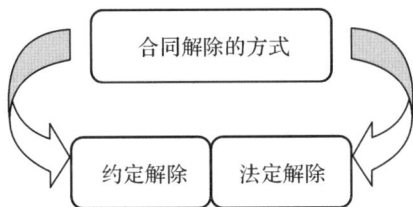

图 6.3　合同解除方式

1. 约定解除

约定解除是当事人通过行使约定的解除权或者双方协商决定而进行的合同解除,可以把约定解除分为协商解除和约定合同解除权的解除,如表 6.3 所示。

表 6.3　协商解除和约定合同解除权的解除概念及区别

	协商解除	约定解除权的解除
概念	当事人协商一致可以解除合同,即合同的协商解除	当事人也可以约定一方解除合同的条件,解除合同条件成熟时,解除权人可以解除合同,即合同约定解除权的解除
区别	合同的协商解除一般是合同已开始履行后进行的约定,且必然导致合同的解除	合同约定解除权的解除则是合同履行前的约定,它不一定导致合同的真正解除,因为解除合同的条件不一定成就

2.法定解除

法定解除是解除条件直接由法律规定的合同解除。当法律规定的解除条件具备时,当事人可以解除合同。它与合同约定解除权的解除都是在具备一定解除条件时,由一方行使解除权;区别则在于解除条件的来源不同。

合同成立后,对双方当事人均具有法律约束力,双方应认真履行。有下列情形之一的,当事人可以解除合同。

(1)因不可抗力致使不能实现合同目的。

(2)在履行期限届满之前,当事人一方明确表示或者以自己的行为表明不履行主要债务。

(3)当事人一方迟延履行主要债务,经催告后在合同期限内仍未履行。

(4)当事人一方迟延履行债务或者有其他违约行为致使不能实现合同目的。

三、建设工程合同解除的处理

对于建设工程合同来讲,合同的法定解除可以分别从发包人的解除权和承包人的解除权两个方面加以说明。

(一)发包人的合同解除权

根据最高人民法院《关于审理建设工程施工合同纠纷案件适用法律问题的解释》第八条的规定,发包人可在下列四种情形下行使合同解除权。

(1)承包人明确表示或者以行为表明将不履行合同主要义务的。

在实践中明确表示不履行合同的情况并不多见,因为承包人在一般情况下不愿意解除合同,但以行为表示不再履行合同的情况是存在的,主要表现为擅自停工。这里要视停工的原因及其他履行合同的状况来判断是否解除合同。如果是因为发包人没有依约支付工程进度款,合同对不支付工程款可以行使停工权利的内容有明确约定的,如果承包人不愿意解除合同,应认定是发包人违约而不宜判令合同解除,从而尽量维护合同的稳定性、交易的安全性,而且本条是针对守约方的合同解除权的规定,在违约一方,原则上没有合同的解除权;如果停工是承包人擅自单方的原因造成的,在发包人没有违约的情况下主张解除合同,应当得到保护。

(2)合同约定的期限内没有完工,且在发包人催告的合理期限内仍未完工的。

在实践中主要掌握催告的有效方式及催告的合理期限两个问题。

（3）已经完成的建设工程质量不合格，并拒绝修复的。

这里是针对建设工程施工合同，指出了合同目的不能实现的情形，即已完成的建设工程质量不合格且承包人拒绝进行修复。建设工程的质量是建设工程的灵魂，质量不合格的工程不能竣工验收并投入使用，发包人不能实现签订及履行合同的根本目的，因此如果承包人对质量不合格的工程拒绝修复，承包人的行为构成根本违约，发包人应依法享有合同的解除权。此外，本条所指的工程质量是针对已完工程即工程部分完工的情形，因为如果工程全部完工，即使工程质量不合格且承包人拒绝修复，发包人也不会通过行使合同的解除权来保护自己，解除合同的请求已无实际意义，其会通过追究承包人的违约责任的途径，请求减少支付工程款并要求承包人支付违约金，使自己的权利得到保障。另外，如果工程质量不合格，承包人同意并实施修复，但仍不能使工程达到合格的标准，发包人是可以主张解除合同的。

（4）将承包的建设工程非法转包、违法分包的。

由于转包和违法分包为法律所禁止，故而转包和违法分包合同应认定为无效，但转包合同和违法分包合同认定为无效后，发包人是否可以通过行使合同解除权的方式，保护自己的权利，以往没有明确的规定。由于承包人的转包或者违法分包的行为，发包人可能不愿意继续将工程交由承包人施工完成。承包人应当以自己的技术和劳动能力完成建设施工合同约定的工作，如果承包人将工程转包或者违法分包，可能使发包人对承包人的劳动质量的期望落空，致使合同的目的不能实现，因而应赋予发包人合同的解除权。

（二）承包人的合同解除权

《最高人民法院关于审理建设工程施工合同纠纷案件适用法律问题的解释》第九条规定了发包人具有下列三种情形之一，致使承包人无法施工，且在催告的合理期限内仍未履行相应义务，承包人请求解除建设工程施工合同的，应予支持。

（1）未按约定支付工程款的。

发包人未按约定支付工程价款，致使承包人无法施工，经催告无效的，承包人可以行使合同解除权。对建设工程施工合同而言，发包人的主要义务即为支付工程款。如果发包人不支付工程款或者未按约支付工程款，承包人依照《合同法》的相关规定，可以认为是发包人违反了合同约定的主要义务，经催告无效后解除合同，但这里作了实质的限制条件，即未按约支付工程款已致使承包人无法施工时，经催告无效，承包人才可以行使解除权。

（2）提供的主要建筑材料、建筑构配件和设备不符合强制性标准的。

发包人提供的主要建筑材料、建筑构配件和设备不符合强制性标准的，致使承包人无法继续施工，在催告后的合理期限内仍未履行义务，承包人享有合同的解除权。按照国家有关规定及合同约定，由发包方提供建筑材料、建筑构配件和设备的，应当保证建筑材料、建筑构配件和设备符合设计文件和合同要求。发包人不得明示或者暗示施工单位使用不合格的建筑材料、建筑构配件和设备。

（3）不履行合同约定的协助义务的。

发包人不履行合同约定的协助义务，致使承包人无法继续施工，经催告后无效的，承包人可以请求解除合同。

在建设工程施工合同中，承包人的工作有时是需要发包人协助的，发包人对承包人的工作有相应的协助义务。发包人协助义务的发生，取决于合同的约定及施工工程本身的需要。发包人的协助义务视施工工程的内容不同而无法详尽表述，如补足施工所需的建筑材料、提供施工场地、办理施工所需的相关手续、提供施工图纸等，如果发包人不履行有关协助义务，导致承包人无法施工或者继续施工，则是发包人违约而该违约行为经催告后没有有效改正的，承包人有权解除合同。此外，虽然该项是对发包人协助义务的规定，但并不是相对于主要义务和次要义务而言的，如果不履行协助义务致使承包人无法进行施工的，就可以认为发包人没有履行合同的主要义务，经承包人催告仍不履行的，承包人具有合同解除权。

四、建设工程施工合同解除应注意的问题

合同解除在实践应用上应慎重，除具备解除条件外，主张解除方还应遵循法定的程序。开发企业依据上述两条解除合同，应注意以下三点。

（1）程序应到位。如果主张已完工程质量不合格而须解除合同，应向施工方发出整改通知，限期整改，在合理的期限内仍不能如期履约时，合同的另一方才可发函行使解除权，解除合同的通知一定要采取书面形式，通知到达对方后才生效。

（2）证据要具有权威性。主张工程质量不合格，应取得权威部门（如质检站）不合格工程的证明材料，发出的整改通知、催告函、解除合同通知等函件应有对方签收的凭证。

（3）解除要及时。选择解除施工合同，往往是迫不得已，是为了减少损失而为之。如果解除合同的条件具备而长期不行使解除权，久拖不决，则不仅给自己造成更大损失，解除已无意义，而且可能丧失解除权。按照我国法律规定，如果对方已经违约，而且催告可在一定期限内行使解约权，或如果双方在合同中约定了解除权行使的期限，超过该期限不行使解除权，则解除权消灭，合同继续有效。

五、建设工程合同解除后的处理

根据《合同法》规定，合同解除后，尚未履行的，终止履行，已经履行的，根据履行情况和合同性质，当事人可以要求恢复原状，采取其他补救措施，并有权要求赔偿损失。

（1）合同解除原则上没有溯及力。

合同解除后，已经履行的按有效合同的处理原则及方式进行处理，不发生恢复原状，已履行的部分不再履行。具体规定为，合同解除后，已经完成的建设工程质量合格，发包人应当按照约定支付相应的工程价款。建设工程施工合同在合同解除后，如工程质量合格，不存在恢复原状的问题，当事人一方主张恢复原状是不能得到支持的。但当发包人没有支付已履行部分工程价款时，不能认为支付工程价款是已经履行的部分，因此需要判令发包人支付工程价款。这样处理表面上看是在解除合同的同时又要求当事人履行合同，但实质上是对合同解除后采取的一种补救措施。

（2）已经完成的建设工程质量不合格的，参照司法解释关于合同无效，工程质量验收不合格的规定处理。

修复后的建设工程经竣工验收合格，发包人请求承包人承担修复费用的，承包人应予支付；修复后的建设工程经竣工验收不合格，承包人不能请求支付工程款，《合同法》第五十八条规定，合同无效或者被撤销后，因该合同取得的财产应当予以返还；不能返还或者没有必要返还的，应当折价补偿。建设工程经竣工验收不合格，主要是建设工程质量不符合国家规定或者行业规定的标准。

（3）因一方违约导致合同解除的，违约方应当赔偿因此给对方造成的经济损失。

由于合同解除是在合同有效的基础上做出的处理,因此违约导致合同解除的,违约方应当承担合同约定的违约责任。

知识延伸

案例

在西南部某专业部委的一个工程项目建设,由某专业部委的一家国有独资大中型企业全额投资,工程特点和使用用途为货场,原预算投资约为 1000 多万元,工程结算方式为经审批的设计预算加"工程变更设计"和工程签证的计价。工程地基基础施工时,龙门吊地基开挖遇岩石,该工程所属的项目建设管理体系的共同体内的地质勘察设计、建设单位、施工单位、监理单位去现场研讨如何处理,设计现场拍板施工方案,没有任何书面依据,施工单位继续施工,在此期间和之后一直未办理工程变更手续,施工单位也没有提出口头的变更要求。在工程竣工验收 3 个月之后,施工单位向监理单位提出书面变更要求,提出龙门吊地基开挖岩石,需调增设计标高范围内原预算土方的单价,要求全部土方工程数量都调增。不仅如此,而且无中生有,提出基础底面标高比原设计图纸标高平均超深 2 米,需要浆砌片石,因此,要求调增超深部分开挖岩石和基础浆砌片石的工程数量,而且工程数量巨大,其中仅要求调增 M10.0 水泥砂浆砌筑片石一项,就高达 4000 多立方米,石方数量不会少于此数。总共要求增加造价 100 多万元。实际情况是,在原设计标高范围内,地基开挖遇岩石不假,但并非全部,只有一小部分是岩石,其余大部分仍是土方,施工单位要求全部土方的工程数量都调增单价,已经属于高估冒算。至于基础底面标高比原设计超深云云,则纯属子虚乌有,也就是说,要求调增的开挖岩石工程数量和 4000 多立方米 M10.0 水泥砂浆砌筑片石数量纯属工程数量调增之无中生有。项目监理机构的一名监理人员经过审核,将绝大多数工程数量核减之后,签署了意见,估计约需增加造价 4 万多元,这是较为符合工程实际的,也就是较为符合实质公正的。施工单位觉得太少,不满意,不能接受,意欲继续高估冒算和无中生有,遂重新做了一份几乎一模一样的变更单,并且吸取经验"教训"改变策略:首先找设计签字,设计者签署了完全肯定性的意见,然后再找项目监理机构的另一名监理人员签字,后者附和了设计,签署了与设计者一致的意见,最后由建设单位签字,意见也一样,以上各方都加盖了公章,估计总共约需增加造价 100 多万元。同一个工程项目同一个施工单位同一个施工部位提出的同样的工程变更内容,前后两份变更单增加的投资绝对数额上相差 100 多万元,相对差距近 30 倍!更不用说该工程的其他变更了。这个案例或许极端了一点,但的确是堪称"经典"!

课堂讨论

产生纠纷的原因。

案例评析

1.国有投资资金常常没有一个人格化的直接所有者"在场",约束机制的阙如,预算软约束。

2.监理工作不到位、责任心不强,监理工作形式不公正。

3.施工单位超时效和违反、不遵守工作程序。

4.该工程竣工验收 3 个月之后,才办理某一施工部位的变更手续,无初始记录,无书面通知。

5.需要施工现场核实计量的工程数量,设计先于监理签署意见,而且是完全肯定性的意见,设计单位越权办事且不负责任。

复习思考题

1.什么是合同变更?

2.建设工程施工合同变更的分类有哪些?

3.简述建设工程施工合同变更的流程。

4.什么是合同解除?

5.建设工程施工合同中承发包双方拥有的解除权有哪些?

项目实训

合同变更程序模拟

1.实训目的

通过本项实训,进一步使学生了解和掌握合同变更的主要程序,并学会用法律法规解决各项实际问题,进而提高其实践能力。

2.实训内容

(1)通过互联网到实践中寻找建设工程合同变更的实例,将学生分成几个小组随机抽取工程合同变更条件。

(2)让学生进行工程变更原因分析,并按合同变更程序及相关法律法规进行工程合同变更处理。

3.评价标准

教师根据学生掌握相关法律法规的熟练情况和处理合同变更的准确程度作出相应的评分。

模块七
建设工程施工索赔

7

能力目标

1.收集建筑工程索赔典型案例,能够运用相关法律条文进行解释
2.能够进行施工索赔分类,编制索赔报告

知识目标

1.了解索赔的依据和索赔原则
2.熟悉索赔程序和索赔资料

背景资料

在钢筋混凝土框架结构工程中,有钢结构杆件的安装分项工程。钢结构杆件由业主提供,承包商负责安装。在业主提供的技术文件上,仅用一道弧线表示了钢杆件,而没有详细的图纸或说明。施工中业主将杆件带到现场,两端有螺纹,承包商接收了这些杆件,没有提出异议,在混凝土框架上用了螺母和子杆进行连接。在工程检查中承包商也没提出额外的要求。但当整个工程快完工时,承包商提出,原安装图纸表示不清楚,自己因工程难度增加导致费用超支,要求索赔。法院调查后表示,虽然合同曾对结构杆系的种类描述含糊,但当业主提供杆系时,承包商无异议地接收了杆系,则这方面的疑问就不存在了。合同已因双方的行为得到了一致的解释,即业主提供的杆系符合合同要求。所以承包商索赔无效。

工作任务

利用互联网和图书馆,搜集建筑工程索赔案例,编写案例分析报告;观看索赔诉讼案件审理过程。

项目一　建设工程施工索赔的建立

问题提出

在一房地产开发项目中,业主提供了地质勘察报告,证明地下土质很好。承包商作施工方案,用挖方的余土作通往住宅区道路基础的填方。由于基础开挖施工时正值雨季,开挖后土方潮湿且易碎,不符合道路填筑要求。承包商不得不将余土外运,另外取土作道路填方材料。对此承包商提出索赔要求。你觉得承包商索赔能成功吗?

提示与分析

结合本案例条件,工程师否定了该索赔要求,理由是,填方的取土作为承包商的施工方案,它因受到气候条件的影响而改变,不能提出索赔要求。在本案例中即使没有下雨,而因业主提供的地质报告有误,地下土质过差不能用于填方,承包商也不能因为另外取土而提出索赔要求。因为:①合同规定承包商对业主提供的水文地质资料的理解负责。而地下土质可用于填方,这是承包商对地质报告的理解,应由他自己负责。②取土填方作为承包商的施工方案,也应由他负责。

知识链接

一、索赔的概念

索赔是在工程承包合同履行中,当事人一方因对方不履行或不完全履行合同所规定的义务,或出现了应当由对方承担的风险而遭受损失时,向另一方提出赔偿要求的行为。索赔有承包商向发包人提出的索赔,也包括发包人向承包商提出的反索赔。通常情况下,索赔是指在合同实施过程中,承包人对非自身原因造成的损失而要求发包人给予补偿的一种权利要求。常将发包人对承包商提出的索赔称为反索赔。

索赔的性质属于经济补偿行为,而不是惩罚。索赔成立须具备三个条件:

(1)与合同对照,事件已造成了承包人工程项目成本的额外支出,或直接工期损失。

(2)造成费用增加或工期损失的原因,按合同约定不属于承包人的行为责任或风险责任。

(3)承包人按合同规定的程序和时间提交索赔意向通知和索赔报告。

以上三个条件必须同时具备,缺一不可。

二、施工索赔的分类

索赔按照当事人、目的、性质、依据的不同,有不同的分类。具体分为:按照索赔有关当事人,可以分为承包人与发包人之间的索赔、承包人与分包人之间的索赔、承包人或发包人与供货人之间的索赔和承包人或发包人与保险人之间的索赔;按照索赔目的和要求,可以分为工期索赔、费用索赔和综合索赔;按照索赔事件的性质,可以分为工程延期索赔、工程加速索赔、工程变更索赔、工程终止索赔、不可预见的外部障碍或条件索赔、不可抗力事件引起的索赔和其他索赔(如货币贬值、汇率变化、物价变化、政策法令变化等);按索赔依据,可以分为合同内索赔、合同外索赔和道义索赔。

三、索赔的依据

索赔的依据主要有合同文件、法律法规和工程建设惯例。

四、索赔的证据

索赔证据是当事人用来支持其索赔成立或与索赔有关的证明文件和资料。索赔证据作为索赔文件的组成部分,在很大程度上关系到索赔的成功与否。证据不全、不足或没有证据,索赔是很难获得成功的。

工程项目在实施过程中,会产生大量的工程信息和资料,这些信息和资料是索赔的重要证据。因此,在施工过程中应该自始至终做好资料积累工作,建立完善的资料记录和科学管理制度,认真系统地积累和管理合同、质量、进度以及财务收支等方面的资料。可以作为证据使用的材料有以下七种:①书证;②物证;③证人证言;④视听材料;⑤被告人供述和有关当事人陈述;⑥鉴定结论;⑦勘验、检验笔录。

常见的工程索赔证据有以下多种类型(见图7.1)。

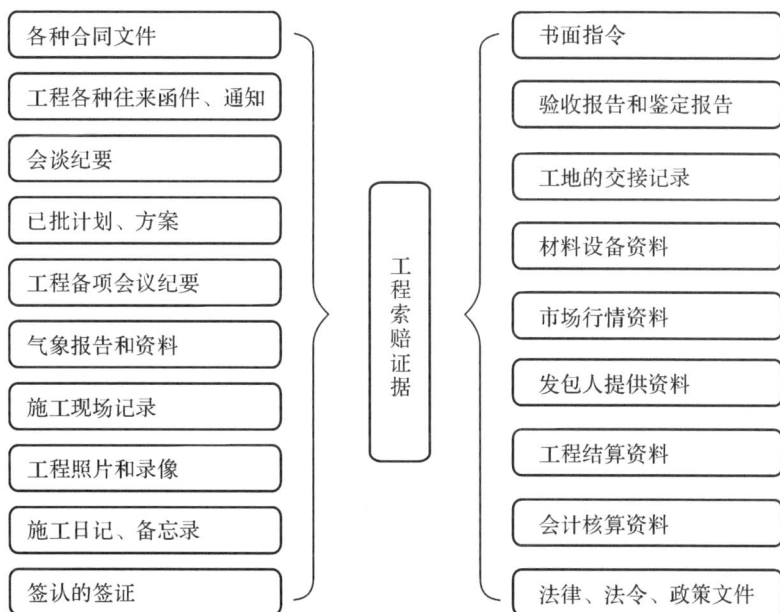

图 7.1　工程索赔证据类型

五、索赔证据的基本要求

索赔证据应该具有真实性、及时性、全面性、关联性和有效性。

项目二　建设工程施工索赔程序

问题提出

　　如果你去超市买了箱牛奶,你觉得有不如意之处,你怎样处理?若需要向超市退货或要求赔偿,该经过什么程序?联系到工程上,工程索赔的程序是怎样的?

提示与分析

　　在商品市场质量监督机构、工商管理结构等企事业机构的监督及管理下,商品存在质量问题可以通过相应的手续获得相应的补偿;工程管理方面也是一样,想索赔成功就必须经过规定的程序办理相关手续。

知识链接

一、概述

我国在《建设工程施工合同文本》中对工程索赔有关规定及程序作了明确的规定。

（一）索赔意向通知

承包人提出索赔申请,向工程师发出索赔意向通知。索赔事件发生 28 天内,承包人以正式函件通知工程师,声明对此事件要求索赔。逾期申报,工程师有权拒绝承包人的要求。

（二）索赔意向通知和索赔通知

索赔意向通知要简明扼要地说明以下四个方面的内容:

（1）索赔事由发生的时间、地点、简单事实情况描述。

（2）索赔事件的发展动态。

（3）索赔依据和理由。

（4）索赔事件对工程成本和工期产生的不利影响。

（三）索赔资料的准备

在索赔资料准备阶段,主要工作有:

（1）跟踪和调查索赔事件,掌握事件产生的详细经过。

（2）分析索赔事件产生的原因,划清各方责任,确定索赔根据。

（3）损失或损害的调查分析与计算,确定工期索赔和费用索赔值。

（4）收集证据,获得充分而有效的各种证据。

（5）起草索赔文件（索赔报告）。

1.索赔文件的主要内容

索赔文件的主要内容包括以下几个方面。

（1）总述部分。概要论述索赔事项发生的日期和过程,承包人为该索赔事项付出的努力和附加开支,承包人的具体索赔要求。

（2）论证部分。论证部分是索赔报告的关键部分,其目的是说明自己有索赔权,是索赔能否成立的关键。

（3）索赔款项（或工期）计算部分。如果说索赔报告论证部分的任务是解决索赔能否成立，则款项计算是为解决能得多少款项。前者定性，后者定量。

（4）证据部分。要注意引用的每个证据的效力或可信程度，对重要的证据资料最好附以文字说明，或附以确认件。

2.编写索赔文件（索赔报告）

编写索赔文件（索赔报告）应该注意以下几个方面的问题：

（1）责任分析应清楚、准确。

（2）索赔额的计算依据要准确，计算结果要准确。

（3）提供充分有效的证据材料。

（四）索赔文件的提交

提出索赔的一方应该在合同规定的时限内向对方提交正式的书面索赔文件。例如，FIDIC 合同条件和我国《建设工程施工合同（示范文本）》（GF 1999—0201）都规定，承包人必须在发出索赔意向通知后的 28 天内或经过工程师（监理人）同意的其他合理时间内向工程师（监理人）提交一份详细的索赔文件和有关资料。如果干扰事件对工程的影响持续时间长，承包人则应按工程师（监理人）要求的合理间隔（一般为 28 天），提交中间索赔报告，并在干扰事件影响结束后的 28 天内提交一份最终索赔报告。否则将失去该事件请求补偿的索赔权利。

（五）索赔文件的审核

对于承包人向发包人的索赔请求，索赔文件首先应该交由工程师（监理人）审核。工程师（监理人）根据发包人的委托或授权，对承包人的索赔要求进行审核和质疑。

二、FIDIC 合同条件规定的工程索赔程序

（1）承包商发出索赔通知。承包商在察觉或应当察觉事件或情况后 28 天内，向工程师发出索赔通知。

（2）承包商递交详细的索赔报告。承包商在察觉或应当察觉事件或情况后 42 天内，向工程师递交详细的索赔报告。若引起索赔的事件连续影响，承包商每月递交中间索赔报告，说明累计索赔延误时间和金额，在索赔事件产生影响结束后 28 天内，递交最终索赔报告。

（3）工程师答复。工程师在收到索赔报告或对过去索赔的任何进一步证明资料后 42 天内，作出答复。

三、索赔技巧

索赔时以争取到企业应得的利益，根据相关资料，在正常情况下，工程承包能得到利润约占工程合同价的 3%～10%，而在许多工程索赔中，索赔额高达合同价的 8%～20%；甚至有些项目工程索赔将超过合同价。在承包工程的竞争中，有一句话叫"中标靠低价，赚钱靠索赔"，这充分反映了索赔工作在工程建设中的重要作用。但要做好索赔工作，除了认真编写好索赔文件，使之提出的索赔项目符合实际，内容充实，证据确凿，有说服力，索赔计算准确，并严格按索赔的规定和程序办理外，还必须掌握索赔技巧。

1.做好搜集、整理签证工作

施工全过程中必须及时做好索赔资料的搜集、整理、签证工作。索赔成功的基础在于充分的事实、确凿的证据。将工程资料在工程承包全过程的各个环节中用心搜集、整理好，并

辅以相应的法律法规及合同条款,使之成为成功索赔的依据。

承包商中标后,应及时、谨慎地与发包方签订《施工合同》。应尽可能考虑周详,措辞严谨,权利和义务明确,做到平等、互利。合同价款最好采用可调价格方式。并明确追加调整合同价款及索赔的政策、依据和方法,为竣工结算时调整工程造价和索赔提供合同依据和法律保障。

在工程开工前应搜集有关资料,包括工程地点的交通条件,"三通一平"情况,供水、供电是否满足施工需要,水、电价格是否超过预算价,地下水位的高度,土质状况,是否有障碍物等。组织各专业技术人员仔细研究施工图纸,互相交流,找出图纸中的疏漏、错误、不明、不详、不符合实际、各专业之间相互冲突等问题。

在图纸会审中应认真做好施工图会审纪要,因为施工图会审纪要是施工合同的重要组成部分,也是索赔的重要依据。

施工中应及时进行预测性分析,发现可能发生索赔事项的分部分项工程,如:遇到灾害性气候、发现地下障碍物、软基础或文物,以及征地拆迁、施工条件等外部环境影响等。

业主要求变更施工项目的局部尺寸、数量或调整施工材料、更改施工工艺等。停水、停电超过原合同规定时限;因建设单位或监理单位要求延缓施工或造成工程返工、窝工、增加工程量等。

以上这些事项均是提出索赔的充分理由,都不能轻易放过。

2.主动创造索赔机遇

在施工过程中,承包商应坚持以监理及业主的书面指令为主,即使在特殊情况下必须执行其口头命令,亦应在事后立即要求其用书面文件确认,或者致函监理及业主确认。同时做好施工日志、技术资料等施工记录。每天应有专人记录,并请现场监理工程人员签字;当造成现场损失时,还应做好现场摄影、录像,以保证资料的完整性;对停水、停电、甲供材料的进场时间、数量、质量等,都应做好详细记录;对设计变更、技术核定、工程量增减等签证手续要齐全,确保资料完整;业主或监理单位的临时变更、口头指令、会议研究、往来信函等应及时收集,整理成文字,必要时还可对施工过程进行摄影或录像。又如甲方指定或认可的材料或采用的新材料,实际价格高于预算价(或投标价),按合同规定允许按实补差的,应及时办理价格签证手续。凡采用新材料、新工艺、新技术施工,没有相应预算定额计价时,应搜集有关造价信息或征询有关造价部门意见,作好结算依据的准备。其次,在施工中需要更改设计或施工方案的也应及时做好修改、补充签证。另外,如施工中发生工伤、机械事故时,也应及时记录现场实际状况,分清职责;对人员、设备的闲置、工期的延误以及对工程的损害程度等,都应及时办理签证手续。此外要十分熟悉各种索赔事项的签证时间要求。特别是一些隐蔽工程、挖土工程、拆除工程,都必须及时办理签证手续。否则时过境迁就容易引起扯皮,增加索赔难度。做到"不忘、不漏、不缺、不少,眼勤、手勤、口勤、腿勤"。这些都是工程索赔的原始凭证,应分类保管,以创造索赔的机遇。

3.正确处理好与业主和监理的关系

索赔必须取得监理的认可,索赔的成功与否,监理起着关键性作用。索赔直接关系到业主的切身利益,承包商索赔的成败在很大程度上取决于业主的态度。因此,要正确处理好与业主、监理的关系,在实际工作中树立良好的信誉。健全企业内部管理体系和质量保证体系,诚信服务,确保工程质量,树立品牌意识,加大管理力度,在业主与监理的心目中赢得良好的信誉。比如,施工现场次序井然,场容整洁;项目执行力强;等等。

要搞好相互关系,保持友好合作的气氛,互相信任。对业主或监理的过失,承包商应表示理解和同情,用真诚换取对方的信任和理解。创造索赔的平和气氛,避免感情上的障碍。

4.注意谈判技巧

谈判技巧是索赔谈判成功的重要因素,要使谈判取得成功,必须做到以下几点。

(1)首先应事先做好谈判准备。

认真做好谈判准备是促成谈判成功的首要因素,在与业主和监理开展索赔谈判时,应事先研究并统一谈判口径和策略。谈判人员应在统一的原则下,根据实际情况采取应变的灵活策略,以争取主动。谈判中一要注意维护组长的权威;二要丢芝麻抓西瓜,不斤斤计较;三要控制主动权,并留有余地。谈判的最终决策者应是承包方的领导人,其可实行幕后指挥,以防僵局和陷于被动。

(2)注意谈判艺术和技巧。

采取强硬态度或软弱立场都是不可取的,难以获得满意的效果;在谈判中应采取刚柔结合的态度,既掌握原则性,又有灵活性。在谈判中要随时研究和掌握对方的心理,了解对方的意图;不要使用尖刻的话语刺激对方,伤害对方的自尊心,要以理服人,求得对方的理解;善于利用机遇,因势利导,用长远合作的利益来启发和打动对方;准备有进有退的策略。在谈判中该争的要争,该让的要让,使双方有得有失,寻求折中办法;在谈判中要有坚持到底的精神,经受得住挫折的思想准备,决不能首先退出谈判,发脾气;对分歧意见,应相互考虑对方的观点共同寻求妥协的解决办法;等等。

总之,索赔工作关系着施工企业的经济利益。所有施工管理人员都应重视索赔,知道索赔,善于索赔。必须做到理由充分,证据确凿,按时签证,讲究谈判技巧,并把索赔工作贯穿于施工的全过程。

知识延伸

案例

某毛纺厂建设工程,是由英国某纺织企业出资85%,中国某省纺织工业总公司出资15%成立的合资企业(以下简称 A 方),总投资约为 1800 万美元,总建筑面积 22610m²,其中土建总投资为 3000 多万元人民币。该厂位于丘陵地区,原有许多农田及藕塘,高低起伏不平,近旁有一国道。土方工作量很大,厂房基础采用搅拌桩和振动桩约 8000 多根,主厂房主体结构为钢结构,生产工艺设备和钢结构由英国进口,设计单位为某省纺织工业设计院。

一、土建工程招标及合同签订过程

土建工程包括生活区 4 栋宿舍、生产厂房(不包括钢结构安装)、办公楼、污水处理站、油罐区、锅炉房等共 15 个单项工程。业主希望尽早投产并实现效益。土方工程先招标,土建工程第二次招标,限定总工期为半年,共 27 周,跨越一个夏季和冬季。由于工期紧,招标过程很短,从发标书到收标仅 10 天时间。招标图纸设计较粗略,没有施工详图,钢筋混凝土结构没有配筋图。工程量表由业主提出目录,工作量由投标人计算并报单价,最终评标核定总价。

二、合同形式

合同采用固定总价合同形式,要求报价中的材料价格调整独立计算。共有 10 家我国建筑公司参加投标,第一次收到投标书后,发现各企业都用国内的概预算定额分项和计算价格,未按照招标文件要求报出完全单价,也未按招标文件的要求编制投标书,使投标文件的分析十分困难。故业主退回投标文件,要求重新报价。这时有5家企业退出竞争。这样经过了四次反复退回投标文件重新做标报,才勉强符合要求。A方最终决定我国某承包公司(以下简称B方)中标。本工程采用固定总价合同,合同总价为17518563元人民币(其中包括不可预见风险费1200000元)。

三、合同条件分析

本工程合同条件选择是在投标报价之后,由A方与B方议定的。A方坚持用ICE,即英国土木工程师学会和土木工程承包商联合会颁布的标准土木工程施工合同文本;而B方坚持使用我国的示范文本。但A方认为示范文本不完备,不符合国际惯例,可执行性差。最后由A方起草合同文本,基本上采用ICE的内容,增加了示范文本的几个条款。1995年6月23日A方提出合同条件,6月24日双方签订合同。合同条件相关的内容如下。

1. 合同在中国实施,以中华人民共和国的法律作为合同的法律基础。

2. 合同文本用英文编写,并翻译成中文,双方同意两种文本具有相同的权威性。

3. A方的责任和权力:

(1)A方任命A方的现场经理和代表负责工程管理工作。

(2)B方的设备一经进入施工现场即被认为是为本工程专用。没有A方代表的同意,B方不得将它们移出工地。

(3)A方负责提供道路、场地,并将水电管路接到工地。A方提供2个75千伏安发电机供B方在本工程中使用,提供方式由B方购买,A方负责费用。发电机的运行费用由B方承担。施工用水电费用由B方承担,按照实际使用量和规定的单价在工程款中扣除。

(4)合同价格的调整必须在A方代表签字的书面变更指令做出后才有效。增加和减少工作量必须按照投标报价所确定的费率和价格计算。如果变更指令会引起合同价格的增加或减少,或造成工程竣工期的拖延,则B方在接到变更指令后7天内书面通知A方代表,由A方代表作出确认,并且在双方商讨变更的价格和工期拖延量后才能实施变更,否则A方对变更不予付款。

(5)如果发现有由于B方负责的材料、设备、工艺所引起的质量缺陷,A方发出指令,B方应尽快按合同修正这些缺陷,并承担费用。

(6)本工程执行英国规范,由A方提供一本相关的英国规范给B方。A方及A方代表出于任何考虑都有权指令B方保证工程质量达到合同所规定的标准。

4. B方的责任和权力:

(1)若发现施工详图中的任何错误和异常应及时通知A方,但B方不能修改任何由A方提供的图纸和文件,否则将承担由此造成的全部损失费用。

(2)B方负责现场以外的场地、道路的许可证及相关费用。

(其他略)

5. 合同价格:

(1)本合同采用固定总价方式,总造价为17518563元人民币。它已包括B方在工程施工的所有花费和应由B方承担的不可预见的风险费用。

(2)付款方式:①签订合同时,A方付给B方400万元备料款。②每月按当月工程进度付款。在每月的最后一个星期五,B方提交本月已完成工程量的款额账单。在接到B方账单后,A方代表7天内做出审查并支付。③A方保留合同价的5%作为保留金。在工程竣工验收合格后A方将其中的一半支付给B方,待保修期结束且没有工程缺陷后,再支付另外一半。

6.合同工期:

(1)合同工期共27周,从1995年7月17日到1996年1月20日。

(2)若工程在合同规定时间内竣工,A方向B方奖励20万元,另外每提前1天再奖励1万元。若不能在合同规定时间内竣工,拖延的第一周违约金为20万元,在合同规定竣工日期一周以后,每超过一天,B方赔偿5000元。

(3)若在施工期间发生超过14天的阴雨或冰冻天气,或由于A方责任引起的干扰,A方给予B方以延长工期的权力。若发生地震等B方不能控制的事件导致工期延误,B方应立即通知A方代表,提出工期顺延要求,A方应根据实际情况顺延工期。

7.违约责任和解除合同:

(1)若B方未在合同规定时间内完成工程或违反合同有关规定,A方有权指令B方在规定时间内完成合同责任。若B方未履行,A方可以雇用另一承包商完成工程,全部费用由B方承担。

(2)如果B方破产,不能支付到期的债务,发生财务危机,A方有权解除合同。

(3)A方认为B方不能安全、正确地履行合同责任,或已无力胜任本工程的合同任务或B方公然忽视履行合同,则可指令B方停工,并由B方承担停工责任。若B方拒不执行A方指令,则A方有权终止对B方的雇用。

8.争执的解决:

本合同的争执应首先以友好协商的方式解决,若不能达成一致,任何一方都有权力提请仲裁。若A方提请仲裁,则仲裁地点在上海;若B方提请仲裁,则仲裁地点在新加坡。

(其他略)

四、合同实施状况

本工程土方工程从1995年5月11日开始,7月中旬结束,则土建施工队伍7月份就进场(比土建施工合同进场日期提前)。但在施工过程中由于:①在当年8月份出现较长时间的阴雨天气;②A方发出许多工程变更指令;③B方施工组织失误、资金投入不够、工程难度超过预先的设想;④B方施工质量差,被业主代表指令停工返工;等等,造成施工进度的拖延、工程质量问题和施工现场的混乱。原计划工程于1996年1月结束并投入使用,但实际上,到1996年2月下旬,即工程开工后的31周,还有大量的合同工作量没有完成。此时业主以如下理由终止了和承包商的原合同关系:①承包商施工质量太差,不符合合同规定,又无力整改;②工期拖延而又无力弥补;③使用过多无资历的分包商,而且施工现场出现多级分包;将原属于B方工程范围内的一些未开始的分项工程删除,并另发包给其他承包商。A方催促B方尽快施工,完成剩余工程。1996年5月,工程仍未竣工,A方仍以上面三个理由指令B方停止合同工作,终止合同工程,由其他承包商完成。在工程过程中B方提出近1200万元的索赔要求,在工程过程中一直没有得到解决。而双方经过几轮会谈,在10个月后,最终业主仅赔偿承包商30万元。本工程无论从A方或B方的角度看,都不算成功的工程,都有许多经验教训值得汲取。

五、B方的教训

在本工程中，B方受到很大损失，不仅经济上亏损很大，而且工期拖延，被A方逐出现场，对企业形象有很大的影响。这个工程的教训是深刻的。

1.从根本上说，本工程采用固定总价合同，招标图纸比较粗略，做标期短，地形和地质条件复杂，所使用的合同条件和规范是承包商所不熟悉的。对B方来说，几个重大风险集中起来，失败的可能性是很大的，承包商的损失是不可避免的。1996年7月，工程结束时B方提出实际工程量的决算价格为1882万元（不包括许多索赔）。经过长达近十个月的商谈，A方最终认可的实际工程量决算价格为1416万元人民币。双方结算的差异主要在于：

(1)本工程招标图纸较粗略，而A方在招标文件中没给出工作量，由B方计算工程量，而B方计算的数字都很低。例如图纸缺少钢筋配筋图，承包商报价时预算402t钢筋，而按后来颁发的详细的施工图核算应为约720t。在工程中，由于工程变更又增加了290t，即整个实际用量约1010t。由于固定总价合同，A方认为详细的施工图用量与B方报价之差318t（即720t－402t），合计价格100多万元是B方报价的失误，或为获得工程而做出的让步，在任何情况下不予补偿。

(2)B方在工程管理上的失误。例如：在工程施工中B方现场人员发现缺少住宅楼的基础图纸，再审查报价发现漏报了住宅楼的基础价格约30万人民币。分析责任时，B方的预算员坚持认为，在招标文件中A方漏发了基础图，而A方代表坚持是B方的预算师把基础图弄丢了。由于采用了固定总价合同，B方最终承担了这个损失。这个问题实质上是B方自己的责任，他应该：①接到招标文件后对招标文件的完备性进行审查，将图纸和图纸目录进行校对，如果发现有缺少，应要求A方补充。②在制订施工方案或作报价时仍能发现图纸的缺少，这时仍可以向业主索要，或自己出钱复印，这样可以避免损失。

2.报价的失误。B方报价按照我国国内的定额和取费标准，但没有考虑到合同的具体要求，合同条件对B方责任的规定，英国规范对工程质量、安全的要求，例如：

(1)开工后，A方代表指令B方按照工程规范的要求为A方的现场管理人员建造临时设施。办公室地面要有防潮层和地砖，厕所按现场人数设位，要有高位水箱、化粪池，并贴瓷砖。这大大超出B方的预算。

(2)A方要求B方有安全措施，包括设立急救室、医务设备，施工人员在工地上应配备专用防钉鞋、防灰镜、防雨具，这方面的花费在报价中都没有考虑到。

(3)由于施工工地在一个国道西侧，弃土须堆到国道东侧，这样必须切断该国道。在这个过程中发生了申请切断国道许可、设告示栏、运土过程中安全措施、施工后修复国道等各种费用，而B方报价中未考虑到这些费用。B方向A方提出索赔，但为A方反驳，因为合同已规定这是B方责任，应由B方支付费用。当然，在本工程中，A方在招标文件中没有提出合同条件，而在确定承包商中标后才提出合同条件。这是不对的，违反惯例。这也容易造成承包商报价的失误。

3.工程管理中合同管理过于薄弱，施工人员没有合同的概念，不了解国际工程的惯例和合同的要求，仍按照国内通常的方法施工，处理与业主的关系。例如：

(1)对A方代表的指令不积极执行，作"冷处理"，造成英方代表许多误解，导致双方关系紧张。如B方按图纸规定对内墙用纸筋灰粉刷，A方代表（英国人）到现场一看，认为用草和石灰粉刷，质量不能保证，指令其暂停工程。B方代表及A方的其他中方管理人员向他说明纸筋灰在中国用得较多,质量能保证。A方代表要求暂停粉刷,先粉刷一间,让他确认一下,如果确实可行,再继续施工。但B方对A方代表的指令没有贯彻,粉刷工程小组虽然已经听到A方代表的指令,但仍按原计划继续粉刷纸筋灰。几天后粉刷工程即将结束,A方代表再到现场一看,发现自己指令未得到贯彻,非常生气,拒绝接收纸筋灰粉刷工程,要求全部铲除,重新粉刷水泥砂浆。因为图纸规定使用纸筋灰,B方就此提出费用索赔,包括:①已粉好的纸筋灰工程的费用;②返工清理费;③两种粉刷价差索赔。但A方代表仅认可两种粉刷的价差索赔,而对返工造成的损失不予认可,因为他已下达停工指令,继续施工的损失应由B方承担。而且A方代表感到B方代表对他不尊重,所以导致后期在很多方面双方关系非常紧张。

(2)施工现场几乎没有书面记录。本工程变更很多,由于缺少记录,造成许多工程款无法如数索赔。例如在施工现场有三个很大的水塘,设计前勘察人员未走到水塘处,地形图上有明显的等高线,但未注明是水塘。承包商现场考察时也未注意到水塘。施工后发现水塘,按工程要求必须清除淤泥,并要回填,B方提出 $6600m^3$ 的淤泥外运量,费用133000元的索赔要求,认为招标文件中未标明水塘,则应作为新增工程分项处理。A方工程师认为,对此合同双方都有责任:A方未在图上标明,提供了不详细的信息;而B方未认真考察现场。最终A方还是同意这项补偿。但B方在施工现场没有任何记录、照片,没有任何经A方代表认可的证明材料,如土方外运多少、运到何处、回填多少、从何处取土。最终A方仅承认60000元的赔偿。

(3)B方的工程报价及结算人员与施工现场脱节,现场没有估价师。每月B方派工作量统计员到现场与业主结算,他只按图纸和原工程量清单结算,而忽视现场的记录和工程变更,与现场B方代表较少沟通。

(4)合同规定,A方的任何变更指令必须再次由A方代表书面确认,并经双方商谈价格后再执行,承包商才能获得付款。而在现场,承包商为业主完成了许多额外工作和工程变更,但没有注意到业主的书面确认,也没有和业主商谈补偿费用,也没有现场的任何书面记录,导致许多附加工程款项无法获得补偿。A方代表对他的同事说:"中国人怎么只知干活不要钱。""结算师每月进入现场一次,像郊游似的,工程怎么能盈利呢?"

(5)业主出于安全的考虑,要求承包商在工程四周增加围墙。当然这是合同内的附加工程。业主提出了基本要求:围墙高2m,上部为压顶,花墙,下部为实心一砖墙,再下面为条型大放脚基础,再下为道砟垫层。业主要求承包商以延长米报价,所报单价包括所有材料、土方工程。承包商的估算师未到现场详细调查,仅按照正常的地平以上2m高,下为大放脚和道砟,正常土质的挖基槽计算费用,而忽视了当地为丘陵地带,而且有许多藕塘和稻田,淤泥很多,施工难度极大。结果实际土方量、道砟的用量和砌砖工程量大大超过预算。由于按延长米报价,业主不予补偿。

(6)由于本工程仓促上马,所以变更很多。业主代表为了控制投资,在开工后再次强调,承包商收到变更指令或变更图纸,必须在7天内报业主批准(即为确认),并经双方商定变更价格,达成一致后再进行变更,否则业主对变更不予支付。这一条应该说对承包商是有利的。但施工中B方代表在收到书面指令后不去让业主确认,不去谈价格(因为预算员不在施工现场),而本工程的变更又特别多,所以大量的工程变更费用都未能拿到。

4.承包商工程质量差,工作不努力,拖拉,缺少责任心,使A方代表对B方失去信任和信心。例如开工后，像我国许多国内工程一样，施工现场出现了许多未经业主代表批准的分包商，以及多级分包现象。这些分包商分包关系复杂，A方代表甚至B方代表都难以控制。他们工作没有热情，施工质量差，工地上协调困难，造成混乱。这在任何国际工程中都是不被允许的。在相当一部分墙体工程中，由于施工质量太差，高低不平，无法通过验收，A方代表指令加厚粉刷，为了保证质量，要求B方在墙面上加钢丝网，而不给承包商以费用补偿。这不仅大大增加了B方的开支，而且A方对工程也不满意。投标前A方提供了一本适用于本工程的英国规范，但B方工程人员从未读过，施工后这本规范找不到了，而B方人员根深蒂固的概念是按图施工，结果造成许多返工。例如在施工图上将消防管道与电线管道放于同一管道沟中，中间没有任何隔离，B方按图施工，完成后，A方代表拒绝验收，因为：①这样做极不安全，违反了A方所提供的工程规范。②即使施工图上是两管放在一齐，是错的，但合同规定，承包商若发现施工图中的任何错误和异常，应及时通知A方。作为一个有经验的承包商应能够发现这个常识性的错误。所以A方代表指令B方返工，将两管隔离，而不给承包商任何补偿。

六、A方的教训

在本工程中A方也受到很大损失，表现在：

1.工期拖延。原合同工期为27周，从1995年7月17日到1996年1月20日，但实际工程到1996年9月尚未完成，严重影响了投资计划的实现。双方就工程款的结算工作一直拖到1997年4月。

2.质量很差。如主厂房地坑防水砂浆粉刷后漏水；许多地方混凝土工程跑模；混凝土板浇捣不密实出现孔洞，柱子倾斜；由于内墙砌筑不平，造成粉刷太厚，表面开裂；等等。

3.由于承包商未能按质按量完成工程，业主不得不终止与B方的合同，而将剩余的工程再发包，请另外的承包商来完成。这给业主带来很大的麻烦，使工程施工现场造成很大的混乱。

4.当然A方的合同管理也有许多教训值得汲取：

(1)本工程初期，A方的总经理制定项目总目标，作合同总策划。但他是搞经营出身的，没有工程背景，仅按市场状况作计划，急切地想上马这个项目，想压缩工期，所以将计划期、做标期、设计期、施工准备期缩短，这是违反客观规律的，结果欲速则不达，不仅未提前，反而大大延长了工期。

(2)由于项目仓促上马，设计和计划不完备，工程中业主的指令所造成的变更太多，地质条件又十分复杂，不应该用固定总价合同。这个合同的选型出错，打倒了承包商，当然也损害了工程的整体目标。

(3)如果要尽快上马这个项目，应采用承包商所熟悉的合同条件。而本工程采用承包商不熟悉的英文合同文本、英国规范，对承包商风险太大，工程不可能顺利。

(4)采用固定总价合同，则业主不仅应给承包商提供完备图纸，合同的条件，而且应给承包商合理的做标期、施工准备期等，还应帮助承包商理解合同条件，双方及时沟通。但在本工程中业主及业主代表未能做好这些工作。

(5)业主及业主代表对承包商的施工力量、管理水平、工程习惯等了解太少，授标后也没有给承包商以帮助。

项目实训

1. 某引水工程原施工进度网络计划（双代号）如图 7.2 所示，该工程总工期为一年，在工程按计划进行 14 周后（已完成 A、B 两项工程施工），业主方向承包方提出增加一项新的土方工程项目 N，要求该项工作在 F 工作结束以后开始，并在 G 工作开始前完成，以保证 G 工作在 E 和 N 工作完成后开始施工，根据承包商提出并经监理工程师研究认可，该项 N 工作的施工时间约需 9 周。

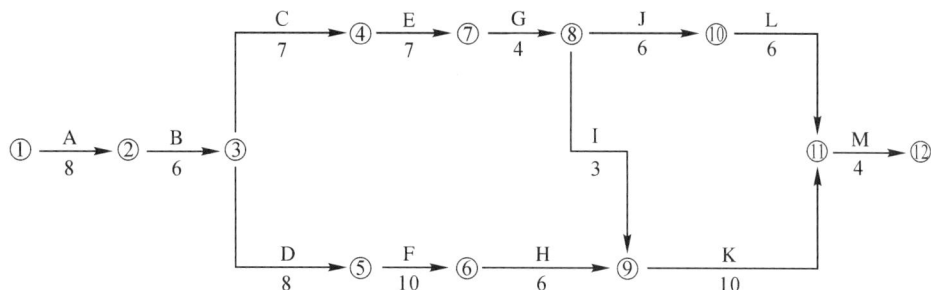

图 7.2　施工进度网络计划

问题：

(1)在原计划中，增加一项新工作 N（即在双代号网络图中增加一项新工作 6—7，施工持续时间为 9 周）后，监理工程师是否应给予承包方以工期延长？延长多久？

(2)按照原施工计划，C、F、J 三项土方工程均使用一台挖土机先后施工，所增加新的土方工程项目 N 仍拟用该台挖土机施工。现承包方提出，由于增加 N 工程后，使租用的挖土机增加了闲置时间，要求补偿机械闲置费用（按每台闲置 1 天为 800 元计），试问监理工程师是否应同意补偿？补偿费用多少？

2. 某工程项目的施工招标文件中表明该工程采用综合单价计价方式，工期为 15 个月。承包单位投标所报工期为 13 个月。合同总价确定为 8000 万元。合同约定：实际完成工程量超过估计工程量 25% 以上时允许调整单价；拖延工期每天赔偿金为合同总价的 1‰，最高拖延工期赔偿限额为合同总价的 10%；若能提前竣工，每提前 1 天的奖金按合同总价的 1‰计算。

承包单位开工前编制并经总监理工程师认可的施工进度计划如图 7.3 所示。

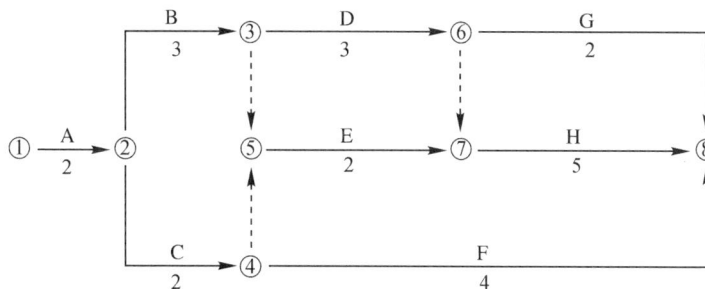

图 7.3　施工进度计划

　　施工过程中发生了以下 4 个事件,致使承包单位完成该项目的实际工期发生延误。

　　事件一:A、C 两项工作为土方工程,工程量均为 16 万 m^3,土方工程的合同单价为 16 元/m^3。实际工程量与估计工程量相等。施工按计划进行 4 个月后,总监理工程师以设计变更通知发布新增土方工程 N 的指示。该工作的性质和施工难度与 A、C 工程相同,工程量为 32 万 m^3。N 工作在 B 和 C 工作完成后开始施工,且为 H 和 G 的紧前工作。总监理工程师与承包单位依据合同约定协商后,确定的土方变更单价为 14 元/m^3。承包单位按计划用 4 个月完成。3 项土方工程均租用 1 台机械开挖,机械租赁费为 1 万元/(月·台)。

　　事件二:F 工作因设计变更等待新图纸延误 1 个月。

　　事件三:G 工作由于连续降雨累计 1 个月导致实际施工花费 3 个月完成,其中 0.5 个月的日降雨超过当地 30 年气象资料记载的最大强度。

　　事件四:H 工作由于分包单位施工的工程质量不合格造成返工,实际花费 5.5 个月完成。

　　由于以上事件,承包单位提出以下索赔要求:

　　(1)顺延工期 6.5 个月。理由是:完成 N 工作花费 4 个月;变更设计图纸延误 1 个月;连续降雨属于不利的条件和障碍影响 1 个月;监理工程师未能很好地控制分包单位的施工质量应补偿工期 0.5 个月。

　　(2)N 工作的费用补偿=16 元/m^3×32 万 m^3=512 万元。

　　(3)由于第 5 个月后才能开始 N 工作的施工,要求补偿 5 个月的机械闲置费 5 个月×1 万元/月·台×1 台=5 万元。

　　问题:

　　(1)请对以上施工过程中发生的 4 个事件进行合同责任分析。

　　(2)根据总监理工程师认可的施工进度计划,应给承包单位顺延的工期是多少?并说明理由。

　　3. 某建筑公司与某工厂签订了建筑面积 3000 m^2 的工业厂房的施工合同,施工单位编制的施工方案和进度计划已获监理工程师批准。该工程的基坑开挖土方量为 4500 m^3,直接费单价为 4.2 元/m^3,综合费率为直接费的 20%,基坑施工方案规定:土方工程采用租赁一台斗容量为 1 m^3 的反铲挖土机施工,租赁费为 450 元/台·班,合同约定 5 月 11 日开工,5 月 20 日完工,实际施工中发生以下几项事件:

　　事件一:因挖土机大修,晚开工 2 天造成人员窝工 10 个工日。

　　事件二:施工过程中,因遇软土层,接监理工程师 5 月 15 日暂停施工指令,进行地质复查,配合用工 15 个工日。

　　事件三:5 月 19 日接到监理工程师于 5 月 20 日复工的指令,同时提出基坑加深 2m 的设计变更通知单,由此增加土方开挖量 900 m^3。

　　事件四:5 月 20 日至 5 月 22 日,因下 30 年一遇的特大暴雨,基坑开挖暂停,造成人员窝工 10 个工日。

　　事件五:5 月 23 日用 30 个工日修复冲垮的永久道路,5 月 24 日恢复挖掘工作,最终基坑于 5 月 30 日挖掘完毕。

　　问题:

　　(1)上述哪些事件建筑公司可以向厂房要求索赔?哪些事件不可以要求索赔?并说明

理由。

(2)每项事件可获工期索赔多少天? 总计可获工期索赔多少天?

复习思考题

1.假若你是承包商的项目经理,你该怎样做好项目的工程索赔工作?

2.某工程采用标准的建设工程施工合同文本。在施工中,施工场地提供给承包商的时间比合同时间晚50天。试问:

(1)承包商可进行哪几项索赔? 其理由是什么?

(2)承包商能索赔哪些费用项目? 索赔资料主要以哪些为主?

项目实训

建设工程施工合同索赔

1.实训目的

了解索赔的基本理论和索赔报告的内容以及编制要求。会搜集资料,归纳整理并找出索赔事件及编制索赔报告,并且最终获得索赔。了解建筑施工索赔的含义;掌握编制索赔报告的方法;了解获得索赔的技巧;具备一定的文档撰写和编著的能力;掌握一定的说服和沟通技巧。

2.实训准备

(1)索赔的概念和相关法律法规条款;

(2)网络相关资料;

(3)教材模块七。

3.实训内容

(1)建设工程施工索赔的建立;

(2)建设工程施工索赔程序。

4.实训步骤

(1)任务布置及知识引导;

(2)分组学习讨论;

(3)学生独立编写索赔报告;

(4)课堂集中汇报;

(5)教师提问质疑;

(6)点评总结。

5.评价标准

(1)组织管理能力;

(2)归纳总结能力;

(3)观察事物的能力。

备注:索赔背景资料由任课教师自己准备。

模块八

建设工程施工合同
终止和收尾

能力目标

能够搜集、分析、整理非正常原因合同终止工程材料

知识目标

1. 了解工程施工合同终止和合同收尾的条件
2. 明确建设工程合同终止和收尾程序

背景资料

2017年10月,东方建筑公司与红星机械厂签订了厂房施工合同。合同约定工程进度款按月结算,当月28日前结算并支付上月工程进度款。2017年10月15日东方建筑公司进场施工。2018年1月起,红星机械厂由于资金问题,直到5月28日为止,没有按约定支付东方建筑公司月进度款。期间,东方建筑公司进行过两次工程款支付催告,并与红星机械厂进行过谈判,确认红星机械厂已经无法按照合同要求继续支付工程款。

工作任务

通过互联网查询和到校外实训基地考察,与合同管理人员座谈等方式,搜集非正常原因合同终止的素材,进行分类整理,提交调研报告。

任务说明

合同终止是指合同当事人双方终止合同关系,合同确立的权利、义务消灭。合同终止的原因和情况各种各样,后果也不相同。通过对不同原因导致合同终止素材的搜集、分析、整理,有助于加深对《合同法》和《施工合同示范文本》相关条款的理解,锻炼合同管理的能力。

问题提出

工程背景资料里的东方建筑公司应该怎么办?

提示与分析

在建设工程施工合同里一般都有关于违约、合同解除或终止的条款,红星机械厂无法继续支付工程款,属于发包人违约,承包人可以依法解除或终止合同。

当然在合同解除或终止前后还有一些工作要做。

知识链接

一、建设工程施工合同的终止

(一)合同终止的类型

合同终止是指合同当事人双方终止合同关系,合同确立的权利、义务消灭。合同终止的原因和情况各种各样,后果也不相同。《合同法》规定,在下列情形下合同终止。

1.合同已按照约定履行

合同生效后,当事人双方按照约定履行自己的义务,实现了自己的全部权利,订立合同的目的已经实现,合同确立的权利义务关系消灭,合同因此而终止。

2.合同解除

合同生效后,当事人一方不得擅自解除合同。但在履行过程中,有时会产生某些特定情况,应当允许其解除合同。合同解除意味着合同关系终止。合同解除的情况已在模块六中阐述。

需要注意,只有不履行主要债务,不能实现合同目的的情况,也就是根本违约情况出现,才能依法解除合同。如果只是合同的部分目的不能实现,或者部分违约,如迟延或者部分质量不合格,一方是不能行使解除权解除合同的,而应当按违约责任来处理,可以要求违约方实际履行,采取补救措施,赔偿损失。

(二)合同终止的条件

按照《合同法》规定,采用《施工合同示范文本》的施工合同在具备下述条件之一时,施工合同终止:

(1)除质量保修外,发包人、承包人履行合同全部义务,竣工结算价款支付完毕,承包人向发包人交付竣工工程后,施工合同即告终止。

(2)发包人承包人协商一致,解除合同。

(3)发包人不按合同约定支付工程款(进度款),双方又未达成延期付款协议,导致施工无法进行,承包人停止施工超过56天,发包人仍不支付工程款(进度款),承包人解除合同。

(4)承包人将其承包的全部工程转包给他人或者肢解以后以分包的名义分别转包给他人,发包人解除合同。

(5)因不可抗力致使合同无法履行,发包人或承包人解除合同。

(6)因一方违约(包括因发包人原因造成工程停建或缓建)致使合同无法履行,从而解除合同。

(二)合同终止的程序

对于因履行完合同规定的义务而导致的合同终止,一般按照合同规定,合同自然终止,合同终止后,发包人、承包人应当遵循诚实信用原则,履行通知、协助、保密等义务。对于因解除合同而导致的合同终止,则需要按照如下一定的程序来终止合同。

（1）合同履行过程中出现了可以解除合同的条件。

（2）发包人（承包人）向承包人（发包人）发出要求解除合同的书面通知（发出通知前7天，应告知对方）。

（3）双方同意解除合同，必要时可签订解除（终止）合同协议书。

（4）如双方协商未果，按合同约定的争议解决办法处理。

（5）合同解除后，合同终止。

（三）合同终止后相关情况的处理

1.工程结算

《合同法》第九十八条规定："合同的权利义务终止，不影响合同中结算和清理条款的效力。"示范文本通用条款中，对此也有同样的规定，因此，施工单位在解除合同后，仍然享有按约向发包人结算工程款的权力。

《最高人民法院关于审理建设工程施工合同纠纷案件适用法律问题的解释》（下简称《解释》）规定："建设工程施工合同解除后，已经完成的建设工程质量合格的，发包人应当按照约定支付相应的工程价款；已经完成的建设工程质量不合格的，参照本解释第三条规定处理。"而《解释》第三条规定的处理原则是：经修复后的建设工程经竣工验收合格的，发包人应支付工程价款，但承包人应承担相应修复费用；如修复后的建设工程经竣工验收不合格，承包人请求支付工程价款的，不予支持。从这些规定中可以看出，合同解除后施工单位工程款能否得到结算的关键在于已完成工程的质量状况，如工程质量验收合格或虽不合格但经修复验收合格的，其工程款的结算要求仍可得到支持，但如果经修复后仍无法验收合格，其工程款的结算要求将不被支持。

需要注意的是，施工合同解除后的结算仍应按照被解除的合同中关于工程款结算的约定进行，即除结算施工直接费外，对各种间接费、利润及税金也均应按合同约定的标准进行结算。

2.损失赔偿

依照规定，因一方违约而导致合同终止时，有过错的一方应当赔偿因合同终止给对方造成的损失。

一般而言，合同解除给施工方造成的损失应包括实际损失及可得利益的损失。其中实际损失包括因发包人违约导致停工、窝工的人工损失，工地管理费用增加的损失，机械设备租赁费用增加的损失以及因合同解除后撤场引起的费用损失等；而可得利益损失主要是指由于未能完成施工使施工单位蒙受的预期可得利润的损失，该损失的界定应按整个合同价款的预期利润减去已完工程的利润计算得出。

3.其他善后工作

根据示范文本中通用条款的规定，建设施工合同解除后，施工单位还应妥善做好已完工程和已购材料、设备的保护和移交工作，并按发包人要求将自有机构设备和人员撤出施工场地，上述工作发生的费用应由发包人支付。除此之外，根据《合同法》中有关诚实信用原则的规定，双方还应履行解除合同后的相关通知、协助及保密等义务。

二、建设工程施工合同收尾

按照项目全寿命周期管理理论，项目收尾是项目管理的最后一个阶段，合同收尾是项目收尾的内容之一。建设工程施工合同收尾就是了结施工合同并结清工程款项,同时包括解决所有尚未了结的事项。

(一)合同收尾的依据

(1)合同文件。包括合同本身及所有构成合同文件的附件、经过批准的合同变更、设计变更、进度报告、工程计量单据、结算单据和付款记录等。

(2)合同管理计划和合同收尾程序。如果项目有合同管理计划的话,合同收尾程序会在合同管理计划里体现。

(二)合同收尾的内容及程序

当合同终止的条件出现时,合同管理开始进入收尾阶段。这一阶段主要包括以下程序内容。

(1)分析可能导致合同终止的原因。合同终止的原因一般包括:①合同因履行而终止;②因不可抗力的原因而终止;③因双方当事人协调同意而终止;④仲裁机构或者法院判决终止合同。

(2)合同终止决策。

(3)核对合同条款。做出合同终止决策后,合同管理人员要逐项核对合同条款,看合同内容是否已全部完成,合同终止后还有哪些权利可以行使或者义务需要履行,比如工程款结清、未移交工程内容、退场清理、质量保修等。

(4)项目移交。合同终止及合同终止后的后续事宜全部结束后,办理项目移交手续。

(5)合同文件归档。合同管理人员对合同的执行结果进行验收与确认,将合同的正、副文本以及补充协议、备忘录、更改记录等文件进行整理、编号、存档,一方面为后期的质量服务、保修等活动保留依据,另一方面也为将来的项目管理工作提供参考。

(6)合同执行情况评估。对合同管理中出现的问题及取得的成果进行分析,总结经验教训,以供将来制订合同管理计划和进行合同管理时借鉴。

项目实训

1.实训准备(由授课教师提供)

(1)本地区正在建设或已建成的实际项目的合同文件。

(2)搜集整理该项目在实施过程中出现的各种情况。

2.实训内容

(1)组织学生分析讨论哪些情况可能会导致合同终止。

(2)学生模拟进行合同终止前后发包人和承包人应该做的工作。

3.实训步骤

(1)学生分组、分工,熟悉研读合同条款,分析项目实施中所出现的各种情况。

(2)确定可以解除或终止合同的情况。

(3)结合具体情况,模拟操作合同终止前后的各项工作。

(4)指导教师做总结、点评。

4.实训时间

课余完成。

5.评价标准

(1)判断合同终止所适用合同条款的准确性。

(2)合同终止程序的规范性。

(3)团队的合作、协调情况。

知识延伸

案例

甲建筑公司(下称甲公司)参加了某知名上市公司(下称乙公司)总部办公大楼项目的投标,经乙公司组织的评标组进行公开、公平、公正的评标后,被确定为中标人。2000年11月20日、12月21日,甲公司按合同约定分两次向乙公司支付了履约保证金人民币50万元。2000年12月10日,双方签订《建设工程施工合同》及《补充协议》约定:甲公司承建乙公司的总部大楼工程,工期为310天,于2000年12月25日开工。2000年12月9日,甲公司进入施工现场作施工准备,开始建设临时设施及降水处理等基础工作,并与相关材料供应商签订了材料供应合同。2000年12月13日,乙公司的工程监理单位向甲公司发函,要求开工日期提前到2000年12月22日。此后,甲公司多次致函乙公司要求确定开工日期。2001年3月22日,乙公司以招标程序不合法为由通知甲公司要求终止合同。由于甲公司签约后已履行了大量合同义务,故甲公司要求乙公司应承担其解除合同给自己造成的损失。因乙公司不同意赔偿,反而在2001年5月将甲公司在工地的人员赶走,并把甲公司在现场的设备扔出现场。甲建筑公司无奈向某中级人民法院提起诉讼,请求法院依法判决解除双方签订的合同,由乙公司支付临时设施费562696.61元、人工费209835元、赔偿材料供应商违约金1564387.99元、标书制作费16850元、履约保证金利息11261.25元及信誉损失100万元等总计300多万元的损失。

乙公司答辩称:他们在《建设工程合同》中约定,该合同经双方法定代表人签字、盖章后生效,被告法定代表人并未在合同上签字,也未授权其他人以任何方式对该合同的效力予以追认,故双方所签订的上述合同并未产生法律效力。其次,原告未按合同约定提供300万元的银行保函,违背投标承诺和双方合意,将工程擅自分包,不提交月、周工程进度计划表,未提交保证工程质量和安全的具体措施,致使被告无法办理施工许可证。由于原告上述行为未遵循诚实信用的原则,故被告无法追认合同效力。综上所述,原、被告之间的合同系未生效合同,且原告违背诚实信用原则,故其要求被告承担巨额赔偿的请求不应受法律支持。

课堂讨论

甲建筑公司能够获得相应赔偿吗?

案例评析

该案例中,甲建筑公司根据乙公司的招标公告参与其"总部办公大楼"工程的招标活动,并经乙公司评标组确定为中标人,该招标行为并无不当,乙公司以该工程未参加建设主管部门的招投标为由,主张双方签订的《建设工程施工合同》无效,但并未就此提供充分的依据予以证明;乙公司主张双方签订的《建设工程施工合同》未按约定由乙公司的法定代表人签字,故合同并未生效,因双方于当日签订的《补充条款》明确约定该条款自正式签署之日生效,且此后监理单位向甲建筑公司致函要求其做好正式开工准备,乙公司亦收取了甲建筑公司按《建设工程施工合同》应支付的保证金,甲建筑公司也进场进行了施工,故应当认定双方已按

《建设工程施工合同》和《补充条款》进行了实际的履行,《建设工程施工合同》和《补充条款》已实际发生了法律效力;因双方签订的《建设工程施工合同》和《补充条款》系双方自愿签订,内容合法,故该合同对双方均有法律约束力,应当受到法律的保护。由于乙公司单方终止上述合同,并已将该工程发包给其他施工单位,故双方所签订的上述合同已无实际履行的可能。甲建筑公司在合同签订后进行了相应的准备工作和履行了部分义务,乙公司单方终止《建设工程施工合同》及《补充条款》的履行,应当承担由此给甲建筑公司造成的损失;乙公司主张甲建筑公司未按合同约定提交银行保函系违约行为,因合同并未约定提交保函的具体时间,且乙公司推迟开工后甲建筑公司暂未出具保函的行为并无不当,故应对乙公司关于甲建筑公司违约的主张不予支持。

本案起诉时乙公司已将该工程发包给其他单位,施工现场变动较大,双方对甲建筑公司修建的临时设施所包括的内容无法达成一致,故某建设工程造价管理总站根据双方合同的总价款及相关约定和《建设工程计价定额》、《建设费用定额》对临时设施费采取了推算的方式进行计算符合本案的实际情况,故某建设工程造价管理总站所作的鉴定结论应作为本案的赔偿依据。甲建筑公司关于乙公司修建的部分围墙按 10 万元在临时设施费中扣除及现场管理费按 150 天进行计算的主张合理,应对其该主张予以支付。甲建筑公司要求乙公司支付预期利润的请求符合《合同法》的相关规定,应对其该请求予以支持。甲建筑公司按《补充条款》的约定与材料供应商签订购销合同,并就部分专业性较强的施工安装与其他施工单位签订分包协议系正当的履约行为,且甲建筑公司就分包单位向乙公司单方终止合同后,甲建筑公司要求其赔偿因支付材料供应商及其他分包单位的违约金等费用的请示符合法律规定,对甲建筑公司要求乙公司赔偿已支付或确定必须支付部分的主张应予以支持,对其余部分因甲建筑公司未能提供其应当赔偿及已赔偿的相关证据,应不予支持。甲建筑公司要求乙公司赔偿保证金利息及投标的相关费用,因该项损失系乙公司单方终止合同造成的,故对该请求应予支持。甲建筑公司要求乙公司赔偿其信誉损失 5 万元,因未提供相应的证据证明其主张,故对其该主张不予支持。乙公司认为双方合同并未生效、鉴定结论不能作为定案依据及甲建筑公司的损失不应由自己承担的理由不能成立,法院应对其主张不予支持。

本案例实际结果是:法院依照《中华人民共和国民事诉讼法》第一百二十八条、《中华人民共和国合同法》第八条、第四十二条、第九十四条第(二)项、第一百零七条、第一百一十三条第一款的规定,判决如下:

一、解除甲建筑公司与乙公司签订的《建设工程施工合同》及《补充条款》。

二、乙公司于判决生效后 30 日内支付甲建筑公司临时设施费 404982 元、现场管理费 284026 元、预期利润 863217 元;赔偿甲建筑公司的损失 903299 元;支付 2000 年 12 月 20 日至 2001 年 3 月 28 日保证金 50 万元的资金利息(按同期银行基本建设贷款利率计算)。

三、案件受理费 38100 元、鉴定费 30000 元,共计 68100 元,由乙公司负担。

——本案例主要内容来源于某市中级人民法院实际判例

复习思考题

1.合同终止的原因及条件有哪些?

2.合同终止和合同解除的区别?

3.简述合同收尾及其程序。

附件1 ××市××中路地段会所工程招标、投标文件摘要

招标项目概述

一、××市××中路地段会所工程经××市发展和改革委员会批准（批准文号：×计投资〔2003〕130号）现已列入基本建设计划。由××市城市建设发展总公司作为该工程建设项目的业主通过公开招标择优选定施工单位。

二、工程描述：总建筑面积约 5961m²，其中地上建筑面积 4949m²，地下建筑面积 1011m²。

三、资格预审合格单位，可以从下列地址获得更详细的资料（或查阅有关文件）：××市城市建设发展总公司（××市××路135号）。

四、投标文件递交的截止日期为 __2021__ 年 __1__ 月 __25__ 日 __9__ 时整。投标文件采用密封形式派专人直接送至开标地点。

五、注意事项：

1. 参加投标的单位在购买招标文件时，应出示单位介绍信和本人身份证。《招标文件》售价1000元，售后不退。

2. 招标文件发售时间为 __2020__ 年 __12__ 月 __28__ 日至 __2021__ 年 __1__ 月 __4__ 日，每天上午8：00—11：00，下午2：00—5：00，超过期限不再发售。发售地点：××市××路135号。

联系电话：2705888　　传　真：2701888

××市城市建设发展总公司
2020年12月28日

投标单位资格预审表

投标单位:××建设工程有限公司　　　　　　　　　　　日期:2020 年 12 月 12 日

序号	内　　容	合格条件标准	申请人具备 条件或说明
1	营业执照	有效营业执照	
2	资质等级	二级	
3	注册资本金(万元)	2160	
4	财务状况	良好	
5	流动资金(万元)	9000.000000	
6	净资产总值(万元)	10000.000000	
7	质量保证体系	符合,质量管理体系覆盖范围: 房屋建筑工程施工	
8	履约历史	52 年	
9	分　　包	符合《建筑法》的有关规定	
10	项目经理资质	二级建造师	
11	安全环保施工机具	具备	
12	其他		

说明:本表内容根据招标公告要求可作修改。

第一章　投标须知

一、总　　则
二、招标文件
三、投标文件的编制

11　投标文件的组成

11.2.5　投标报价

注:

1.为保证商务标电子文档和商务标书面投标文件的内容一致,投标单位必须使用本工程的电子工程量清单附带的投标制作软件完成本次工程的投标文件,并自行使用该制作软件的刻录功能,先将投标文件刻录到本工程的招标光盘中,然后使用该光盘投标制作软件的打印功能进行打印,该制作软件打印的文档会自动生成水印码,投标人最后正式启用的投标文件必须是最后一次刻录的电子投标信息。

2.投标报价所要求的投标文件页面必须由电子光盘中的制作软件打印(无水印码或仿水印码均以无效标处理)。工程量清单综合单价计算表、综合单价工料机分析表、措施项目清单综合单价计算表、综合单价工料机分析表、安全防护文明施工措施项目费分析表投标人可不提供书面文档。人工费价差表投标人可根据工程特点自行决定。

3.除制作电子评标光盘外,各投标文件还需另行提供电子投标预算光盘一份,为神机妙算或品茗软件格式。若非上述2种预算软件制作商务标的,需将信息转换成EXCEL格式后刻入光盘,并在光盘上注明投标单位,密封后放入商务标正本中,否则该投标将被视为无效标。

11.3 技术标主要包括下列内容:

11.3.1 投标人概况

(1)投标单位简介;

(2)投标人企业营业执照;

(3)投标人企业资质证书;

(4)财务状况基本资料格式;

(5)投标单位业绩;

(6)投标申请企业市场行为信用档案表。

11.3.3 项目管理机构配备情况

为保证工程质量,本工程项目组主要成员(技术负责人、项目经理、施工员、资料员、安全员)在施工过程中不得随意更换,请投标人在技术标中对此作出承诺(承诺书格式自定),否则视为废标。

(1)项目管理机构配备情况表;

(2)项目负责人简历表;

(3)项目负责人无在建工程证明;

(4)项目技术负责人简历表;

(5)项目管理机构配备情况辅助说明资料;

(6)施工现场专职安全生产管理人员证件及安全生产任职资格C类证书复印件。

11.3.4 招标人要求提供的或投标人认为需要提供的其他技术资料

请在投标文件正本中提供各证件及证件材料的彩色扫描件,并提供参加本工程所有本单位员工的社保基金(养老保险等)证明材料的原件彩色扫描件(证明材料以开标前1或2个月由社保中心出具能体现单位名称的缴纳汇总单为准),否则视为无效标。如人员出现不一致或证明材料缺少,均视为无效标。

12 投标文件格式

12.1 投标文件包括本须知第11条中规定的内容,投标人提交的投标文件应当使用招标文件所提供的投标文件全部格式。

12.5 投标文件递交截止时间前,投标人所使用的商务标电子光盘因无法刻录或损坏,必须及时向招标人提出并更换,自行更换光盘或与招标人发售的电子招投标光盘不一致的,招标人一律不予接收。

13 投标报价

13.1 本工程的投标报价采用本须知投标须知前附表第10项所规定的方式。由招标人负责编制工程量清单,各投标人根据招标人提供的工程量清单内容进行综合单价报价。工程量清单中所列的工程数量是设计的预计数量,仅作为投标的共同基础,不能作为最终结算与支付的依据。结算与支付应以监理工程师签证、招标人认可的,按技术规范要求完成的实际工程数量为依据,按投标人投标报价中的综合单价和招标文件规定的计算方式进行结算与支付。

13.3　投标人的投标报价,应是完成本须知第 3 条和合同条款上所列招标工程范围及工期的全部。投标人投标报价的计算应符合《建设工程工程量清单计价规范计价规则》(2008 版)及《浙江省补充条款》(2008 版)的规定,按招标文件的有关要求和工程量清单、结合施工现场实际情况、拟订的施工方案或施工组织设计、投标人自身情况,依据企业定额和市场价格信息,或参照浙江省颁布的"计价依据"以及指引进行编制。

13.5　工程量清单作为投标人投标报价的共同依据,投标人对工程量清单中所列的项目编码、项目名称、计量单位、工程数量、暂定材料价格均不能更改,否则视为不响应招标文件,作无效标处理。

13.6　建筑工程安全防护、文明施工措施费用是由《建筑安装工程费用项目组成》(建标〔2013〕206 号)中措施费所含的文明施工费、环境保护费、临时设施费和安全施工费组成,其费率的取值应按建发〔2019〕91 号文及浙建站计〔2019〕28 号文规定执行。

13.7　施工组织措施费中的检验试验费费率的取值应按《建设工程检验试验费用费率》(建建发〔2018〕22 号)及浙建站计〔2019〕28 号文规定执行。

13.8　规费为不可竞争费用,按《浙江省建设工程施工取费定额(2018 版)》及建建发〔2009〕92 号、浙建站计〔2009〕28 号文规定执行。

13.9　意外伤害保险费、农民工工伤保险费、税金为不可竞争费用,按《浙江省建设工程施工取费定额》(2018 版)及×造价〔2018〕7 号文规定的程序另行计取。

13.10　投标人的投标材料报价暂按《××市建设工程造价信息》2019 年第 12 期考虑,竣工结算时按×建发〔2018〕255 号文件调整。

13.11　投标人的投标人工费,由各投标人根据各自的市场人工价格,考虑市场变化因素自行确定或参考建建发〔2019〕135 号文及《××市建设工程造价信息》2019 年 12 期市场人工信息价计取。竣工结算时按×建发〔2018〕255 号文件调整。

13.12　本工程设有投标控制价,作为本工程投标报价最高限价。投标控制价根据施工图纸、工程量清单、《浙江省建设工程计价规则和计价依据》(2008 版)以及有关政策性文件规定、结合本招标项目施工现场实际情况、常规施工方案和施工组织设计编制,材料价格按《××市建设工程造价信息》2019 年第 12 期,施工组织措施费、综合费用费率根据工程类别,按《浙江省建设工程施工取费定额》弹性费率区间的中间值计取,质量检验试验费按《建设工程检验试验费用费率》的中间值计取,规费、税金按规定计取。农民工工伤保险、危险作业意外伤害保险费用和人工费调差按相关文件执行。投标控制价于投标截止时间前 7 天向所有投标人公布,投标人经核算发现公布的投标控制价偏差在 5% 以上的,在投标截止时间前 3 天书面向招标人或招标代理机构提出,同时报市招标站备案。

13.15　招标人拒绝接受投标报价高于投标控制价的投标人成为中标候选人。

13.16　投标人在递交投标文件的同时,需提交符合商务标报价的电子标书文件,否则,其投标将被拒绝。

13.17　在节日、省市重大活动及业主认为必要的期间内,需对工程现场及周边环境卫生有一定的要求,投标人应服从并按要求完成任务,相应的费用由投标单位在投标时综合考虑在报价中,发生后不再单独计价。

13.19　本次招标,甲方不提供临时用地、用水、用电。(需各投标单位在勘察现场后充分考虑在报价中,并在措施费中充分考虑,发生后不再另行计价)

13.20　本次招标,各投标单位应充分考虑防台、安全防护、卫生环保、文明施工、沿线交通保障、二次进场等费用,该费用列入相应措施费。

13.21　根据业主招标文件要求各投标单位对本招标项目,依据投标文件的施工组织方案对措施费自主报价。措施项目清单中内容仅为业主的指引,投标单位应结合图纸、现场等进行报价,施工范围不增加则不作调整。

13.22　承包人的雇员及设备的保险等保险取费由投标单位自行考虑。

13.23　因本工程为综合性的房屋建筑工程,投标单位应仔细勘察现场,按照工程建设的需要及业主的要求,统一服从业主及监理的现场管理,并对进场的周边已施工好的植物、道路、人行道及其他设施加以保护。并做好与其他地段的施工配合,在报价中充分考虑道路围护措施及冲洗设备。施工组织时尽可能考虑交通道路的进出通行,并制订相应的施工技术方案,投标单位可在勘察现场后根据现场情况将这笔费用考虑在投标报价中,不再单独计价。

13.24　若因自身原因给周边其他施工单位造成损失的,其相关费用由中标单位承担。

13.25　投标单位应仔细审查图纸,并确保按工期完成施工图所包含的全部工程量,一旦中标,不得以任何理由影响工期和质量,否则招标人有权扣除履约保证金并上报建设主管部门列入不良行为记录。

13.26　考虑工期紧,工学内容多,要求各工作面平行施工,投标人在施工组织设计编写时,要对人员组织、机械投入、资金保障、原材料组织等投标人认为必要的各种保障措施进行针对性的说明。

13.27　在与周边其他工程及标段的交叉施工工程中发生的交叉误工费,投标人应综合考虑在投标报价中,不单独计价。

13.28　为防止投标人低价抢标,应以招标文件中设置专门条款明确载明的最高限价的85％作为风险控制价。凡低于该风险控制价中标的,中标人在提交履约保证金的同时必须额外提交中标净值与风险控制价之差额。

13.29　投标人在制作电子光盘时,工程说明中必须注明项目负责人资质等级和企业资质等级。

14　投标有效期

14.2　在特殊情况下,招标人在原定投标有效期内,可以根据需要以书面形式向投标人提出延长投标有效期的要求,对此要求投标人须以书面形式予以答复。投标人可以拒绝招标人这种要求,而不被没收投标保证金。同意延长投标有效期的投标人既不能要求也不允许修改其投标文件,但需要相应地延长投标保证金的有效期,在延长的投标有效期内本须知第15条关于投标保证金的退还与没收的规定仍然适用。

15　投标保证金

15.1　投标人应按本须知前附表第8项规定数额向招标人缴纳投标保证金,投标保证金是投标文件的一个组成部分。未按规定缴纳投标保证金的,不得参加投标。

15.2
开户银行:交通银行××市中支行

银行账户:××市招投标中心建设项目交易分中心保证金专户

银行账号:33506170×××××0023636

15.3　未中标的投标人的投标保证金,招标人在发出中标通知书后 7 天内退还,中标人的投标保证金在签订合同后 7 天内退还。

16　投标预备会

16.1　若投标人对招标文件及图纸中有不清楚或有疑义之处,可要求招标人及时答复;招标人将以投标预备会的形式向各投标人澄清问题;投标人应于 2021 年 1 月 7 日前将有关问题汇总并交到××市城市建设发展总公司。

16.5　投标单位应准时参加招标单位组织的场地查勘及标前会议。

四、投标文件的递交

20　投标文件提交的截止时间

20.1　投标文件的截止时间见正文表 1.12 投标人须知第 13 项规定。

20.2　招标人可按正文表 1.12 投标人须知第 9 项规定以修改补充通知的方式,酌情延长提交投标文件的截止时间。在此情况下,投标人的所有权利和义务以及投标人受制约的截止时间,均以延长后新的投标截止时间为准。

20.3　到投标截止时间止,招标人收到的投标文件少于 3 个的,招标人将依法重新组织招标。

21　迟交的投标文件

21.1　招标人在本须知第 20 条规定的投标截止时间以后收到的投标文件,将被拒绝并退回给投标人。

22　投标文件的补充、修改和撤回

22.2　投标人的修改或撤回通知,应按本须知规定编制、密封、标志和递交,并在包封上注明"修改"或"撤回"字样。

22.3　根据正文表 1.12 投标人须知第 15 项规定,在投标截止日期与招标文件中规定的投标有效期终止日之间这段时间内,投标人不能撤回投标文件,否则其投标保证金将被没收。

五、开标

23　开标

23.1　招标人将于正文表 1.12 投标人须知第 14 项规定的时间和地点公开开标,所有投标人均应准时参加开标。参加开标的投标人的法定代表人或授权代理人、项目建造师都应出具其身份证,项目建造师应出具其资质证书、授权代理人出具授权委托书,投标人的法定代表人或授权代理人、项目建造师有其中之一未参加开标会议或迟到或未带证件的将视为自动弃权,作无效标处理。

23.2　开标由招标人主持。开标时,由各投标人、招标人和委托的招标代理机构检查投标文件的密封情况,并由法定代表人或授权代理人在各自的投标文件上签字认可。经确认无误后,由招标人宣布评标、定标办法,当众启封开标,宣读投标书、投标总报价、施工工期、工程质量等其他招标人认为有必要的内容。

23.3　投标文件有下列情况之一者,投标书无效:

23.3.1　投标文件未按规定标志、未密封的。

23.3.2 投标文件未按招标文件提供的格式要求签署、盖章;或者企业法定代表人委托代理人没有合法、有效的委托书(原件)及委托代理人印章的。

23.3.4 逾期送达的。

23.3.7 投标人的投标报价书对招标人提供的工程量清单中所列的项目编码、项目名称、计量单位、工程数量进行更改的。

23.3.8 投标文件载明的招标项目完成期限超过招标文件规定的期限。

23.3.9 明显不符合技术规程、技术标准的要求。

23.3.10 投标文件载明的检验标准和方法等不符合招标文件的要求。

23.3.11 投标文件附有招标人不能接受的条件。

23.3.12 投标人名称或组织结构与资格预审时不一致的。

23.3.13 投标文件无法区分正、副本的。

23.3.14 投标人拟投入的本工程施工的项目建造师,在本工程开标之前,项目建造师有已中标或已承担其他工程施工。

23.3.16 投标文件活页装订的;未加盖连续页码,中间有插页、缺页的。

24 中标无效

24.1 中标候选人拟投入本工程的项目负责人已中标或已承担其他工程施工的。

24.2 中标候选人存在不良行为记录正在被公示或在投标报名前一年被建设行政主管部门行政处罚,但在《投标单位市场行为信用档案情况表》中不如实反映的。

25 有效投标

25.1 投标单位没有出现23.3中条款的行为。

25.2 本工程设投标控制价,以符合25.1的各投标单位的投标报价高于投标控制价的,则该报价作为无效投标,其余为有效投标报价。

25.3 在25.2有效投标报价的基础上,凡有效投标报价低于平均报价(平均报价的计算方法一般为所有有效投标报价去掉最高和最低报价后的算术平均价),当有效投标报价在三家及以下时,平均报价的计算方法为全部有效投标报价的算术平均值,低于8%及以上,且在投标文件中没有充分、必要合理说明,或者没有提供相关证明材料的,由评标委员会认定该投标人低于成本价竞标,其投标应作废标处理。当投标报价低于平均报价5%~8%时,评标委员会应要求投标人作出能确保工程安全、质量、进度的书面说明,并提供有关证明材料,由评标委员会界定其投标报价是否低于成本。去除废标后,剩余为最终有效投标。

六、评标

26 评标委员会与评标

26.1 评标委员会由招标人依据有关规定组建,负责评标活动。

26.2 开标结束后,开始评标,评标工作在有关行政监督管理部门的监督下,采用保密方式进行。

27 评标过程的保密

27.1 开标后,直至授予中标人合同为止,凡属于对投标文件的审查、澄清、评价和比较的有关资料以及中标候选人的推荐情况,与评标有关的其他任何情况均严格保密。

27.2 在投标文件的评审和比较、中标候选人推荐以及授予合同的过程中,投标人向招标人和评标委员会施加影响的任何行为,都将会导致其投标被拒绝。

27.3　中标人确定后,招标人不对未中标人就评标过程以及未能中标原因做出任何解释。未中标人不得向评标委员会组成人员或其他有关人员索问评标过程的情况和材料。

28　投标文件的澄清

29　投标文件的初步评审28.1为有助于投标文件的审查、评价和比较,评标委员会可以书面形式要求投标人对投标文件含义不明确的内容作必要的澄清或说明,投标人应采用书面形式进行澄清或说明,但不得超出投标文件的范围或改变投标文件的实质性内容。根据本须知第30条规定,凡属于评标委员会在评标中发现的计算错误进行核实的修改不在此列。

29.1　开标后,经招标人审查符合本须知第25条有关规定的投标文件,才能提交评标委员会进行评审。

29.2　评标时,评标委员将会首先评定每份投标文件是否在实质上响应了招标文件的要求。所谓实质上响应,是指投标文件应与招标文件的所有实质性条款、条件和要求相符,无显著差异或保留,或者对合同中约定的招标人的权利和投标人的义务方面造成重大的限制,纠正这些显著差异或保留将会对其他实质上响应招标文件要求的投标文件的投标人的竞争地位产生不公正的影响。

29.3　如果投标文件实质上不响应招标文件的各项要求,评标委员将会予以拒绝,并且不允许投标人通过修改或撤销其不符合要求的差异或保留,使之成为具有响应性的投标。

30　投标文件计算错误的修正

30.1　评标委员将会对确定为实质上响应招标文件要求的投标文件进行校核,看其是否有计算或表达上的错误,修正错误的原则如下:

30.1.3　修正后的投标报价高于原投标报价的,以原投标报价为准,并按合价之和的差值按同比例原则调整有误子目的单价;低于原投标报价的,以修正后的投标报价为准。

30.2　按上述修正错误的原则及方法调整或修正投标文件的投标报价,投标人同意后,调整后的投标报价对投标人起约束作用。如果投标人不接受修正后的报价,则其投标将被拒绝并且其投标保证金也将被没收,并不影响评标工作。

31　投标文件的评审、比较和否决

31.1　评标委员会将按照本须知第29条规定,仅对在实质上响应招标文件要求的投标文件进行评估和比较。

31.2　在评审过程中,评标委员会可以书面形式要求投标人就投标文件中含义不明确的内容进行书面说明并提供相关材料。

31.3　评标委员会依据正文表1.12投标人须知第16项规定的评标标准和方法,对投标文件进行评审和比较,向招标人提出书面评标报告,并推荐合格的中标候选人。招标人根据评标委员会提出的书面评标报告和推荐的中标候选人确定排名第一的中标候选人为中标人,也可以授权评标委员会直接确定中标人。

31.4　评标委员会经评审,认为所有投标都不符合招标文件要求的,可以否决所有投标。所有投标被否决后,招标人应当依法重新招标。

31.5　因有效投标不足3个使得投标明显缺乏竞争的,招标人有权拒绝全部投标。所有投标被拒绝的,招标人应当依法重新组织招标。

七、合同的授予

32　合同授予标准

32.1　本招标工程的施工合同将授予按本须知第31.3款所确定的中标人。

33　招标人拒绝投标的权力

33.1　招标人不承诺将合同授予报价最低的投标人。招标人在发出中标通知书前,有权依据评标委员会的评标报告拒绝不合格的投标。

34　中标通知书

34.1　确定中标人后在投标有效期截止前,招标人将以书面形式发出中标通知书,通知中标的投标人其投标被接受。

34.2　中标通知书为合同的组成部分。

34.3　中标人应根据中标通知书中规定的时间、地点,由法定代表人或授权代理人与招标人代表签订合同。

35　履约保证金

35.1　中标人在收到中标通知书后15天内并在签订合同协议书之前,应按正文表1.12投标人须知第15项的规定,向业主提交履约保证金;不接受银行保函。

36　合同签订

36.1　招标人与中标人将根据《中华人民共和国合同法》的规定,依据招标文件和中标人的投标文件签订书面施工合同。招标人和中标人不得再行订立背离合同实质性内容的其他协议。

36.3　中标人如不按规定与招标人订立合同,则招标人将废除授标,投标保证金不予退还,给招标人造成的损失超过投标担保数额的,还应当对超过部分予以赔偿,同时依法承担相应法律责任。

36.4　中标人应当按照合同约定履行义务,完成中标项目施工,不得将中标项目施工转让(转包)给他人。

36.5　如果中标人未能遵守本须知第35条的规定,招标人则可取消其中标资格,并没收投标保证金。在此情况下,可将合同授予下一个预期的中标人,或者重新组织招标。

37　项目建造师

37.1　承担本工程施工的项目建造师到位率每月应达到90%以上,否则视为项目建造师不到位,处每天1000元的违约金并扣罚相应履约保证金。

八、其他

38.1　选定中标人后,将在××建设信息网和××市招投标中心网站向社会公示3个工作日。接受社会各界监督。

第二章　合　同

第一部分　合同协议书(合同价款中注明安全防护、文明施工项目措施费用)

第二部分　通用条款

第三部分　专用条款

第四部分　房屋建筑工程质量保修书

采用国家工商行政管理局和建设部颁发的《建设工程施工合同（示范文本）》（GF 1999—0201）。

第五部分　合同协议主要条款

一、合同文件组成及解释顺序

协议书、中标通知书、招标文件及答疑纪要、专用条款、通用条款、询标纪要、投标文件、标准规范及有关技术文件、图纸、工程量清单。

二、工程延误：双方约定工期顺延的其他情况

按招标须知正文表1.12投标人须知第3项规定。

三、安全文明施工要求

按合同通用条款。

四、工程价款及调整

本合同价款采用　　工程量清单综合单价合同　　方式确定。

（1）采用固定价格合同，合同价款中包括的风险范围：完成工程量清单内工程量所包括的风险。

风险费用的计算方法：

风险范围以外合同价款调整方法：增加工程量。投标书中有项目细目的，单价按投标书中报价执行；投标书中没有相同细目的，承包人按投标报价中的工程量清单综合清单分析表的组价依据和主要材料价格表的限定，无报价材料可参照施工期间的信息价（无信息价参照市场调查价）重新组织报价，报业主、监理审核认可；其他费用均按投标书中所报优惠比例执行。对于偏离市场价太高或太低的综合单价，如该工程量增减在15%以上的部分需由业主会同相关部门重新定价，当达不成一致意见时最终由审计核定。（如签订补充协议，则按业主暂定价计入）

（4）双方约定合同价款的其他调整因素：工程设计变更及联系单签证。

五、工程预付款

发包人向承包人预付工程款的时间和金额或占合同价款的比例：工程开工后支付合同价款的5%作为工程备料款。扣回工程款的时间、比例：当实际支付款达到工程合同价的30%时，预付款在两个月内平均扣除，不足顺延扣完为止。

安全防护、文明施工措施费在办理开工安全生产条件审查前：支付其总费用60%。

六、工程量确认

承包人向工程师提交已完成工程量报告的时间：每月25日期前。

七、工程款（进度款）支付

双方约定的工程款（进度款）支付的方式和时间：完成付合同价款的20%。

工程结构完成并验收合格后付合同价款的20%，内外粉刷完成并油漆进场支付合同价的10%，脚手架拆除、大型机械设备退场付合同价的15%，工程竣工验收合格后，支付合同价款的15%。其余款项待竣工结算审计核实批准后（除预留决算审核后造价的5%为保修款外）三个月支付。至工程主体结构完成前支付全额的安全防护、文明施工措施费用。

八、材料供应

无甲供材料，但本工程涉及主要材料的采购，由中标单位选择候选单位，提供相应的照片和样品。由业主、质检部门、设计、监理、中标单位的代表组建可考察小组，对候选单位的

产品质量进行联合考核,确定能够满足工程要求的备选范围。中标单位只能从备选范围内选择供货单位。对于达不到要求的,中标单位无条件接受重新选择供货单位,直到考核满意为止。为此所需的时间乙方应综合考虑,不得以样品得不到确认等为由贻误工期。如发生工期延误,后果由乙方承担。(希望各投标单位在标书中做出相应承诺)

重要材料采取暂定主材价(与工程量清单一并提供),要求中标后提供样品,进场时根据实际进场的大批量材料的质量,由业主会同有关部门最终确定主材价。不符合设计要求的应无条件更换至符合要求,综合单价随着主材价的调整相应调整(参照投标报价)。

十、工程变更

按通用条款执行(参考设计技术方案、施工图会审纪要、设计变更联系单、业主书面指令、工程洽商纪要、测量纪要及事先、事中、事后三阶段现场音像记录资料)。

十一、竣工验收与结算

按招标文件执行。(工程量清单说明)

承包人提供竣工图及其他竣工资料的约定:竣工验收合格后一个月内提供竣工验收资料三套、音像图片资料一套(所有资料应清晰完整,均需按照城建档案馆的入档要求进行装订,且在送达市城建档案馆验收合格后再送至我公司资料室存档,其中至少完整原件一套),否则不予审计。

在一次性提交完整竣工资料及工程结算书后,我公司承诺4个月内出初审稿。

中间交工工程的范围和竣工时间:按建设工程相关规范要求执行。

十二、违约、索赔和争议(注:这里所指的条款条目与《建设工程施工合同(示范文本)》(GF 1999—0201)中的相对应)

违约

本合同中关于发包人违约的具体责任如下:

本合同通用条款第24条约定发包人违约应承担的违约责任:按《专用条款》第14条及《通用条款》第24条执行;

本合同通用条款第26.4款约定发包人违约应承担的违约责任:按《通用条款》第26.4条执行;

本合同通用条款第14.2款约定承包人违约应承担的违约责任:若由于承包人原因违约,违约责任按询标纪要、招标文件及投标书附录执行。

争议

本合同在履行过程中发生的争议,由双方当事人协商解决,协商不成的按下列第2种方式解决。

(1)提交××仲裁委员会仲裁;

(2)依法向××人民法院提起诉讼。

十四、保险

本工程双方约定投标内容如下:

(3)承包人投保内容:工程一切险及第三方责任险、人身意外伤害险。

十五、其他

(1)工程结算审核收费,按《浙江省建设工程造价咨询服务收费管理办法》〔2001〕浙价服262号文件第五条规定,核减追加费率按核减额超过送审造价的5%的幅度以外的核减额为基数计算,核增部分按文件要求由施工单位支付,施工单位支付部分由我单位从应付工程价款中扣缴;如为国家直审项目,其审计追加费率按国家审计规定费率执行并由施工单位支付。

(2)履约保证金在竣工验收合格三个月后视履约完成情况退还。

(3)合同双方确认,本合同及合同约定的其他文件组成部分中的各项约定都是通过法定招标过程形成的合法成果,不存在与招标文件和中标人投标文件实质性内容不一致的条款。如果存在任何此类不一致的条款,也不是合同双方真实意思的表示,对合同双方不构成任何合同或法律约束力。合同双方也不存在且也不会签订任何背离本合同内容的其他协议或合同,也不是合同双方真实意思的表示,对合同双方不构成任何合同或法律约束力。

(4)人工及主要材料价格风险的解决方式参照××市建设行政主管部门发布的相关调价文件执行(详见×建发〔2008〕255号)。但投标时综合单价明显高于市场价的人工及材料主材价不做同比例调增。

(5)本合同未尽事宜,双方协商解决。

第三章　工程建设标准

1.2　本工程所用的规范与合同条件、图纸的规定和要求是一致的,应互相对照阅读和使用。如果规范与图纸中有明显未提到的任何细节或在涉及规范中任何条款的叙述中没有明显的规定,都应认为指的是采用监理工程师可以接受的建筑工程中的习惯做法。规范执行中,某些条文如有不明确的,其解释权应属于监理工程师,但须符合合同条件中的相应规定。各分项分部工程均应严格按图纸的规定和要求,或监理工程师的指令进行施工,对图纸的任何变更,均应报监理工程师批准。

1.3　本工程采用的主要技术规范如下:

(1)《建筑地基基础工程施工质量验收规范》(GB 50202—2018);

(2)《砌体工程施工质量验收规范》(GB 50203—2019);

(3)《钢结构工程施工质量验收规范》(GB 50205—2020);

(4)《地下防水工程施工质量验收规范》(GB 50208—2018);

(5)《混凝土结构工程施工质量验收规范》(GB 50204—2019);

(6)《屋面工程施工质量验收规范》(GB 50207—2018);

(7)《建筑装饰装修工程施工质量验收规范》(JB 50210—2018);

(8)《通风与空调工程施工质量验收规范》(GB 50243—2016);

(9)《建筑电气工程施工质量验收规范》(GB 50303—2015);

(10)《建筑地面工程施工质量验收规范》(GB 50209—2019);

(11)《建筑工程质量施工质量验收统一标准》(GB 50300—2013);

······

本工程同时执行国家及本省、市现行施工及验收规范和质量评定标准,以及有关条例、实施办法等。

当适用于本合同工程的几种标准与规范出现意义不明或不一致时,应由监理工程师做出解释和校正,并就此向承包人发出指令。除非本规范另有规定,在发生分歧时,根据合同条款规定应按以下顺序优先考虑:

（1）本工程建设标准。

（2）中华人民共和国国家标准和规范。

（3）中华人民共和国有关部委的标准和规范。

（4）其他国家官方、团体或协会颁布的标准和规范。

第四章　投标文件格式

商　务　标　部　分

法定代表人身份证明书

刘×× 是 ××建设工程有限公司 的法定代表人，身份证号码为 65010419××0206××

×× 。

特此证明

投标人：××建筑工程有限公司（盖章）

法定代表人：＿＿＿＿＿＿＿＿＿＿＿＿＿（签名、盖章）

日期：2021 年 1 月 25 日

投标全权代表授权委托书

本授权委托书声明，我刘×× 系 ××建筑工程有限公司 的法定代表人，现授权委托 ××建筑工程有限公司 的 李×× 为我单位代理人，以本单位的名义参加 ××市城市建设发展总公司 的 ××市××中路地段会所工程 的投标活动。代理人在开标、评标、合同谈判过程中所签署的一切文件和处理与之有关的一切事务，我均予以承认。

代理人无转委托权，特此委托。

代理人： （签字）　性别： 男 　年龄： 34

身份证号码： 650104197400000000 　职务： 副总经理

投标人： ××建筑工程有限公司 　（盖章）

法定代表人：＿＿＿＿＿＿＿＿＿＿＿＿＿（签字或盖章）

授权委托日期： 2021 年 1 月 25 日

投标函附录

序号	项目内容	约定内容	备　注
1	履约保证金 银行保函金额 履约担保书金额	合同价款的(10)%	
2	施工准备时间	签订合同后(2)天	或按招标文件
3	误期违约金额	扣除全部的工期履约保证金	
4	误期赔偿费限额	合同价款(10)%	或按招标文件
5	施工总工期	(240)日历天	
6	质量标准	合格	
7	工程质量违约金最高限额	合同价款(10)%	或按招标文件
8	预付款金额	合同价款(5)%	
9	进度款付款时间	见合同条款	
10	竣工结算款付款时间	见合同条款	
11	保修期	按国家规定	

××市××中路地段会所　工程
工 程 量 清 单

招 标 人:××市建设发展总公司　　　工程造价咨询人:××市××造价咨询有限公司
　　　　　　(单位盖章)　　　　　　　　　　　　　　(单位资质专用章)
法定代表人　　　　　　　　　　　　法定代表人
或其授权人:＿＿＿＿＿＿＿＿＿＿　　或其授权人:＿＿＿＿＿＿＿＿＿＿
　　　　　　(签字或盖章)　　　　　　　　　　(签字或盖章)
编制人:＿＿＿＿＿＿＿＿＿＿　　　　复核人:＿＿＿＿＿＿＿＿＿＿
　　　(造价人员签字盖专用章)　　　　　　(造价人员签字盖专用章)
编制时间:＿＿＿＿＿＿＿＿＿＿　　　复核时间:＿＿＿＿＿＿＿＿＿＿

　　投标报价说明(招标文件)

　　1.本报价依据本工程投标须知和合同文件的有关条款进行编制。

　　2.工程量清单报价表中所填入的综合单价和合价,是指完成工程量清单中的一个规定计量单位项目所需的人工费、材料费、机械使用费、企业管理费、利润和风险费用之和。规费、税金作为不可竞争费用,按《浙江省建设工程施工取费定额》规定的程序另行计取,组织措施费中的安全施工费、文明施工费应在《浙江省建设工程施工取费定额》规定的弹性费率区间内取值。

　　3.措施项目报价表中所填入的措施项目报价,包括采用的各种措施的费用。

　　4.其他项目报价表中所填入的其他项目报价,包括工程量清单报价表和措施项目报价表以外的,为完成本工程项目的施工所必须发生的其他费用。

　　5.本工程量清单报价表中的每一单项均应填写单价和合价,对没有填写单价和合价的项目费用,视为已包括在工程量清单的其他单价或合价之中。

6.本报价的币种为人民币。

7."措施项目费计算表(一)"用以计算施工技术措施费,参照"分部分项工程量清单综合单价计算表"进行编制。(见下附表)

"措施项目费计算表(二)"用以计算施工组织措施费,其中环境保护费、文明施工费、安全施工费、临时设施费费率的取值应在《浙江省建设工程施工取费定额》规定的弹性费率区间范围内,否则作无效标处理。(见下附表)

8.投标人应将投标报价需要说明的事项,用文字书写与投标报价表一并报送。

9.台风时期,施工单位还应考虑台风季节措施费用。费用由各投标方自行摊销,不另行单独计价。

10.有效投标报价中,综合单价的材料费、人工费、机械费等各项费用,大幅度超出市场价范围,且在投标文件中没有充分、必要、合理的说明,或者没有提供相关证明材料的,由评标委员会认定该投标人为不合理的不平衡报价,扰乱投标市场,其投标应作废标处理,并报建设局相关部门处理。

投标报价说明(投标文件):

1.工程名称:××市××中路地段会所工程。

2.建设地点:××市区。

3.本工程工程量清单、施工图纸按《××省建设工程工程量清单计价规则和计价依据(GB 50500—2003)》、《××省建筑安装预算定额》(2008版)编制。

4.规费、税金作为不可竞争费用,按《××省建设工程施工取费定额》规定的另行计取。

5.组织措施费中的环境保护费、安全施工费、文明施工费、临时设施费率在《浙江省建设工程施工取费定额》规定的弹性费率区间内取值。农民工工伤保险费和危险意外伤害保险费按××造价〔2008〕9号文件计取。

6.材料价格按××市2009年第12期市场信息价格计取。

7.要求质量标准:合格。

投标总价

建设单位:<u>××市城市建设发展总公司</u>

工程名称:<u>××市××中路地段会所工程</u>

投标总价(小写):<u>13279910</u>

（大写）:<u>壹仟叁佰贰拾柒万玖仟玖佰壹拾元整</u>

投 标 人:_____(盖章)

法定代表人
或委托代理人:_____(签字、盖章)

编制时间:<u>2021年1月24日</u>

工程项目总价表

工程名称：××市××中路地段会所工程　　　　　　　　　　　　　　　　　第1页　共1页

序　号	单项工程名称	金额(元)	其中	
			安全文明施工费(元)	规费(元)
1	××市××中路地段会所工程	13279916	125002	468139
	合　　计	13279910	125002	468139

投标人：_____(盖章)

法定代表人或委托代理人：_____(签字或盖章)

日　期：___2021___年__1__月__24__日

单位工程投标报价汇总表

工程名称：××市××中路地段会所工程　　　　　　　　　　　　　　　　　第1页　共1页

序号	汇总内容	土建工程清单报价汇总(元)	安装工程清单报价汇总(元)	室外配套(道路)工程清单报价汇总(元)	室外配套(排水)工程清单报价汇总(元)	报价小记(元)
1	分部分项工程	8830403	885510	392808	153906	10262627
2	措施项目	854149	8337	50029	5641	918156
2.1	措施项目(一)	134857	6484	4659	2521	148521
其中		113728	6054	3387	1833	125002
2.2	措施项目(二)	719292	1853	45370	3120	769635
3	其他项目					800000
4	规费					468139
4.1	规费1	400940	12625	14614	5265	433444
4.2	规费2					17990
4.3	规费3					16705
5	人工费价差	349283	18929	7017	5074	380303
6	税金					450691
投标报价合计＝1＋2＋3＋4＋5＋6						13279916

投标人：_____(盖章)

法定代表人或委托代理人：_____(签字或盖章)

日　期：___2021___年__1__月__24__日

措施项目清单与计价表(一)

工程名称:××市××中路地段会所工程——土建工程　　　　　　　第1页　共4页

序号	项目名称	计算基础	费率	金额(元)
1	安全防护、文明施工措施费	(人工费＋机械费)	6.19	113728
2	夜间施工增加费	(人工费＋机械费)		
3	缩短工期增加费	(人工费＋机械费)		
4	二次搬运费	(人工费＋机械费)		
5	已完工程及设备保护费	(人工费＋机械费)		
6	检验试验费	(人工费＋机械费)	1.15	21129
合　计				134857

措施项目清单与计价表(二)(内容略)

序号	项目编号	项目名称	项目特征	计量单位	工程量	综合单价(元)	合价(元)	其中(元)		备注
								人工费	机械费	

工程名称:××市××中路地段会所工程——安装工程　　　　　　　第2页　共4页

序号	项目名称	计算基础	费率	金额(元)
1	安全防护、文明施工措施费	(人工费)	8.45	6054
2	夜间施工增加费	(人工费)		
3	缩短工期增加费	(人工费)		
4	二次搬运费	(人工费)		
5	已完工程及设备保护费	(人工费)		
6	检验试验费	(人工费)	0.6	430
合　计				6484

工程名称:××市××中路地段会所工程——道路工程　　　　　　　第3页　共4页

序号	项目名称	计算基础	费率	金额(元)
1	安全防护、文明施工措施费	(人工费＋机械费)	6.52	3387
2	夜间施工增加费	(人工费＋机械费)		
3	缩短工期增加费	(人工费＋机械费)		
4	二次搬运费	(人工费＋机械费)		
5	已完工程及设备保护费	(人工费＋机械费)		
6	检验试验费	(人工费＋机械费)	2.45	1272
合　计				4659

工程名称:××市××中路地段会所工程——排水工程　　　　　　　　　第4页　共4页

序号	项目名称	计算基础	费率	金额(元)
1	安全防护、文明施工措施费	(人工费＋机械费)	6.525	1833
2	夜间施工增加费	(人工费＋机械费)		
3	缩短工期增加费	(人工费＋机械费)		
4	二次搬运费	(人工费＋机械费)		
5	已完工程及设备保护费	(人工费＋机械费)		
6	检验试验费	(人工费＋机械费)	2.45	688
合　计				2521

主要材料价格表

工程名称:××市××中路地段会所工程　　　　　　　　　　　　　　第1页　共12页

序号	材料编码	材料名称	计量单位	数量	单价(元)	规格、型号等特殊要求
12	T02005129	铝合金型材骨架、龙骨	t	29.70	29500	广东兴发
18	T02008101	脚手架钢管	kg	4223.985	4.225	
26	T02005129	白水泥	kg	4039.056	0.604175	

投标人:_____(盖章)

法定代表人或委托代理人:_____(签字或盖章)

日　期:___2021___年___1___月___24___日

技 术 标 部 分

一、投标人概况

(1)投标单位介绍(略)
(2)财务状况基本资料格式

序　号	项　目	金额(人民币:万元)
1	资产总额	48605
2	流动资产	42656
3	固定资产	3693
4	负债总额	43459
5	流动负债	43459
6	长期负债	无
7	短期负债	无
8	未完工程全部投资	无
9	年平均完成投资(最近2年)	32000
10		

注:必须附有2006、2007两年度企业的财务和审计报表(包括损益表、资产负债表、审计报告、县级以上银行机构的资信证明等)

(3)投标单位业绩

(近两年的主要工程)

工程名称	建设单位	建设规模	工程概况	工程质量	备注
八里店镇升山标准厂房	八里店村镇建设开发公司	53942 m²	框架	合格	完成
教学楼	××信息工程学校	5024m²	框架	合格	完成
大自然花园小区	××中心粮库	14000m²	框架	优良	市标化
××名邸华苑	××房地产开发公司	28000m²	框架	优良	完成

(4)投标单位市场行为信用档案情况表

投标企业名称	××建设工程有限公司	企业资质等级		房建二级市政二级
企业地址	××市城东小区45号	联系电话		××××－22666666
投标工程名称	××市××中路地段会所工程	项目负责人姓名及资质		褚××

投标企业市场行为信用情况	有无不良行为记录正在被公示情况(如有,须写明有几项于何时何地何项目正在被公示)	无
	申请报名前一年有无被建设行政主管部门的行政处罚情况(如有,须写明有几项于何时何地何项目正在被行政处罚)	无
项目负责人市场行为信用情况	有无不良行为记录正在被公示情况(如有,须写明有几项于何时何地何项目正在被公示)	无
	申请报名前一年有无被建设行政主管部门的行政处罚情况(如有,须写明有几项于何时何地何项目正在被行政处罚)	无

投标企业声明	以上内容是本企业市场行为信用的真实反映,如有不实,愿取消本项目中标资格。 法人签名: (单位公章) 日　期:2021年1月24日

二、施工组织设计

1. 投标人应编制施工组织设计,包括招标文件第一卷第一章投标须知11.3项规定的施工组织设计基本内容。编制具体要求是:编制时应采用文字并结合图表形式说明各分部分项工程的施工方法;拟投入的主要施工机械设备情况、劳动力计划等;结合招标工程特点提出切实可行的工程质量、安全生产、文明施工、工程进度、技术组织措施,同时应对关键工序、复杂环节重点提出相应技术措施,如冬雨季施工技术措施、减少扰民噪音、降低环境污染技术措施、地下管线及其他地上地下设施的保护加固措施等。

2. 施工组织设计除采用文字表述外应附下列图表,图表及格式要求附后。

2.1 拟投入的主要施工机械设备表

2.2 劳动力计划表

2.3 计划开、竣工日期和施工进度网络图

2.4 施工总平面图

(1)拟投入的主要施工机械设备表

工程名称:××市××中路地段会所工程

序号	机械或设备名称	型号规格	数量	国别产地	额定功率(kW)	生产能力	用于施工部位	备注(机械进场计划)
1	固定式塔吊	QTZ—60M	1	省建机	75	正常	基础、主体、装饰	按施工进度
2	混凝土泵	HBT60.13.90S	1	省建机	25	正常	桩基	按施工进度
3	静压管桩桩机	ZYZ—500	3	郑州		正常	桩基	按施工进度
4	搅拌桩机		4	浙江		正常	基础	按施工进度
5	发电机组	120kV	1	浙江		正常	基础	按施工进度
6	350升混凝土搅拌机	350升	1	浙江	7.5	正常	基础、主体、装饰	按施工进度
7	砂浆机	150升	1	浙江	4.0	正常	基础、主体、装饰	按施工进度
8	钢筋切断机	GTV040MM	1	上海	5.5	正常	基础、主体	按施工进度
9	电焊机	BX6—200—2	3	杭州		正常	基础、主体、装饰	按施工进度
10	对焊机	100kVA	1	杭州		正常	基础、主体	按施工进度
11	散装水泥罐	20T	1	杭州		正常	基础、主体、装饰	按施工进度
12	钢筋调直机		1	上海	9.5	正常	基础、主体	按施工进度

......

(2)劳动力投入计划表

工程名称:××市××中路地段会所工程   单位:人

工种	按工程施工阶段投入劳动力情况				
	地基与基础	主体结构	装饰结构	装饰装修	室外总布
挖土工	15 人				15
泥工	10 人	18 人	18 人	18 人	18 人
钢筋工	18 人	25 人			
木工(支模)	18 人	20 人		8 人	
电工	2 人	2 人	2 人	2 人	2 人
油漆工			20 人		
水电消防安装	15 人	20 人	15 人	10 人	
搅拌桩机操作工	15 人				
沥青摊铺工					18 人

......

注:1.投标人应按所列格式提交包括分包人在内的估计劳动力计划表。

2.本计划表是以每班8小时工作制为基础编制的。

(3)计划开、竣工日期和施工进度网络图

1.投标人应提交的施工进度网络图或施工进度表,说明按招标文件要求的工期进行施工的各个关键日期。中标的投标人还应按合同条件有关条款的要求提交详细的施工进度计划。

2.施工进度表可采用网络图或横道图(附图1-1)表示,说明计划开工日期和各分项工程各阶段的完工日期和分包合同签订的日期。

3.施工进度计划应与施工组织设计相适应。(附图1-2)

(4)施工总平面图

投标人应提交一份施工总平面图,绘出现场临时设施布置图表并附文字说明,说明临时设施、加工车间、现场办公、设备及仓储、供电、供水、卫生、生活等设施的情况和布置。(附图1-3和附图1-4)

序号	工作名称	持续时间
1	提交开工报告	5
2	材料的定购	5
3	施工准备	7
4	水泥搅拌桩工程	10
5	静压管桩工程	12
6	土钉墙施工	8
7	土方开挖	12
8	基础及地下室工程	55
9	水电、消防、通风等管线预埋	100
10	矿渣回填	2
11	一层结构砼	15
12	二、三层结构工程	28
13	填充墙砌筑	7
14	屋面工程	8
15	中验	1
16	门窗框安装安装护角墙面做灰饼	5
17	内墙粉刷	20
18	屋面防水工程	20
19	地砖、墙砖等铺设	25
20	金属栏杆安装	30
21	保温外墙粉刷	60
22	水电、消防、通风等管线安装	60
23	外墙干挂、幕墙工程	75
24	内墙粉刷	20
25	屋面干挂工程	50
26	室外总布工程	60
27	木质门制作及安装	30
28	铝合金门窗工程	30
29	室内油漆涂料	50
30	清理、扫尾、初验	4
31	竣工验收	1

说明：本工程计划开工日期：2010年1月25日；竣工日期：2010年9月21日，共计240日历天。（具体以开工及竣工报告为准）。

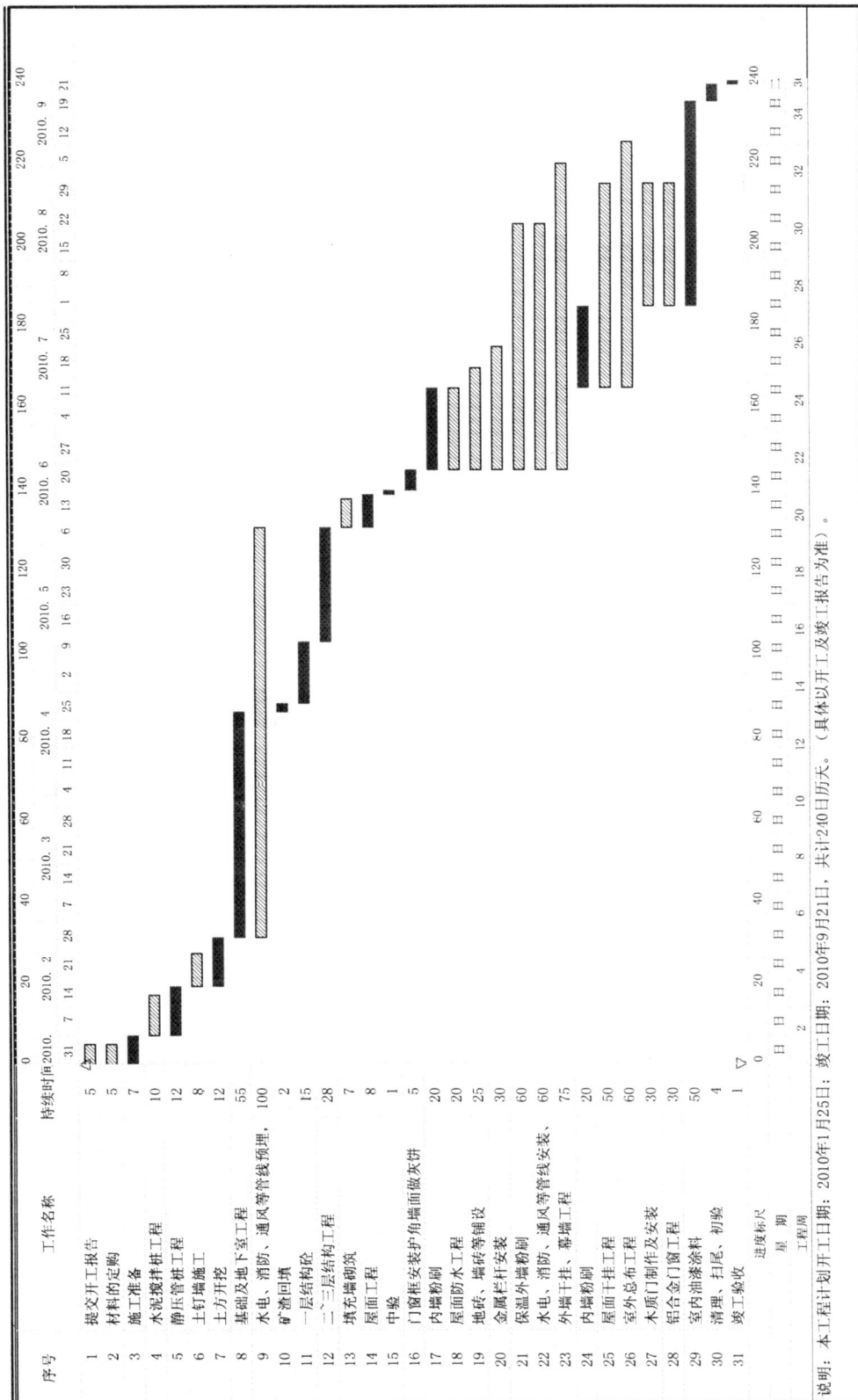

附图1—1　××中路地段会所工程进度横道

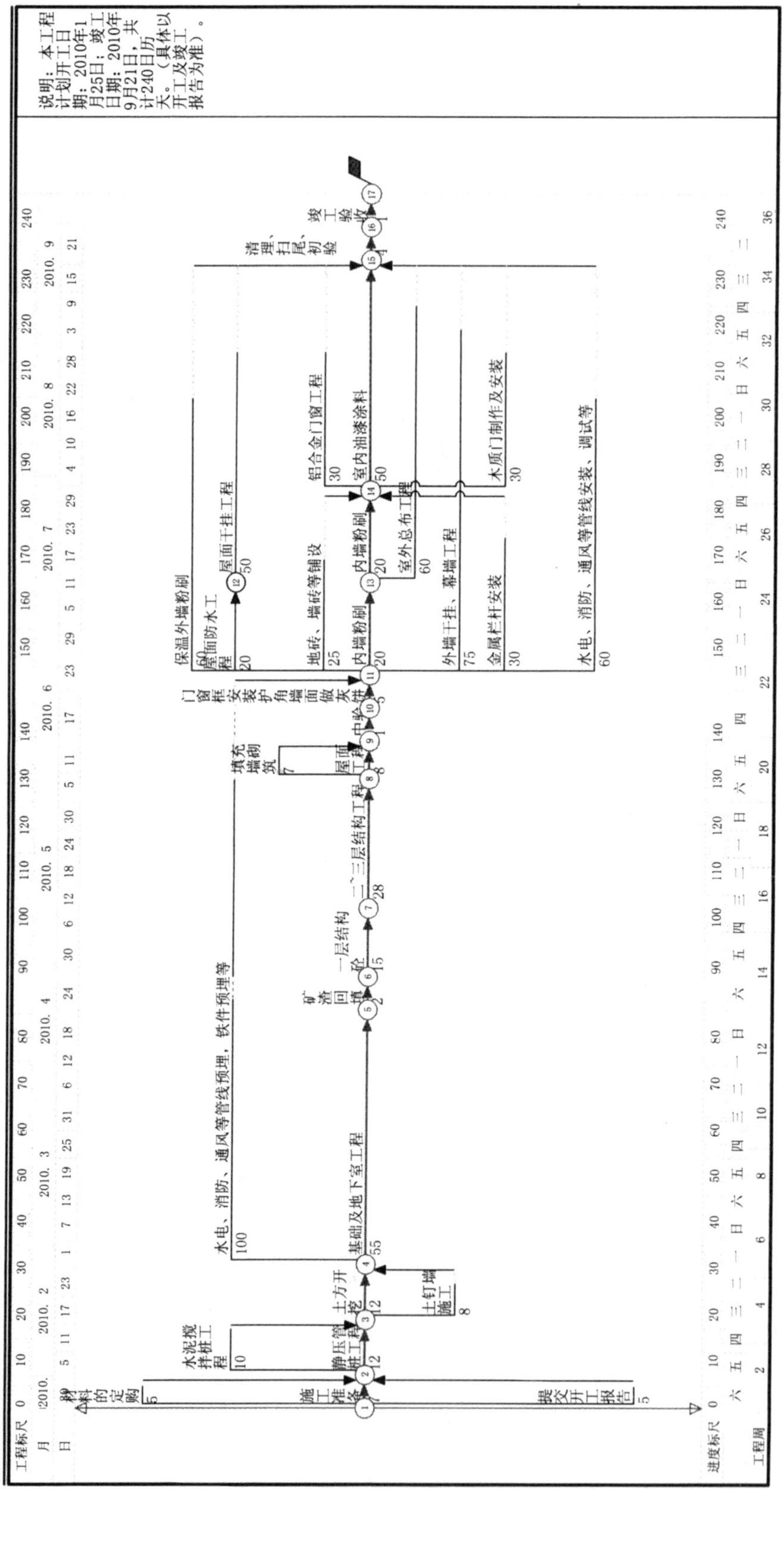

附图1-2　××中路地段会所工程进度网络计划

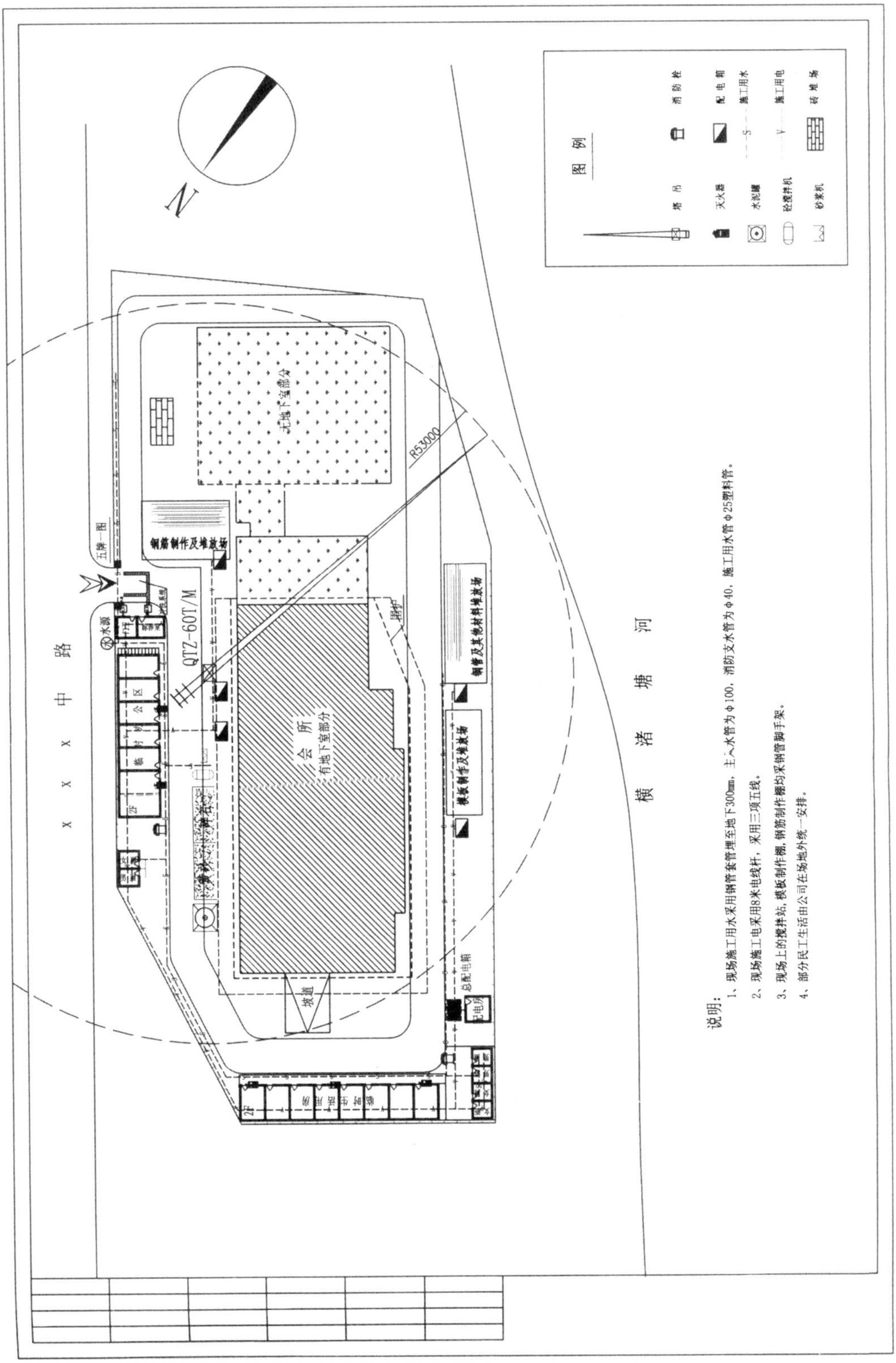
图例
塔吊
灭火器
水泥罐
砼搅拌机
砂浆机
消防栓
配电箱
施工用水
施工用电
砖堆场
N
R53000
QTZ-60T/M
无地下室部分
会所
有地下室部分
钢筋制作及堆放场
模板制作及堆放场
钢管及其他材料堆放场
坡道
总配电箱
×××中路
横渚塘河
水源
说明：
1、现场施工用水采用钢管套管埋至地下300mm，主入水管为ф100，消防支水管为ф40，施工用水管ф25塑料管。
2、现场施工电采用8米电线杆，采用三项五线。
3、现场上的搅拌站，模板制作棚，钢筋制作棚均采钢管脚手架。
4、部分民工生活由公司在场地外统一安排。

附图1-3　××中路地段会所工程——基础及地下室阶段施工平面布置

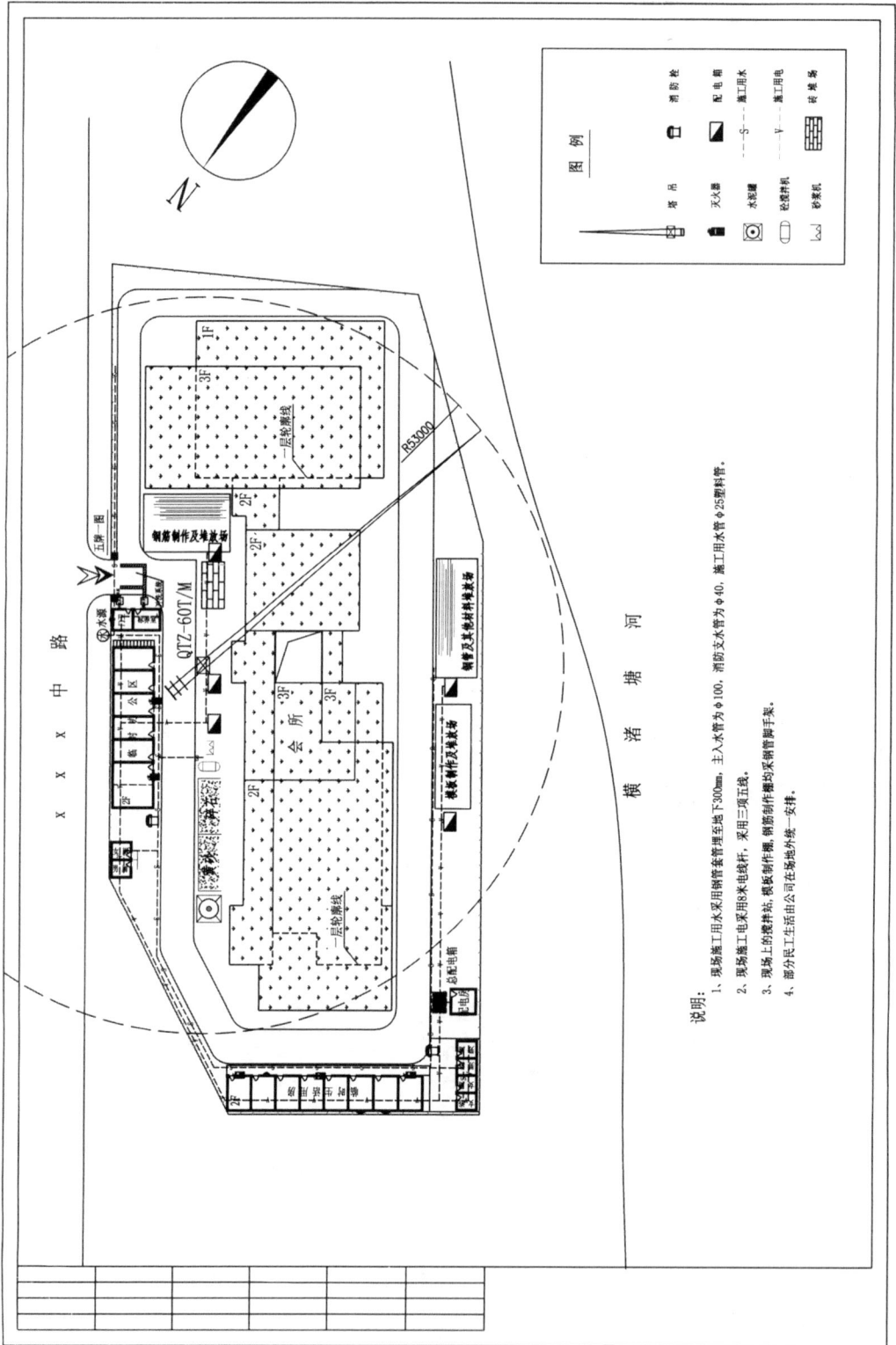

附图1—4　×××中路地段会所工程——主体阶段施工平面布置

说明：

1. 现场施工用水采用铸管套管埋至地下300mm，主入水管为φ100，消防支水管φ40，施工用水管φ25塑料管。
2. 现场施工用电采用8米电线杆，采用三项五线。
3. 现场上的搅拌站、模板制作棚、钢筋制作棚均采钢管脚手架。
4. 部分民工生活由公司在场地外统一安排。

三、项目管理机构配备情况

(1)项目管理机构配备情况表

工程名称:××市××中路地段会所工程

姓　名	拟任职务	职　称	执业或职业资格证明				已承担在建工程情况	
			证书名称	证　号	专　业	注册单位	项目数	主要项目名称
褚××	项目负责人	工程师	项目负责人资质证	233070777129××	工民建	省建设厅	无	略
侯××	总工程师技术负责人	工程师	职称证	资字第乡企10—01—6237200	工民建	市人事厅	4	略
吴××	计划负责人	助理工程师	职称证	资字第623600	工民建	市人事厅	1	略
周××	财务负责人	助理工程师	职称证	资字第2000—××	会计	市人事厅	2	略
刘××	安装负责人	技术员	职称证	资字第05—G—98—00	给排水	职称改革办	2	略
张××	水电负责人	助理工程师	职称证	资字第200200	机电安装	职称改革办	2	略
肖××	道路堆场施工负责人	技术员	职称证	资字第20011××	工民建	市人事厅	1	略
刘××	材料负责人	助理工程师	岗位证	330653103010××	工民建	市人事厅	1	略
潘××	质量管理负责人	工程师	职称证	资字第2003—考B—00××	工民建	市人事厅	2	略
李××	安全管理负责人	助理工程师	岗位证	33065×××××××048	工民建	市人事厅	1	略
罗××	资料负责人	工程师	岗位证	××0601××	工民建	省建设厅	2	略
孙××	施工员		特种作业操作证	20040000××	建筑	省建设厅	3	略

　　一旦我单位中标,将实行项目负责人负责制,我方保证并配备上述项目管理机构。上述填报内容真实,若不真实,愿按有关规定接受处理。项目管理班子机构设置、职责分工等情况另附资料说明。

（2）项目负责人简历表

工程名称：××市委党校新建会议中心工程

姓名	褚××		性别	男	年龄	50
职务	项目负责人		职称	工程师	学历	大专
参加工作时间		1980年6月	担任项目负责人年限			12年
建造师资格证书编号			浙23300805300			
在建和已完工程项目情况						
建设单位	项目名称	建设规模	开、竣工日期		在建或已完	工程质量
××师范学院综合教学楼	教学楼	6000m²	2019年8月－2019年11月		已完	合格
×钢铁矿分公司住宅楼	住宅楼	4000m²	2020年4月－2020年9月		已完	合格

（3）投标申请企业拟选派注册建造师

无在建工程证明

投标申请企业名称	××建设工程有限公司	企业资质等级	房建二级 市政二级
企业地址	××市海信小区12号楼	联系电话	××××－22666666
申请报名工程名称	××市委党校新建会议中心工程	报名注册建造师姓名及专业类别	牛×× 建筑二级
拟选派注册建造师在建工程情况	无		
投标申请企业声明	以上内容是本企业拟选派注册建造师无在建工程的真实反映，如有不实，愿取消本项目投标资格，一旦中标，中标无效，并接受建设行政主管部门的处罚。 　　　　　　　　　　　　　法人签名： 　　　　　　　　　　　　　单位公章 　　　　　　　　　　　　　日　　期：		

（4）项目管理机构配备情况辅助说明资料

工程名称：<u>××中路地段会所工程</u>

一、现场施工组织管理机构（附图 1-5）

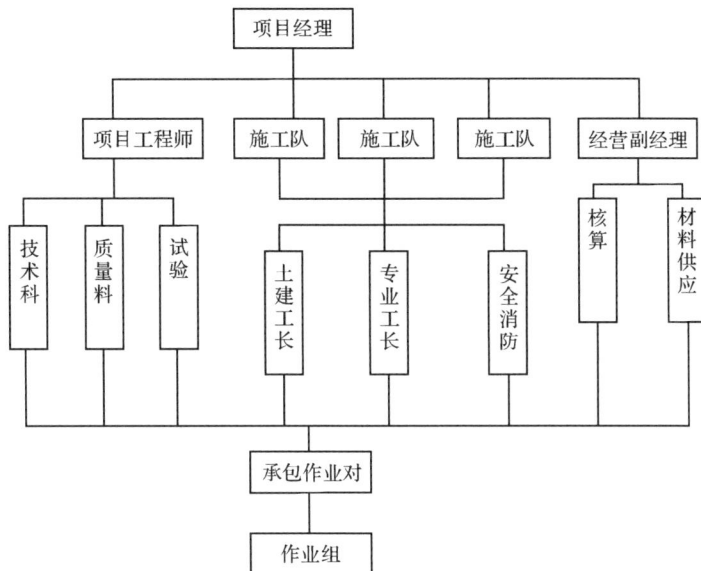

附图 1-5　现场施工组织管理机构

二、项目部质量管理网络（附图 1-6）

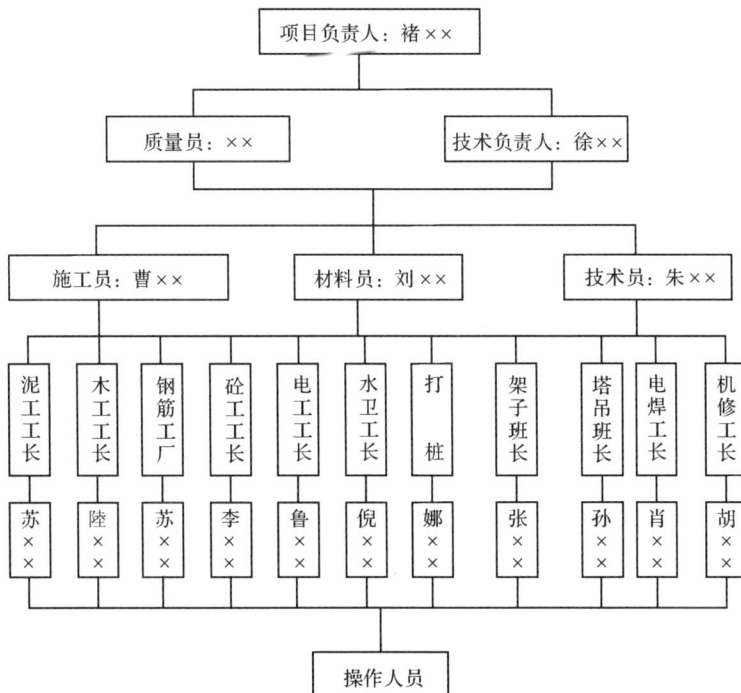

附图 1-6　项目部质量管理网络

第五章 图纸和技术资料
第六章 评标方法及标准

一、《××市房屋建筑和市政基础设施工程施工招投标评标办法》(×政办涵〔2014〕46号)为评标标准和依据。

二、针对本工程的特点,根据《××市房屋建筑和市政基础设施工程施工招投标评标办法》具体说明如下:

第七条:本工程项目为三类。

第八条:技术标权重为30%;商务标权重为70%。

第九条:技术标总分100分,按以下标准评定。

二类(含二类)以下工程:

(1)确保施工工期的具体措施,评定分值4～10分;

(2)施工现场平面布置图,评定分值4～8分;

(3)施工进度计划及网络图,完成各分项进度计划的具体措施和劳动力安排,评定分值4～8分;

(4)施工班子及人员组成(包括项目建造师),评定分值4～8分;

(5)工程质量保证措施,评定分值5～15分;

(6)安全、文明施工措施,评定分值5～10分;

(7)施工技术方案及关键部位施工技术措施,评定分值5～17分;

(8)施工机械的选用及配置合理性,评定分值4～15分;

(9)环境保护和新技术运用,评定分值0～3分;

以上(1)～(9)条缺项得0分。

(10)无不良行为得6分。

投标企业或项目建造师存在不良行为,被建设行政主管部门列入不良行为记录,并在公示期内的,每条记录扣2分;投标企业或项目建造师在投标报名前一年内被建设行政主管部门处罚的,每次扣3分。最高扣6分。

上述分值合计时,去掉一个最高分和一个最低分后,再计算平均分,并保留两位小数。

注意:以上技术标内容不得缺项,否则视为无效标。

第十条:商务标总分100分,按以下标准评定。

(1)工程量清单综合单价报价招标。

A.本工程设有投标控制价,投标单位的有效报价高于投标控制价的,则该报价作为无效投标,其余为有效投标报价,本次工程投标控制价为_____万元。(以修正书为准)

B.凡有效投标报价低于平均报价(平均报价的计算方法一般为所有有效投标报价去掉最高和最低报价后的算术平均价,当有效投标报价在三家及以下时,平均报价的计算方法为全部有效投标报价的算术平均值)8%及以上,且在投标文件中没有充分、必要的合理说明,或者没有提供相关证明材料的,由评标委员会认定该投标人低于成本价竞标,其投标应作废标处理。当投标报价低于平均报价5%～8%时,评标委员会应要求投标人做出能确保安全、质量、进度的书面说明,并提供有关证明材料,由评标委员会界定其投标报价是否低于成本。

去除废标后,剩余为最终有效投标。

二、最佳报价的确定

对工程量清单综合单价报价中最佳报价的评定,按以下办法确定最佳报价:

(1)A、B、C、D分别代表四种投标报价。

A:全部最终有效投标中的最低值。

B:全部最终有效投标中的次低值。

C:全部最终有效投标中的平均值和最终有效投标中的最低值两者的平均值。

D:全部最终有效投标中的平均值。

(2)招标人在开商务标开标前,在A、B、C、D四种投标报价中随机抽取一种作为最佳报价。

三、商务标评定

1. 商务标总分100分,按以下标准评定:商务标权重70%,其中投标报价评审85分,分部分项工程量清单综合单价详细评审15分。

(一)投标报价85分评审按以下标准评定:

各有效投标报价与最佳报价进行比较,按以下公式求出百分比 K 值(保留小数点后一位,第二位四舍五入):

$$K=(投标报价-最佳报价)/最佳报价×100\%$$

当 K 值等于零时,得满分100分;

当 K 值大于零时,K 值每增0.1%,在总分上扣0.6分;

当 K 值小于零时,K 值每减0.1%,在总分上扣0.3分。

(二)分部分项工程量清单综合单价详细评审15分,按以下标准评定:

1.分部分项工程量清单综合单价详细评审采用扣分制,扣完为止。

2.分部分项工程量清单综合单价详细评审扣分方法如下。

(1)评审清单单项的选取方法

在招标控制价的所有分部分项清单中,按分部分项清单价降序排列,取合价最大的前A项分部分项清单进行详细评审。当工程中分部分项清单总项数大于100项(含100项)时,A为分部分项清单总项数×15%;当工程中分部分项清单总项数小于100项且大于15项(含15项)时,A等于15项;当工程中分部分项清单总项数小于15项时,A等于分部分项清单总项数。

(2)平均价的确定

平均价为有效投标报价的分部分项清单综合单价的算术平均价。如有效投标报价少于4家(含4家)的,取所有有效投标报价的分部分项清单综合单价进行算数平均,以计算出平均价;如有效投标报价大于4家、少于9家(含9家)的,在每条参与详细评审的分部分项清单的各综合单价各最高价和中,去掉一个最高价和一个最低价后进行算数平均,以计算出平均价,如有效投标报价大于9家的,在每条参与详细评审的分部分项清单的各综合单价各最高价和中,去掉一个最高价和两个最低价后进行算数平均,以计算出平均价。

(3)扣分设置

分部分项清单综合单价高于平均价15%(含15%)或低于平均价15%(含15%)的,每项扣B分。(其中:B=15/A)

四、评标分值汇总及定标

1.各投标单位最终得分按下列公式汇总：

最终得分＝技术标得分×技术标权重＋商务标得分×商务标权重

2.招标人应当选定评标结果确定排名第一（得分最高）的中标候选人为中标人,如出现两个及两个以上的并列最高分时,采用抽签确定其中一个为中标单位。

3.当所有投标均为废标时,则本次招标为无效招标。

八、评标小组的组成

评标小组人员共5人。专家评委由招标人在××市专家评委库中随机抽取。

九、其他未尽事宜,按照×政办函〔2004〕46号文件、×建发〔2008〕133号文件执行。

附件 2　评标常用表格

附表 1

开标一览表格式

项目名称	
投标人全称	
标书份数	正本：_____份
	副本：_____份
投标保证金	金额：_____元　大写：_____元
	形式：
投标范围	第　　　包
最终投标报价（人民币）	第一包　　小写：_____元
	大写：_____元
	第二包　　小写：_____元
	大写：_____元
	第三包　　平均折扣率：_____
主要设备品牌	注：第三包提供所供图书主要的出版社（不超过 3 个）
交货期及完工期	
优惠条件	
备注	

注：①此表用于开标会唱标之前，表中最终投标报价必须与投标函中投标总价完全一致，如不一致以开标一览表中报价为准。

　　②表中最终报价为优惠后报价。

　　③请将此表与正本一起放入投标袋中，切勿装订。开标过程应当记录，存档备查。

投标人盖章：　　　　　　　　　　　　　　　　　　　　授权代表签字：

附表 2

开标记录表

_____（项目名称）_____标段施工开标记录表

开标时间：____年____月____日____时____分

序号	投标人	密封情况	投标保证金	投标报价(元)	质量目标	工期	备注	签名
招标人编制的标底							

招标人代表：_____记录人：_____监标人：_____

_____年____月____日

附表 3

评标委员会组成人员名单

招标工程名称：

评标时间：

	姓 名	职 务	工作单位	职称及职业注册资格	签 字
招标单位评委					
专家评委					

评 标 组 长：_____
专 家 评 委 来 源：_____
专 家 评 委 产 生 方 式：_____

附表 4

投标偏差分析表

投标人名称：

	重大偏差			细微偏差		
序号	重大偏差内容说明	招标文件相关条款	序号	细微偏差内容说明	招标文件相关条款	补正情况

全体评委签名：

日期：　　　年　　　月　　　日

附表 5

符合性审查表

项目名称：

编号	审查项目	1	2	3	……	
1	投标文件所列投标人名称、项目（总监）负责人与资格预审时不一致					
2	不能满足完成投标项目工期的					
3	投标文件中没有有效的法定代表人证明书原件或法定代表人授权书原件					
4	投标文件的封面没有加盖投标单位的法定印章或投标文件没盖骑缝章的					
5	未按招标文件的要求缴纳投标担保或缴纳投标担保未达到招标文件规定的额度的					
6	投标文件未按规定的格式填写,内容不全或关键字字迹模糊、无法辨认的					
7	对同一招标项目出现两个或以上的投标报价,且没有声明哪个有效					
8	投标报价未按招标文件依据国家规定所确定的收费范围					
9	标书异常相同（由不同单位独立编制标书时不可能存在的相同）					
结论	是否通过并进入下一阶段评审					

注：①"是否通过并进入下一阶段评审"一栏应写"通过"或"不通过"。

　　②每一项目符合的打"○",不符合的打"×"。

　　③经评标委员会审核后,出现一个"×"的结论为"不通过",即按废标处理。

　　④表中全部条件满足为"通过",同意进入下一阶段评审。

　　⑤若评委意见不一致时,则按少数服从多数的原则,决定该投标人是否通过符合性审查,进入下一阶段评审。

评委签名：　　　　　　　　　　　　　　　　　　　　　　　　　　　日期：

附表6

技术标评分表

时间：

地点：

序号	评分项目	标准分	评分标准	投标人名称代码				
1	施工进度计划及保证措施	10	优：9分≤m≤10分 良：6分≤m≤9分 中：3分≤m≤6分 差：0分≤m≤3分					
2	质量保证措施	10	优：9分≤m≤10分 良：6分≤m≤9分 中：3分≤m≤6分 差：0分≤m≤3分					
3	主要分项工程施工方案和技术措施	15	优：13分≤m≤15分 良：8分≤m≤13分 中：3分≤m≤8分 差：0分≤m≤3分					
4	安全措施	12	优：10分≤m≤12分 良：7分≤m≤10分 中：3分≤m≤7分 差：0分≤m≤3分					
5	确保安全生产、确保文明施工、环境保护措施	8	优：7分≤m≤8分 良：5分≤m≤7分 中：3分≤m≤5分 差：0分≤m≤3分					
	……							
	……							
	……							

评委签名：　　　　　　　　　　　　　　　　　　　　　　日期：　　年　月　日

附表 7

商务文件评分表

时间：   地点：   招标编号：

序号	投标人名称	商务文件符合			商务得分	
		取费依据可靠	预算书合理	计算清单明晰	基本分值	投标人得分
1						
2						
3						
4						
5						
6						
7						
8						

"√"表示通过   "×"表示不通过

评标委员会成员：

附表 8

问题澄清

编号：

_____(投标人名称)：

_____(项目名称)_____标段施工招标的评标委员会,对你方的投标文件进行了仔细的审查,现需你方对下列问题以书面形式予以澄清：

1.

2.

3.

......

......

......

请将上述问题的澄清于____年____月____日____时前递交至_____(详细地址)或传真至_____(传真号码)。采用传真方式的,应在____年____月____日____时前将原件递交至_____(详细地址)。

评标工作组负责人：_____(签字)

_____年____月____日

附表 9

问题的澄清

编号：

_____(项目名称)标段施工招标评标委员会：

问题澄清通知(编号：_____)已收悉,现澄清如下：

1.

2.

......

投标人：_____(盖单位章)

法定代表人或其委托代理人：_____(签字)

_____年____月____日

附表 10

中标通知书

_____(中标人名称)：

你方于_____(投标日期)所递交的_____(项目名称)标段施工投标文件已被我方接受,被确定为中标人。

中标价：_____元。

工期：_____日历天。

工程质量：符合_____标准。

项目经理：_____(姓名)。

请你方在接到本通知书后的____日内到_____(指定地点)与我方签订施工承包合同,在此之前按招标文件第二章"投标人须知"第7.3款规定向我方提交履约担保。

特此通知。

招标人：_____(盖单位章)

法定代表人：_____(签字)

_____年____月____日

附表 11

<h2 align="center">中标结果通知书</h2>

_____（未中标人名称）：

我方已接受_____（中标人名称）于_____（投标日期）所递交的
_____（项目名称）_____标段施工投标文件,确定_____（中标人名
称）为中标人。

感谢你单位对我们工作的大力支持！

招标人：_____（盖单位章）

法定代表人：_____（签字）

_____年____月____日

附表 12

<h2 align="center">确认通知</h2>

_____（招标人名称）：

我方已接到你方于____年____月____日发出的_____ _____（项目名称）标段施工招标
关于_____的通知,我方已于____年____月____日收到。

特此确认。

投标人：_____（盖单位章）

_____年____月____日

附表 13

评标意见汇总表

时间：

投标人名称	联合体成员	综合得分	排序	评委会意见	招标人意见	备注

评标委员会主任：

评标委员会成员：

招标人： 监督人：

_____年____月____日

附表 14

定标意见

_____工程，于_____年____月____日，在_____

_____中心，由_____主持召开了工程开标评标会。评委依据招标文件约定的评标方法，

对照各投标单位的投标文件，本着公开、公平、公正的原则，通过认真综合评审，推荐了_____

_____为中标候选单位，经招标领导小组研究

确定为中标单位，中标价_____元人民币，中标工期_____天。

项目经理：_____ 技术负责人：_____

建设单位：(盖章) 招标(代理)单位：(盖章)

法定代表人：(盖章) 法定代表人：(盖章)

_____年____月____日 _____年____月____日

参考文献

1. 陈正,涂群岚. 建筑工程招投标与合同管理实务[M]. 北京:电子工业出版社,2005

2. 成虎. 工程合同管理[M]. 北京:中国建筑工业出版社,2005

3. 高群,张素菲. 建设工程招投标与合同管理[M]. 北京:机械工业出版社,2007

4. 郝永池. 建设工程招投标与合同管理[M]. 北京:机械工业出版社,2006

5. 何佰洲,刘禹. 工程建设合同与合同管理[M]. 大连:东北财经大学出版社,2004

6. 何佰洲. 工程合同法律制度[M]. 北京:中国建筑工业出版社,2004

7. 何佰洲. 工程建设法规与案例[M]. 2版. 北京:中国建筑工业出版社,2004

8. 林密. 工程项目招投标与合同管理[M]. 北京:中国建筑工业出版社,2004

9. 刘钦. 工程招投标与合同管理[M]. 北京:高等教育出版社,2003

10. 刘晓勤. 建设工程招投标与合同管理[M]. 上海:同济大学出版社,2009

11. 梅阳春,邹辉霞. 建设工程招投标与合同管理[M]. 武昌:武汉大学出版社,2004

12. 全国一级建造师执业资格考试用书编写委员会. 全国一级建造师执业资格考试用书
    [M]. 2版. 北京:中国建筑工业出版社,2010

13. 全国造价工程师执业资格考试教材编审委员会. 工程造价计价与控制[M]. 北京:中国计
    划出版社,2006

14. 全国造价工程师执业资格考试培训教材编审委员会. 工程造价案例分析[M]. 北京:中国
    城市出版社,2006

15. 田恒久. 工程招投标与合同管理[M]. 北京:中国电力出版社,2002

16. 王俊安. 招标投标案例分析[M]. 北京:中国建材工业出版社,2005

17. 王俊安. 招投标与合同管理[M]. 北京:中国建筑工业出版社,2003

18. 王利明,房绍坤,王轶. 合同法[M]. 北京:中国人民大学出版社,2003

19. 危道军. 招投标与合同管理实务[M]. 北京:高等教育出版社,2005

20. 杨树清,武育秦. 工程招投标与合同管理[M]. 重庆:重庆大学出版社,2003

21. 杨志中. 建设工程招投标与合同管理[M]. 北京:机械工业出版社,2008

22. 叶金强. 合同法[M]. 北京:中国人民大学出版社,1999

23. 张水波,何伯森. FIDIC新版合同条件导读与解析[M]. 北京:中国建筑工业出版社,2003

24. 中国建设监理协会. 建设工程合同管理[M]. 北京:知识产权出版社,2007

25. 中华人民共和国住房和城乡建设部. 建设工程工程量清单计价规范(GB 50500-2018)
    [M]. 北京:中国计划出版社,2018